# Verformungen und statisch unbestimmte Systeme

Otto Wetzell · Wolfgang Krings

# Verformungen und statisch unbestimmte Systeme

## Technische Mechanik für Bauingenieure 3

3., überarbeitete Auflage

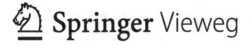 Springer Vieweg

Otto Wetzell
Ostbevern, Deutschland

Wolfgang Krings
Kürten, Deutschland

ISBN 978-3-658-11461-9          ISBN 978-3-658-11462-6 (eBook)
DOI 10.1007/978-3-658-11462-6

Die Deutsche Nationalbibliothek verzeichnet diese Publikation in der Deutschen Nationalbibliografie; detaillierte bibliografische Daten sind im Internet über http://dnb.d-nb.de abrufbar.

Springer Vieweg
© Springer Fachmedien Wiesbaden 1973, 2011, 2015

Lektorat: Dipl.-Ing. Ralf Harms

Gedruckt auf säurefreiem und chlorfrei gebleichtem Papier

Springer Fachmedien Wiesbaden ist Teil der Fachverlagsgruppe Springer Science+Business Media
(www.springer.com)

# Vorwort

Die Skripten „Technische Mechanik für Bauingenieure" behandeln in drei Bänden die Theorie der Stabwerke und richten sich an Studenten der Fachrichtung Bauingenieurwesen an Fachhochschulen und Technischen Universitäten.

Ziel der Texte ist es, dem Leser die Technik der Problemlösung zu zeigen und ihn mit dem dabei benutzten Instrumentarium vertraut zu machen. Aufbau und Darstellung des Stoffes haben sich in Vorlesungen an der Fachhochschule Münster über mehrere Jahre bewährt. Es wird durchgehend problemorientiert (= methodenorientiert) und nicht systemorientiert gearbeitet. Fragen der Motivation wurde besondere Aufmerksamkeit geschenkt.

In diesem 3. Band werden Verformungen und statisch unbestimmte Stabwerke berechnet.

Dabei wird begonnen mit einer gründlichen Erläuterung der Begriffe, die mit dem Thema Arbeit zusammenhängen, da gerade in diesem Bereich bei vielen Studierenden Verständnis-Schwierigkeiten auftreten. Sie hängen wohl damit zusammen, dass sich Arbeit nicht sichtbar, fühlbar oder begreifbar im ursprünglichen Sinne dieses Wortes machen lässt, sichtbar sind i. A. nur die Folgen geleisteter Arbeit. Abgeschlossen wird dies Kapitel mit einer Besprechung des Prinzips der virtuellen Verrückungen.

Daran schließen sich kurze Betrachtungen zur Theorie II. Ordnung, zur Stabilitätstheorie und zum elastisch gebetteten Balken an.

Umfangreicher wird danach das Kraftgrößenverfahren mit vielen Beispielen und speziellen Anwendungen (Symmetrie, statisch bestimmtes Grundsystem, Kontrollen) behandelt.

Es folgen dann die Formänderungsverfahren für Fachwerke (Weggrößenverfahren) und Stabwerke (Drehwinkelverfahren). Zum Abschluss wird das Iterationsverfahren von Cross für unverschiebliche und verschiebliche Systeme besprochen.

Bei der Konzeption dieses Textes sah ich mich immer wieder vor die Frage gestellt, was von dem tradierten Wissen dem Studierenden mitgegeben werden muss auf seinen Berufsweg. Da nämlich fortlaufend neue Erkenntnisse hinzukommen und in den zu vermittelnden Stoff integriert werden müssen, scheint es unumgänglich zu sein, manche Komplexe aus dem überlieferten Lehrstoff zu streichen, wenn nicht das Studium länger und länger werden soll. Im Rahmen eines Grundlagenfaches wie Mechanik scheint mir dieser Weg kaum gangbar zu sein. Hier baut jede neue Erkenntnis auf zuvor erarbeitetem Wissen auf und kann deshalb ohne dieses Wissen i. A. nicht völlig verstanden werden. Hier muss deshalb versucht werden, durch eine gründlichere Aufbereitung des Wissens und eine bessere Darstellung den Wirkungsgrad des Lernens zu erhöhen. In diesem Sinne wurde auch dieser Band der Technischen Mechanik geschrieben.

Herzlich danke ich schließlich dem Springer Vieweg Verlag und hier insbesondere Frau Annette Prenzer und Herrn Dipl.-Ing. Ralf Harms für die sehr angenehme Zusammenarbeit.

Kürten, im Oktober 2015                                          Wolfgang Krings

# Inhaltsverzeichnis

# 1 Die Berechnung elastischer Verformungen

Bisher haben wir uns beschäftigt mit der Frage nach den Kräften bzw. Kraftgrößen, die in einem Tragwerk auftreten. Dadurch, dass wir unsere Untersuchungen beschränkten auf statisch bestimmte Systeme, waren wir in der Lage, diese Frage vollständig zu beantworten, ohne uns um die dabei auftretenden Verformungen zu kümmern.

In diesem Kapitel sollen nun Verformungen berechnet werden, wobei vorausgesetzt werden soll, dass die Beanspruchung stets und überall im elastischen Bereich liegt. Das hat bei den im Bauwesen zur Verwendung kommenden Baustoffen zur Folge, dass die auftretenden Verschiebungen sehr klein sind im Vergleich zu den (wesentlichen) Abmessungen des Tragwerkes. So wird die größte Durchbiegung etwa eines drei Meter langen Biegebalkens unter Gebrauchslast in der Größenordnung von einem Zentimeter liegen, ist also mit dem bloßen Auge nicht mehr wahrnehmbar.[1] Diese Tatsache wird unsere Arbeit sehr erleichtern.

Welche Verformungen werden zu berechnen sein? Nun, ein Stabquerschnitt eines räumlichen Tragwerkes kann und wird seine Lage im Raum ändern, sodass zur Angabe der Lageänderung i. A. die Kenntnis von Verschiebungskomponenten in drei Richtungen und Verdrehungen um drei Achsen erforderlich ist. Bei ebenen Systemen (wenn also Belastungsebene und Tragwerksebene zusammenfallen) wird sich ein Querschnitt in der Systemebene verschieben, sodass nur zwei Verschiebungskomponenten und eine Verdrehung zu bestimmen sind. Von diesen beiden Verschiebungskomponenten interessiert bei den meisten Stabwerken nur eine, nämlich diejenige senkrecht zur Stabachse.

Ebenso wie wir in TM 1 zunächst die Kraftgrößen (Schnittgrößen) in einzelnen Punkten berechnet haben und dann die Zustandslinien angaben, wollen wir auch hier zunächst die Verformungsgrößen in einzelnen Punkten bestimmen und dann später auf die Zustandslinien zu sprechen kommen.

Es sei erwähnt, dass es neben dem Wunsch, den Verformungszustand eines Tragwerkes zu kennen, einen weiteren sehr gewichtigen Grund gibt, die Verformungen eines Bauteiles sorgfältig zu studieren: Die Lösung der sog. Formänderungsaufgabe ist die Voraussetzung für die Berechnung statisch unbestimmter Tragwerke, wie sie im weiteren Verlauf dieses Buches dargestellt wird. Sie ist auch die Voraussetzung für die Lösung vieler Aufgaben der Schwingungslehre, etwa der Berechnung von Maschinenfundamenten oder Glockentürmen.

---

[1] Bei der Darstellung verformter Bauteile bzw. Tragwerke werden wir also stark übertreiben müssen, wenn sich der verformte Zustand vom unverformten unterscheiden soll.

Wir haben schon früher, z.B. in Abschnitt 1.3 von TM 2, gesehen, dass bei der Verformungsberechnung Arbeitsbetrachtungen sehr lohnend sind. An den Anfang dieses Kapitels stellen wir deshalb einen Abschnitt über die Arbeit, wobei auch einige uns aus Kapitel 1 von TM 2 schon bekannte Dinge wiederholt werden sollen.

## 1.1 Arbeit und Energie

Zunächst die Frage: Was ist Arbeit? Die Physik liefert uns im Rahmen der Mechanik der geradlinigen Bewegung die Definition: Arbeit ist das Produkt aus Kraft und Weg in Richtung der Kraft; oder auch: Arbeit ist das Produkt aus Weg und Kraftkomponente in Richtung des Weges.

$$A = F \cdot s \,.$$

Tatsächlich sollten wir genauer sagen: Bei der Verschiebung der Kraft F entlang des Weges s in Richtung der Kraft F wird die Arbeit $A = F \cdot s$ geleistet. Diese Arbeit nennen wir deshalb auch Verschiebungsarbeit. Die Beziehung $A = F \cdot s$ gilt natürlich nur solange, wie die Kraft auf dem Verschiebungsweg konstant ist. Ist sie es nicht mehr, so kann die in $A = F \cdot s$ enthaltene Aussage nur noch für das Streckendifferential ds gemacht werden:

$$dA = F(s) \cdot ds \,.$$

In diesem Fall erhält man die Arbeit, die bei der Verschiebung der veränderlichen Kraft F(s) entlang des Weges s - sagen wir von 0 bis f - geleistet wird, durch Summation aller differentiellen Beiträge in der Form

$$A = \int_0^f dA = \int_0^f F(s) \cdot ds \,.$$

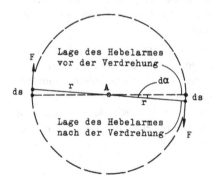

**Bild 1**
Zur Berechnung der Arbeit
$A = M \cdot \varphi$

Auf gleiche Weise können wir auch die Arbeit errechnen, die bei der (Ver-) Drehung eines Momentes M durch einen Winkel $\varphi$ geleistet wird. Nehmen wir an, eine (runde) Platte werde so stark auf einen Untergrund gepresst, dass bei einer Drehung dieser Platte um die Achse A (Bild 1) das Reibungsmoment M überwunden werden muss. Dreht sich die Platte auf Grund der Wirkung des eingezeichneten Kräftepaares F um den Winkel $d\alpha$, dann haben die Kräfte dabei die Arbeit $dA = 2 \cdot F \cdot ds$ geleistet. Mit $ds = r \cdot d\alpha$ wird daraus $dA = 2 \cdot F \cdot r \cdot d\alpha$. Wegen $M = 2 \cdot F \cdot r$ ergibt sich somit $dA = M \cdot d\alpha$. Ist nun, während $\alpha$ den Bereich von 0 bis $\varphi$ durchläuft, das Moment M konstant, so können wir unmittelbar integrieren und erhalten

$$A = \int dM = \int_0^\varphi M \cdot d\alpha = M \cdot [\alpha]_0^\varphi = M \cdot \varphi \,.$$

Ist aber M veränderlich über den Winkel $\varphi$, so können wir wieder nur sagen

$$A = \int dA = \int M(\alpha) \cdot d\alpha \,.$$

Die beiden angegebenen Integrale lassen sich i. A. ohne Schwierigkeit integrieren, sobald die Funktion F(s) bzw. M($\alpha$) bekannt ist. Wir wollen hier Verformungen von Bauteilen untersuchen. Die Beobachtung zeigt: Wenn wir eine Last F auf einmal und als Ganzes auf einen Balken bringen (als Versuch etwa einen Kasten Kreide unmittelbar über eine flach liegende Reißschiene halten und dann loslassen), dann wandert die Balkenachse nicht kontinuierlich von der unverformten in die verformte Lage, sondern sie durchläuft Schwingungsbewegungen, bevor sie in der verformten Lage zur Ruhe kommt. Diesen Fall der dynamischen Belastung wollen wir hier ausschließen. Wir überlegen: Wenn die Last F sehr klein ist, wird die verformte Lage nur wenig von der unverformten Lage abweichen und also die Schwingungsbewegung minimal sein. Wir denken uns deshalb die Last in viele kleine Anteile aufgeteilt und nacheinander zeitlich so auf den Balken gebracht, dass dieser Gelegenheit hat, vor der nächsten Belastung die zur letzten Belastung gehörende Konfiguration einzunehmen (im Versuch bringen wir die einzelnen Kreidestückchen nacheinander auf die Reißschiene auf). Diese Art der Belastung nennen wir quasi-statisch. Für unsere weiteren Untersuchungen wollen wir nur solche Belastung zulassen.

Die mathematische Formulierung dieses Tatbestandes ist einfach: Wie wir früher festgestellt haben, sind Last und Verformung linear miteinander verknüpft, proportional. Als Proportionalitätsfaktoren führen wir ein $c_1 = F/s$ und $c_2 = M/\alpha$ und erhalten mit $F(s) = c_1 \cdot s$ und $M(\alpha) = c_2 \cdot \alpha$ die Ausdrücke

$$A = \int_0^f c_1 \cdot s \cdot ds = \frac{1}{2} \cdot c_1 \cdot [s^2]_0^f = \frac{1}{2} \cdot c_1 \cdot f^2 \quad \text{und} \quad A = \int_0^\varphi c_2 \cdot \alpha \cdot d\alpha = \frac{1}{2} \cdot c_2 \cdot \varphi^2 \,.$$

Für $c_1$ und $c_2$ führen wir die o.a. Quotienten ein und erhalten für die Arbeit, die eine Kraft F (ein Moment M) an einem Bauteil leistet bei der Verformung dieses Bauteils, wenn sie selbst dabei den Weg f (den Winkel $\varphi$) durchläuft, den Ausdruck

$$A = \frac{1}{2} \cdot F \cdot f \quad \text{bzw.} \quad A = \frac{1}{2} \cdot M \cdot \varphi.$$

Wir haben diese Art mechanischer Arbeit Formänderungsarbeit genannt. Sind mehrere Kräfte an der Verformung eines Bauteils beteiligt und werden sie nicht gleichzeitig auf das Bauteil aufgebracht, so zerfällt die dabei geleistete Formänderungsarbeit in zwei Anteile: Die Eigenarbeit und die Fremdarbeit. Eigenarbeit wird geleistet von denjenigen Kräften, die die in Frage stehende Verformung auslösen. Fremdarbeit wird geleistet von denjenigen Kräften, die auf dem Bauteil lasten schon bevor die Verformung ausgelöst wird. Da sie während des ganzen Verformungsvorganges in voller Größe wirken, leisten sie die Arbeit

$$A = F \cdot f \quad \text{bzw.} \quad A = M \cdot \varphi.$$

Wir fragen nun: Wo bleibt die von den äußeren Kräften bei der Verformung eines Bauteiles an diesem Bauteil geleistete Arbeit? Nach dem aus der Physik bekannten Gesetz von der Erhaltung der Energie (Energieprinzip) ist die Änderung der Energie eines Körpers gleich der an ihm geleisteten Arbeit. Wir können diesen Satz hier etwas enger fassen und sagen: Ein Körper, an dem mechanische Arbeit geleistet wurde, vermag infolge der an ihm eingetretenen Zustandsänderung, indem er wieder in seinen früheren Zustand zurückkehrt, seinerseits den gleichen Betrag an Arbeit zu leisten, wie er vorher an ihm geleistet wurde. Diese spezielle Form des Energieprinzips nennen wir Energiesatz.

Welche mechanische Zustandsänderung kann nun bei einem (elastischen) Körper eintreten? Es kann sich mechanisch nur zweierlei an seinem Zustand ändern: Entweder ändert sich seine Lage (genauer: die Lage seines Schwerpunktes) oder es ändert sich seine Form. Wenn sich die Lage eines Körpers ändert, dann sagen wir, seine Energie der Lage (oder der Position) habe sich geändert. Wenn sich die Form eines Körpers ändert, dann sagen wir, seine Energie der Form (oder der Condition) – kurz: seine Formänderungsenergie – habe sich geändert. Beides sind Arten der potentiellen Energie. Das erkennt man besonders deutlich am Vergleich einer Feder-Uhr und einer „Gewichts-Uhr". Während man die Uhrfeder spannt, leistet man Arbeit. Diese Arbeit wird als Formänderungsenergie in der Feder gespeichert. Im nachfolgenden Zeitraum gibt die Feder diese Energie an das Uhrwerk ab, indem sie ihrerseits am Uhrwerk Arbeit leistet, nämlich es in Bewegung hält. Dabei entspannt sich die Feder wieder und kehrt schließlich in die Ausgangslage zurück. Bei manchen Wanduhren wird die Rolle der Feder von einem Gewicht übernommen, das über einen Kettenantrieb mit dem Uhrwerk verbunden ist. Man zieht die Uhr auf, indem man das Gewicht in eine höhere Lage bringt (daher wohl „aufziehen") und es dadurch mit einer (verglichen zur Ausgangslage) größeren Energie der Lage ausstattet. Es wird also Positions-Energie in dem Gewicht gespeichert. Da das Gewicht bestrebt ist, in seine Ausgangslage (die Lage mit kleinster potentieller Energie ist nämlich die „Gleichgewichtslage") zurückzukehren, zieht es ständig an der Kette und treibt dadurch das Uhrwerk solange an, bis es diese Ausgangslage wieder erreicht hat.

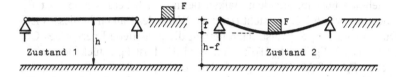

**Bild 2** Zur Gleichwertigkeit von Formänderungsenergie und Lageenergie

Die Gleichwertigkeit von Formänderungsenergie und Lageenergie soll noch an einem zweiten Beispiel gezeigt werden, wozu wir das in Bild 2 dargestellte System, bestehend aus einem Biegebalken und einer Last F, betrachten. Wir nehmen an, die Last F sei von der Bezugshöhe 0 auf die Höhe h gebracht worden (Zustand 1). Dabei wurde die Arbeit $A = F \cdot h$ als Energie der Lage in der Last gespeichert: $W = F \cdot h$. Nun werde die Last F „stückchenweise" auf den Biegebalken geschoben, wobei sich der Balken so verformt, dass die Last schließlich um die Durchbiegung f tiefer liegt als zuvor (Zustand 2). Wie wir wissen, hat dabei die Last an dem Balken die (Formänderungs-) Arbeit $A = F \cdot f/2$ geleistet, sodass nun die Formänderungsenergie $W = F \cdot f/2$ im Balken gespeichert ist. In der Last ist noch die Positionsenergie $W = F \cdot (h - f)$ gespeichert, sodass im System insgesamt $W = F \cdot (h - f/2)$ gespeichert ist. Die Arbeit $A = F \cdot f/2$ ist also bei diesem Vorgang verbraucht worden und muss von außen neu investiert werden, wenn der Zustand 1 wieder hergestellt werden soll. Man nennt diesen Anteil deshalb Ergänzungsarbeit.[2] Wird die Last F nicht auf einem Biegebalken um den Weg f abgesenkt sondern auf eine zweite starre Ebene herabgelassen (Bild 3), dann wird dabei die Energie $W = F \cdot f$ dissipiert.

---

[2] Der Leser möge sich nicht irritieren lassen dadurch, dass die Ergänzungsarbeit genau so groß ist wie die Eigenarbeit. Das liegt am „Elastizitätsgesetz" $F = c_1 \cdot s$; bei anderen Gesetzen tauchen hier andere – verschiedene – Werte auf.

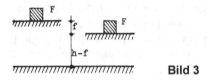

**Bild 3**

Wir wollen unseren Biegebalken noch zur Erläuterung des Begriffes Fremdarbeit benutzen und nehmen nun an, auf dem Balken befinde sich bereits eine Last $F_a$, während $F_b$ noch auf dem h-Niveau steht (Bild 4). Wenn der Balken in diesem Zustand 1 die Durchbiegung $f_1$ aufweist, dann beträgt die potentielle Energie des Gesamtsystems $W = (F_a + F_b) \cdot h + F_a \cdot f_1/2$. Nun wird die Last $F_b$ „stückchenweise" (unmittelbar neben $F_a$) auf den Balken geschoben, der sich dabei im gemeinsamen Angriffspunkt beider Lasten zusätzlich um $f_2$ durchbiegt (Zustand 2). Dabei hat die Last $F_b$ am Balken die Arbeit $A = F_b \cdot f_2/2$ geleistet und $F_a$ die Arbeit $A = F_a \cdot f_2$. Diese Beträge sind jetzt als Formänderungsenergie im Balken gespeichert, sodass die potentielle Energie des Gesamtsystems beträgt

$$W = (F_a + F_b) \cdot (h - f_2) + \frac{F_a \cdot f_1}{2} + F_a \cdot f_2 + \frac{F_b \cdot f_2}{2} = (F_a + F_b) \cdot h + \frac{F_a \cdot f_1}{2} - \frac{F_b \cdot f_2}{2}$$

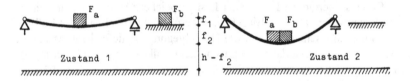

**Bild 4** Zu den Begriffen „Eigenarbeit" und „Fremdarbeit"

Um Zustand 1 wieder herzustellen, braucht nur die Arbeit $F_b \cdot f_2/2$ neu investiert, also ergänzt zu werden, was mechanisch sofort einsichtig ist. Wir zeigen abschließend die schrittweise (quasi-statische) Be- und Entlastung einer Zugfeder und haben in Tafel 1 die bei jedem Schritt geleistete Arbeit angegeben, wobei die Belastung (ebenso wie die Entlastung) in fünf Schritten ausgeführt wurde. Betrachten wir den Schritt, bei dem die Federbelastung von $\dfrac{4 \cdot F}{10}$ auf $\dfrac{6 \cdot F}{10}$ gesteigert wird.

**Tafel 1** Be- und Entlastung einer Zugfeder; Arbeitsbetrachtung

| | Federbild | Von der Feder an der Last geleistete Arbeit / Von der Last an der Feder geleistete Arbeit | Von außen investierte Arbeit / Nach außen dissipierte Arbeit |
|---|---|---|---|
| **Entlastung** | $\frac{10}{10}F$ | $-\frac{1}{2}\cdot\frac{2F}{10}\cdot\frac{2f}{10}$ | $-\frac{1}{2}\cdot\frac{2F}{10}\cdot\frac{2f}{10}$ |
| | $\frac{8}{10}F$, $\frac{2F}{10}$ | $-\frac{1}{2}\cdot\frac{2F}{10}\cdot\frac{2f}{10}-\frac{2F}{10}\cdot\frac{2f}{10}$ | $-\frac{1}{2}\cdot\frac{2F}{10}\cdot\frac{2f}{10}-\frac{2F}{10}\cdot\frac{2f}{10}$ |
| | $\frac{6}{10}F$, $\frac{4F}{10}$ | $-\frac{1}{2}\cdot\frac{2F}{10}\cdot\frac{2f}{10}-\frac{4F}{10}\cdot\frac{2f}{10}$ | $-\frac{1}{2}\cdot\frac{2F}{10}\cdot\frac{2f}{10}-\frac{2F}{10}\cdot\frac{4f}{10}$ |
| | $\frac{4}{10}F$, $\frac{6F}{10}$ | $-\frac{1}{2}\cdot\frac{2F}{10}\cdot\frac{2f}{10}-\frac{6F}{10}\cdot\frac{2f}{10}$ | $-\frac{1}{2}\cdot\frac{2F}{10}\cdot\frac{2f}{10}-\frac{2F}{10}\cdot\frac{6f}{10}$ |
| | $\frac{2}{10}F$, $\frac{8F}{10}$ | $-\frac{1}{2}\cdot\frac{2F}{10}\cdot\frac{2f}{10}-\frac{8F}{10}\cdot\frac{2f}{10}$ | $-\frac{1}{2}\cdot\frac{2F}{10}\cdot\frac{2f}{10}-\frac{2F}{10}\cdot\frac{8f}{10}$ |
| **Belastung** | $\frac{10}{10}F$, $f$ | $\frac{1}{2}\cdot\frac{2F}{10}\cdot\frac{2f}{10}+\frac{8F}{10}\cdot\frac{2f}{10}$ | $\frac{1}{2}\cdot\frac{2F}{10}\cdot\frac{2f}{10}+\frac{2F}{10}\cdot\frac{8f}{10}$ |
| | $\frac{2}{10}F$, $\frac{8F}{10}$, $8f$ | $\frac{1}{2}\cdot\frac{2F}{10}\cdot\frac{2f}{10}+\frac{6F}{10}\cdot\frac{2f}{10}$ | $\frac{1}{2}\cdot\frac{2F}{10}\cdot\frac{2f}{10}+\frac{2F}{10}\cdot\frac{6f}{10}$ |
| | $\frac{4}{10}F$, $\frac{6F}{10}$, $6f$ | $\frac{1}{2}\cdot\frac{2F}{10}\cdot\frac{2f}{10}+\frac{4F}{10}\cdot\frac{2f}{10}$ | $\frac{1}{2}\cdot\frac{2F}{10}\cdot\frac{2f}{10}+\frac{2F}{10}\cdot\frac{4f}{10}$ |
| | $\frac{6}{10}F$, $\frac{4F}{10}$, $4f$ | $\frac{1}{2}\cdot\frac{2F}{10}\cdot\frac{2f}{10}+\frac{2F}{10}\cdot\frac{2f}{10}$ | $\frac{1}{2}\cdot\frac{2F}{10}\cdot\frac{2f}{10}+\frac{2F}{10}\cdot\frac{2f}{10}$ |
| | $\frac{8}{10}F$, $\frac{2F}{10}$, $2f$ | $\frac{1}{2}\cdot\frac{2F}{10}\cdot\frac{2f}{10}$ | $\frac{1}{2}\cdot\frac{2F}{10}\cdot\frac{2f}{10}$ |
| | $\frac{10}{10}F$ | | |

Die dabei neu aufgebrachte Teillast 1 leistet beim Absetzen an der Feder die (Eigen-) Arbeit $\dfrac{1}{2} \cdot \dfrac{2 \cdot F}{10} \cdot \dfrac{2 \cdot f}{10}$, die bereits an der Feder hängende Last $\dfrac{4 \cdot F}{10}$ leistet die (Fremd-) Arbeit $\dfrac{4 \cdot F}{10} \cdot \dfrac{2 \cdot f}{10}$. Die neu aufgebrachte Teillast $\dfrac{2 \cdot F}{10}$ muss jedoch, zuvor um die vorhandene Verlängerung der Feder $\dfrac{4 \cdot f}{10}$ abgesenkt werden, wobei die Arbeit $\dfrac{2 \cdot F}{10} \cdot \dfrac{4 \cdot f}{10}$ dissipiert wird; beim „quasistatischen" Belasten wird dann nochmal $\dfrac{1}{2} \cdot \dfrac{2 \cdot F}{10} \cdot \dfrac{2 \cdot f}{10}$ dissipiert. In der grafischen Darstellung des Belastungsvorganges (Bild 5) findet man die einzelnen Beiträge angedeutet.

Betrachten wir nun die Entlastung, etwa den Schritt, bei dem die Federbelastung von $\dfrac{6 \cdot F}{10}$ auf $\dfrac{4 \cdot F}{10}$ verringert wird. Beim Abheben der Teillast $\dfrac{2 \cdot F}{10}$ wird von den inneren Kräften die Arbeit $\dfrac{1}{2} \cdot \dfrac{2 \cdot F}{10} \cdot \dfrac{2 \cdot f}{10}$ an der Teillast und $\dfrac{4 \cdot F}{10} \cdot \dfrac{2 \cdot f}{10}$ an der verbleibenden Last geleistet. Von außen investiert werden muss dabei $\dfrac{1}{2} \cdot \dfrac{2 \cdot F}{10} \cdot \dfrac{2 \cdot f}{10}$ und dann noch $\dfrac{2 \cdot F}{10} \cdot \dfrac{4 \cdot f}{10}$ für das Heben dieser Teillast auf das Ausgangsniveau.

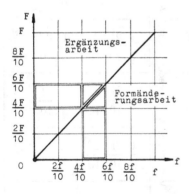

**Bild 5**
Zugfeder

Wir geben abschließend die Ergänzungsarbeit als Funktion nur der Last bzw. der Verformung an.

Es ist

$$A_{Erg} = \int_0^F \delta \cdot dF \, .$$

Mit $\delta = F/c_1$ erhält man

$$A_{Erg} = \int_0^F \frac{F}{c_1} \, dF = \frac{F^2}{2 \cdot c_1} \, .$$

Mit $F = c_1 \cdot \delta$ kann man dafür auch schreiben

$$A_{Erg} = \frac{1}{2} \cdot c_1 \cdot \delta^2 \, .$$

Ein Vergleich mit dem auf vor vier Seiten gefundenen Ergebnis zeigt, dass bei Gültigkeit des Hookeschen Gesetzes allgemein gilt:

Formänderungsarbeit = Ergänzungsarbeit.

Wir haben bisher ermittelt, welche Arbeit die äußeren Kräfte bei der Verformung eines Bauteils an diesem Bauteil leisten. Diese Arbeit haben wir angegeben als Funktion der äußeren Last und/oder der Verformung, insbesondere auch als Produkt von Last und deren Verschiebung bzw. als Summe solcher Produkte. Da es das Ziel unserer Bemühungen ist, Verschiebungen (allgemein: Verformungen) zu berechnen, müssen wir jetzt daran gehen, den Wert dieser Arbeit auf andere Weise zu berechnen und dann in die ermittelten Beziehungen einführen. Nun, das ist nicht besonders schwierig, wenn man den Spannungszustand im Bauteil kennt. In Kapitel 1 von TM2 haben wir nämlich festgestellt, dass Normal- bzw. Tangentialspannungen an

einem Körperelement vom Volumen 1 die Formänderungsarbeit $a = \frac{1}{2} \cdot \sigma \cdot \varepsilon = \frac{\sigma^2}{2 \cdot E}$

bzw. $a = \frac{1}{2} \cdot \tau \cdot \gamma = \frac{\tau^2}{2 \cdot G}$ leisten. Für die weiteren Betrachtungen ist es hinderlich,

dass wir bislang die Fläche (bzw. Querschnittsfläche) und die Arbeit mit dem großen Buchstaben „A" bezeichnet haben. Damit es nun keine Verwechselungen geben kann, werden wir – wenn beide Größen benötigt werden – Die Fläche mit A (engl. Area) und die Arbeit mit W (engl. work) bezeichnen! Damit lässt sich recht einfach die an einem Körperelement der Größe $dA \cdot dx$ geleistete Arbeit $dW = a \cdot dA \cdot dx$ angeben, dann durch Integration über die Arbeit W die an einem Stabelement der Länge dx geleistete Arbeit $dW = \int_A a \cdot dx \cdot dA$ und schließlich die am ganzen Bauteil

geleistete Arbeit $W = \int dW$. Wir können uns hier die Sache noch einfacher machen, indem wir uns auf frühere Untersuchungen stützen (Kapitel 2 von TM2) und sofort die an einem Stabelement der Länge dx geleistete Formänderungsarbeit anschreiben.

1. An einem durch Normalkräfte beanspruchten Stabelement geleistete Arbeit.

Die Verlängerung eines wie dargestellt belasteten, Stabelementes ist $d\delta = \dfrac{N}{E \cdot A} \cdot ds$. Die an ihm geleistete Formänderungsarbeit beträgt somit

$$dW = \frac{1}{2} \cdot N \cdot d\delta = \frac{N^2}{2 \cdot E \cdot A} \cdot ds.$$

2. An einem durch Querkräfte beanspruchten Stabelement geleistete Arbeit.

Die Verschiebung der Endquerschnitte eines wie dargestellt belasteten Stabelementes beträgt $dw_s = \chi_V \cdot \dfrac{V}{G \cdot A} \cdot ds$. Die an ihm geleistete Formänderungsarbeit beträgt somit

$$dW = \frac{1}{2} \cdot V \cdot dw_s = \chi_V \cdot \frac{V^2}{2 \cdot G \cdot A} \cdot ds.$$

Für $\chi_V$ können Werte dem Abschn. 2.4.2 von TM2 entnommen werden.

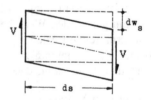

**Bild 6** Normalkraft (Längskraft)          **Bild 7** Querkraft

3. An einem durch Biegemomente beanspruchten Stabelement geleistete Arbeit.

Die gegenseitige Verdrehung der Endquerschnitte eines wie dargestellt belasteten Stabelementes beträgt $d\varphi = \dfrac{M}{E \cdot I} \cdot ds$. Die dabei an ihm geleistete Formänderungsarbeit beträgt somit

$$dW = \frac{1}{2} \cdot M \cdot d\varphi = \frac{M^2}{2 \cdot E \cdot I} \cdot ds.$$

4. An einem durch Torsionsmomente beanspruchten Stabelement geleistete Arbeit.

Die gegenseitige Verdrehung der Endquerschnitte eines wie dargestellt belasteten Stabelementes beträgt

$$d\varphi = \frac{M_T}{G \cdot I_T} \cdot ds \ .$$

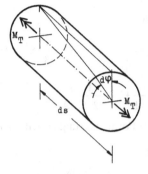

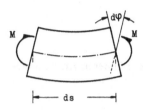

**Bild 8** Biegemoment           **Bild 9** Torsionsmoment

Die dabei an ihm geleistete Formänderungsarbeit beträgt somit

$$dW = \frac{1}{2} \cdot M_T \cdot d\varphi = \frac{M_T^2}{2 \cdot G \cdot I_T} \cdot ds \ .$$

An einem Stabelement, das gleichzeitig durch alle oben genannten Schnittgrößen belastete wird, wird natürlich die Summe aller oben angegebenen Arbeiten geleistet. Die am ganzen Bauteil dann geleistete Formänderungsarbeit ergibt sich schließlich durch Integration zu

$$W = \int \frac{N^2}{2 \cdot E \cdot A} \cdot ds + \chi_V \cdot \int \frac{V^2}{2 \cdot G \cdot A} \cdot ds + \int \frac{M^2}{2 \cdot E \cdot I} \cdot ds + \int \frac{M_T^2}{2 \cdot G \cdot I_T} \cdot ds \ .$$

Damit kann für ein beliebig belastetes Stabwerk die an ihm geleistete Formänderungsarbeit berechnet werden, sobald sämtliche Schnittgrößen (Zustandslinien) bekannt sind. Solange nur eine Einzellast das Stabwerk beansprucht, kann auch schon die Verschiebung unter dieser Einzellast berechnet werden. Dazu ein kleines Beispiel (Bild 10):

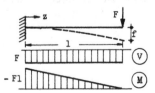

**Bild 10**
Beispiel

Wie groß ist die senkrechte Durchbiegung unter der Einzellast?

Mit $M(x) = - F \cdot (l - x)$ und $V = + F$ ergibt sich

$$W = \int_0^l \frac{F^2 \cdot (l^2 - 2 \cdot l \cdot x + x^2)}{2 \cdot E \cdot I} \cdot dx + \chi_V \cdot \int_0^l \frac{F^2}{2 \cdot G \cdot A} \cdot dx$$

Integration liefert

$$W = \frac{F^2}{2 \cdot E \cdot I} \cdot \left[ l^2 \cdot x - l \cdot x^2 + \frac{1}{3} \cdot x^3 \right]_0^l + \chi_V \cdot \frac{F^2}{2 \cdot G \cdot A} \cdot [x]_0^l \text{, also}$$

$$W = \frac{F^2 \cdot l^3}{6 \cdot E \cdot I} + \chi_V \cdot \frac{F^2 \cdot l}{2 \cdot G \cdot A}.$$

Wir können diese Formänderungsarbeit auch als Funktion der äußeren Kräfte angeben: $W = \frac{1}{2} \cdot F \cdot f$ .

Gleichsetzen beider Ausdrücke liefert die Durchbiegung

$$f = \frac{F \cdot l^3}{3 \cdot E \cdot I} + \chi_V \cdot \frac{F \cdot l}{G \cdot A}.$$

Der erste Term stellt den Beitrag der Biegemomente dar und der zweite Term denjenigen der Querkräfte.

Für $F = 50$ kN, $l = 4$ m und für einen Stahlträger IPB 300 mit $I_y = 25\,170$ cm$^4$ und $A = 149$ cm$^2$ und $\chi_V \approx 5,0$ ergibt sich ($E = 2,1 \cdot 10^4$ kN/cm$^2$ und $G = 0,8 \cdot 10^4$ kN/cm$^2$)

$$f = \frac{50 \cdot 400^3}{3 \cdot 2,1 \cdot 10^4 \cdot 25170} + 5 \cdot \frac{50 \cdot 400}{0,8 \cdot 10^4 \cdot 149} = 2,018 + 0,084 = 2,102 \text{ cm}$$

Damit ist die gestellte Aufgabe gelöst. Ein Vergleich der beiden Summanden zeigt, dass der Einfluss der Querkraft auf die Verformung sehr gering ist. Diese Beobachtung kann man bei fast allen Stabwerken machen, weshalb man i.A. den Querkraft-Einfluss auf die Verformung vernachlässigt.

Ist nun das Tragwerk durch mehr als eine Einzellast beansprucht oder wird die Verschiebung nicht unter der Einzellast sondern an einer anderen Stelle gesucht, dann führt die hier gezeigte Rechnung nicht zum Ziel. Wie dann zu verfahren ist, das zeigt der nächste Abschnitt.

## 1.2 Der Arbeitssatz

Zunächst muss die Bezeichnung von Verformungen präzisiert werden, wozu wir Bild 11 betrachten. Nehmen wir an, es sei die Durchbiegung des dargestellten Einfeldbalkens infolge der beiden Lasten $F_1$ und $F_2$ unter der Last $F_1$ gesucht. Wegen der Gültigkeit des Superpositionsgesetzes (es lautet etwa: Die Wirkung einer Summe von Beanspruchungen ist gleich der Summe der Wirkungen der einzelnen Beanspruchungen.) lässt sich diese darstellen als Summe der allein von $F_1$ und allein von $F_2$ in diesem Punkt hervorgerufenen Durchbiegungen. Um diese beiden Verformungs-Anteile unterscheiden zu können, hängen wir an den ersten Index, der den Ort und die Richtung einer Verformung beschreibt, einen zweiten an, der auf die Ursache hinweisen soll:

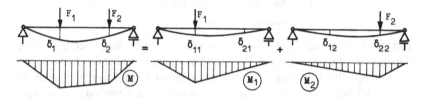

**Bild 11** Zur Bezeichnungsweise

$\delta_{11}$ = Durchbiegung im Angriffspunkt von $F_1$ infolge $F_1$,

$\delta_{12}$ = Durchbiegung im Angriffspunkt von $F_1$ infolge $F_2$.

Damit können wir schreiben $\delta_1 = \delta_{11} + \delta_{12}$.

Nun einige Überlegungen zur Berechnung der Durchbiegung $\delta_1$. Da die M-Linie bekannt ist, kann die am Bauteil geleistete Formänderungsarbeit als Funktion der inneren Kräfte berechnet werden. Wir nennen sie $W_i$ und können schreiben

$$\frac{1}{2} \cdot F_1 \cdot \delta_1 + \frac{1}{2} \cdot F_2 \cdot \delta_2 = W_i \,.$$

Da in dieser Gleichung zwei Unbekannte, nämlich $\delta_1$ und $\delta_2$ auftreten, reicht sie zur Bestimmung von $\delta_1$ nicht aus. Wir gehen deshalb anders vor und belasten den Balken zunächst nur durch $F_1$. Die dabei auftretende Verschiebung berechnen wir aus der Gleichung $\frac{1}{2} \cdot F_1 \cdot \delta_{11} = \int \frac{M_1^2}{2 \cdot E \cdot I} \cdot dx$ . Dann belasten wir den Balken nur durch $F_2$ und berechnen die dabei unter $F_2$ auftretende Verschiebung aus der Gleichung

$\frac{1}{2} \cdot F_2 \cdot \delta_{22} = \int \frac{M_2^2}{2 \cdot E \cdot I} \cdot dx$. In einem dritten Vorgang belasten wir den Balken schließlich nacheinander mit $F_1$ und (zusätzlich) $F_2$ (in dieser Reihenfolge) und berechnen die dabei am Bauteil geleistete Formänderungsarbeit als Funktion der äußeren Kräfte. Es ist

$$W = \frac{1}{2} \cdot F_1 \cdot \delta_{11} + F_1 \cdot \delta_{12} + \frac{1}{2} \cdot F_2 \cdot \delta_{22}$$

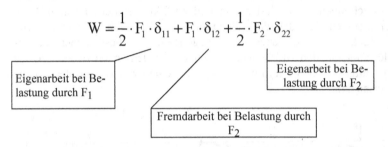

Eigenarbeit bei Belastung durch $F_1$

Eigenarbeit bei Belastung durch $F_2$

Fremdarbeit bei Belastung durch $F_2$

Den Wert dieser Summe, der ja unabhängig ist von der Reihenfolge der Belastung und nur abhängt von der am Ende des Belastungsvorganges wirkenden Last, haben wir oben schon berechnet, sodass $\delta_{12}$ bestimmt werden kann und damit auch $\delta_1$ bekannt ist. Wir schließen hier an eine kurze Betrachtung der Formänderungsarbeit, ausgedrückt durch die inneren Kräfte. Es gilt

$$W = \int \frac{M^2}{2 \cdot E \cdot I} \cdot dx = \int \frac{(M_1 + M_2)^2}{2 \cdot E \cdot I} \cdot dx = \int \frac{(M_1^2 + 2 \cdot M_1 \cdot M_2 + M_2^2)}{2 \cdot E \cdot I} \cdot dx$$

$$W = \int \frac{M_1^2}{2 \cdot E \cdot I} \cdot dx + \int \frac{M_1 \cdot M_2}{E \cdot I} \cdot dx + \int \frac{M_2^2}{2 \cdot E \cdot I} \cdot dx .$$

Eine Gegenüberstellung dieser Summe mit der oben angegebenen liefert unmittelbar

$$F_1 \cdot \delta_{12} = \int \frac{M_1 \cdot M_2}{E \cdot I} \cdot dx$$

Der Ausdruck $\int \frac{M_1 \cdot M_2}{E \cdot I} \cdot dx$ stellt also die von $F_1$ bei der Verformung durch $F_2$ geleistete (Fremd-)Arbeit dar. Dies lässt sich auch mechanisch sehr schnell zeigen, wofür wir das in Bild 12 dargestellte Stabelement betrachten. Während auf dieses Stabelement die Momente $M_1$, wirken (hervorgerufen durch $F_1$), verformt sich dieses Stabelement unter der Wirkung von $F_2$, wobei sich dessen Endquerschnitte gegenseitig verdrehen um den Winkel $d\varphi_2 = \frac{M_2}{E \cdot I} \cdot dx$ . Dabei wird am Stabelement die

(Fremd-) Arbeit $dW = M_1 \cdot d\varphi_2 = \frac{M_1 \cdot M_2}{E \cdot I} \cdot dx$ geleistet. Daraus ergibt sich durch

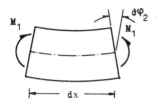

**Bild 12**
Am Stabelement geleistete Fremdarbeit

Integration über den ganzen Stab die insgesamt geleistete Fremdarbeit. Treten auch noch andere Schnittgrößen auf, dann ergibt sich also für die Arbeit, die von einer Kraft $F_i$ (dazu gehören die Schnittgrößen $M_i$, $N_i$ usw.) auf dem von einer Kraft $F_k$ verursachten Weg $\delta_{ik}$, am Bauteil geleistet wird, die Beziehung

$$F_i \cdot \delta_{ik} = \int \frac{N_i \cdot N_k}{E \cdot A} \cdot dx + \int \frac{M_i \cdot M_k}{E \cdot I} \cdot dx + \chi_V \cdot \int \frac{V_i \cdot V_k}{G \cdot A} \cdot dx + \int \frac{M_{Ti} \cdot M_{Tk}}{G \cdot I_T} \cdot dx$$

Wir wenden uns nun einem neuen Problem zu und nehmen an, es solle die Durchbiegung $\delta_1$ des zuvor betrachteten Einfeldträgers berechnet werden für den Fall, dass nur die Last $F_2$ wirkt (Bild 13). Wegen $\delta_{11} = 0$ gilt dann $\delta_1 = \delta_{12}$ Dieses $\delta_{12}$ haben wir oben berechnet aus der (Fremd-)Arbeit, die eine Last $F_1$ auf dem durch $F_2$ hervorgerufenen Weg am Bauteil leistete.

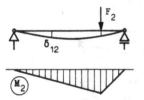

**Bild 13**

Wir können hier ebenso verfahren, wenn wir mit einer gedachten Last beliebiger Größe arbeiten: Wir tun so, als sei der durch $F_2$ zu belastende Träger bereits durch eine Last $F_1$ beansprucht (Bild 14), berechnen die durch $F_1$ bei der durch $F_2$ ausgelösten Verformung am Bauteil geleistete (Fremd-)Arbeit $F_1 \cdot \delta_2$ als Funktion der inneren Kräfte und finden, indem wir dann den Wert dieser Arbeit durch die Größe von $F_1$ dividieren, die Durchbiegung $\delta_{12}$.

Es ist also $F_1 \cdot \delta_{12} = \int \frac{M_1 \cdot M_2}{E \cdot I} \cdot dx$ und $\delta_{12} = \frac{1}{F_1} \cdot \int \frac{M_1 \cdot M_2}{E \cdot I} \cdot dx$. Wir erwähnten

schon, dass die Größe der gedachten Last beliebig ist. Besonders einfach wird die Rechnung, wenn man als gedachte Last die Kraft F = 1 kN oder F = 1 N ansetzt, je

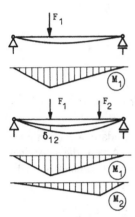

**Bild 14**

nachdem, in welcher Größe die tatsächlich wirkenden Lasten gegeben sind. Dann ändert sich bei der Division durch $F_1$ nur noch die Dimension, nicht mehr der Zahlenwert. Noch einfacher wird die Rechnung, wenn man sozusagen die Division ganz an den Anfang stellt und eine bereits durch ihre Dimension geteilte (gedachte) Last $F = 1$ ansetzt. Man bezeichnet diese Last und die zugehörigen Schnittgrößen gewöhnlich durch einen übergesetzten Balken, sodass sich dann (Bild 15) ergibt

$$\delta = \int \frac{N \cdot \overline{N}}{E \cdot A} \cdot dx + \int \frac{M \cdot \overline{M}}{E \cdot I} \cdot dx + \chi_V \cdot \int \frac{V \cdot \overline{V}}{G \cdot A} \cdot dx + \int \frac{M_T \cdot \overline{M_T}}{G \cdot I_T} \cdot dx \, .$$

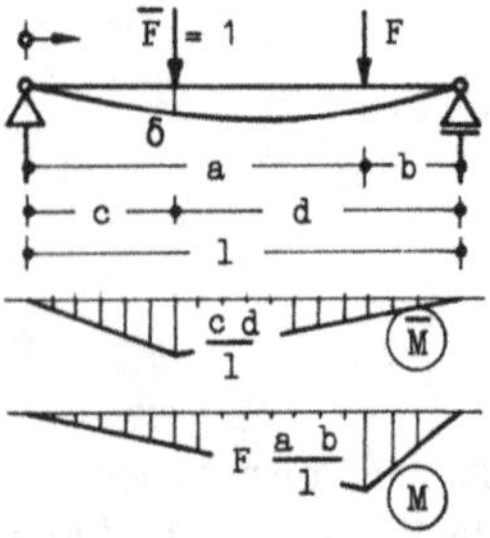

**Bild 15**

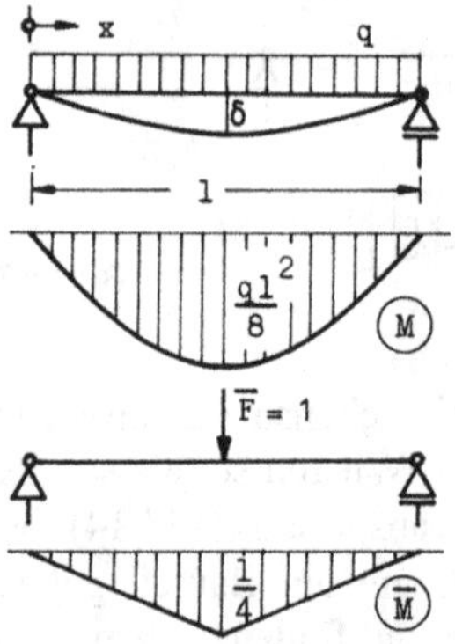

**Bild 16** Zur Berechnung einer Verformung mit Hilfe des Arbeitssatzes

Diese Beziehung nennen wir „Arbeitssatz". Dieser Arbeitssatz ist ein sehr leistungsfähiges und universell anwendbares Instrument zur Berechnung von Verformungen.

Seine Anwendung wurde besonders vereinfacht dadurch, dass für nahezu alle vorkommenden Formen und Kombinationen von M - und $\overline{M}$ - Flächen die entsprechenden Integrale berechnet und in Tafeln zusammengestellt wurden. Um dafür ein Beispiel zu geben, berechnen wir die Durchbiegung in Feldmitte eines Einfeldträgers unter Gleichlast (Bild 16). Da die M - Linie ebenso wie die $\overline{M}$ -Linie symmetrisch zur Feldmitte ist, braucht nur über eine Trägerhälfte integriert zu werden, wenn der Wert des Integrals dann verdoppelt wird.

Mit $M(x) = \dfrac{q \cdot x}{2} \cdot (l - x)$ und $\overline{M}(x) = \dfrac{x}{2}$ ergibt sich

$$\delta = 2 \cdot \int_0^{\frac{l}{2}} \frac{M \cdot \overline{M}}{E \cdot I} \cdot dx = 2 \cdot \int_0^{\frac{l}{2}} \frac{\dfrac{q \cdot x^2}{4} \cdot (l - x)}{E \cdot I} \cdot dx$$

$$\delta = 2 \cdot \frac{q}{4 \cdot E \cdot I} \cdot \left[ \frac{x^3}{3} \cdot l - \frac{x^4}{4} \right]_0^{\frac{l}{2}} = 2 \cdot \frac{5}{768} \cdot \frac{q \cdot l^4}{E \cdot I} = \frac{5}{384} \cdot \frac{q \cdot l^4}{E \cdot I}$$

Der Wert $\dfrac{5}{768} \cdot q \cdot l^4$ lässt sich zerlegen in einen Vorfaktor, die beiden Ordinaten $\dfrac{q \cdot l^2}{8}$ sowie $\dfrac{l}{4}$ und die Integrationslänge $\dfrac{l}{2}$:  $\dfrac{5}{768} \cdot q \cdot l^4 = \dfrac{5}{12} \cdot \dfrac{q \cdot l^2}{8} \cdot \dfrac{l}{4} \cdot \dfrac{l}{2}$.

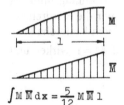

$\int M \, \overline{M} \, dx = \dfrac{5}{12} \, M \, \overline{M} \, l$   **Bild 17**

Wenn wir die Symbole M und $\overline{M}$ für die aus Bild 17 ersichtlichen Ordinaten verwenden und nicht für die ganze Zustandslinie, können wir die dort angeschriebene Beziehung angeben. So findet man die Integralwerte in den oben genannten Tafeln angegeben. In vielen Fällen jedoch braucht man auch diese Tafeln nicht in Anspruch zu nehmen. Macht man sich klar, dass $M \cdot dx$ ein kleiner Teil der M -Fläche ist und $\overline{M}$ die dazugehörige Ordinate der $\overline{M}$ -Fläche (Bild 18), dann erkennt man in $M \cdot \overline{M}$ das Produkt von beiden und in $\int M \cdot \overline{M} \cdot dx$ die Summe dieser Produkte.
Diese Summe ist nun aber, solange sich die Ordinaten linear verändern, (in unserem

Fall also die $\overline{M}$-Linie eine Gerade ist), gleich dem Produkt der ganzen $M$-Fläche und der zum Schwerpunkt dieser $M$-Fläche gehörenden $\overline{M}$- Ordinate, Bild 19. In unserem Fall ist

$$\frac{2}{3} \cdot M \cdot l \cdot \frac{5}{8} \cdot \overline{M} = \frac{5}{12} \cdot M \cdot \overline{M} \cdot l \;^{3)}$$

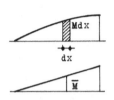

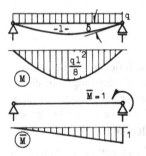

**Bild 18**                              **Bild 19**

Obwohl wir bei diesen Überlegungen als gedachte Last stets eine Kraft vor Augen hatten, gilt das Gesagte natürlich auch für Momente. Der Begriff Kraft ist hier im generalisierten (verallgemeinertem) Sinne gebraucht, als Abkürzung etwa von Kraftgrößen. Die sich beim Ansatz eines gedachten Momentes ergebende Verformung ist freilich der Verdrehungswinkel, um den sich dieses Moment bei der Verformung (durch die tatsächlich wirkenden Kräfte) dreht. Das leuchtet wohl ein, wenn man sich erinnert, dass im Grunde hier eine Arbeit errechnet wird, und bedenkt, dass ein irgendwo angreifendes Moment sich bei der Verformung mitdreht ebenso wie eine Kraft sich mitverschiebt. Als Beispiel wollen wir die Verdrehung des Stabquerschnittes im rechten Auflager des in Bild 20 gezeigten Einfeldbalkens bestimmen. Wir lassen dazu auf diesen Querschnitt das Moment $\overline{M} = 1$ wirken und

**Bild 20**
Zur Bestimmung der Verdrehung im rechten Auflager

---

<sup>3)</sup> Diese Formel wird in Russland nach A. K. Wereschtschagin (1896-1959) benannt.

erhalten unmittelbar, wenn wir für die Überlagerung der Momentenflächen die Integraltafel auf der nächsten Seite benutzen, Tafel 2 (eine wesentlich umfangreichere Tafel findet sich z.B. in Wendehorst: Bautechnische Zahlentafeln)

$$\delta = \int \frac{M \cdot \overline{M}}{E \cdot I} \cdot dx = \frac{1,0}{3 \cdot E \cdot I} \cdot l \cdot \frac{q \cdot l^2}{8} \cdot 1,0 = \frac{q \cdot l^3}{24 \cdot E \cdot I} .$$

Als nächstes untersuchen wir ein Tragwerk, in dem neben Biegemomenten wesentliche Normalkräfte auftreten: Es soll die senkrechte Verschiebung der Kragarmspitze des in Bild 21 gezeigten Stabwerkes bestimmt werden. Es ergibt sich

$$\delta = \int \frac{M \cdot \overline{M}}{E \cdot I} \cdot dx + \int \frac{N \cdot \overline{N}}{E \cdot A} \cdot dx = \frac{F \cdot a^3}{3 \cdot E \cdot I} + \frac{F \cdot a^2 \cdot h}{E \cdot I} + \frac{F \cdot h}{E \cdot A}$$

Der erste Term stellt die Verschiebung infolge der Biegemomente dar, der zweite diejenige infolge der Normalkräfte. Wir wollen nun den Einfluss der Normalkräfte auf die Verformung δ mit demjenigen der Biegemomente vergleichen.

Für h = 3 m, a = 2 m, F = 20 kN und einen IPB 160 (A = 54,3 cm², I = 2490 cm⁴) ergibt sich (E = 21000 kN/cm²)

$$\delta = \frac{1}{2,1 \cdot 10^4 \cdot 2,49 \cdot 10^3} \left[ \frac{1}{3} \cdot 20 \cdot 200^3 + 20 \cdot 200^2 \cdot 300 \right] +$$

$$+ \frac{20 \cdot 300}{2,1 \cdot 10^4 \cdot 54,3} = 5,61 \text{ cm} + 0,05 \text{ cm} = 5,67 \text{ cm}$$

**Tafel 2** Werte der Integrale: $\int M(x) \cdot \overline{M(x)} \cdot dx = \dots\dots M \cdot \overline{M} \cdot l$

| | | | | | |
|---|---|---|---|---|---|
| | $\frac{1}{1}$ | $\frac{1}{2}$ | $\frac{2}{3}$ | $\frac{1}{3}$ | $\frac{2}{3}$ |
| | $\frac{1}{2}$ | $\frac{1}{3}$ | $\frac{5}{12}$ | $\frac{1}{4}$ | $\frac{1}{3}$ |
| | $\frac{1}{2}$ | $\frac{1}{6}$ | $\frac{1}{4}$ | $\frac{1}{12}$ | $\frac{1}{3}$ |
| | $\frac{1}{3}$ | $\frac{1}{4}$ | $\frac{3}{10}$ | $\frac{1}{5}$ | $\frac{1}{5}$ |
| | $\frac{2}{3}$ | $\frac{1}{3}$ | $\frac{7}{15}$ | $\frac{1}{5}$ | $\frac{8}{15}$ |

Bei diesem Beispiel beträgt der Einfluss der Längskräfte auf die gesamte Verschiebung am Kragarmende nur zirka 1 % . Daher wird häufig der Einfluss der Längskräfte bei den Verformungsberechnungen vernachlässigt. Der Einfluss der Querkräfte wird ebenso häufig vernachlässigt.

Der Einfluss der Normalkräfte ist, wie man sieht, vernachlässigbar gegenüber demjenigen der Biegemomente. Das wird man oft finden, sodass sich folgende Regel angeben lässt: Bei Traggliedern, in denen gleichzeitig Biegemomente und Normalkräfte auftreten und Beiträge zum Arbeitsintegral liefern, kann der Beitrag der Normalkraft i.A. vernachlässigt werden.

Wir haben bisher den Arbeitssatz auf Stabwerke angewendet und zeigen jetzt seine Anwendung auf ein Fachwerk. Bei Fachwerken vereinfacht sich der Arbeitssatz, da nur Normalkräfte auftreten. Diese Normalkräfte, die wir dann Stabkräfte nennen, sind innerhalb jedes einzelnen Stabes konstant, sodass der Beitrag eines Stabes

beträgt $\dfrac{S \cdot \bar{S}}{E \cdot A} \cdot l$ , wobei gilt:

$S$ = Stabkraft infolge der tatsächlich wirkenden Lasten,

$\bar{S}$ = Stabkraft infolge der Belastung $\bar{F} = 1,0$ ,

$l =$ Stablänge;

Wir summieren über alle Stäbe des Fachwerkes und erhalten

$$\delta = \sum \frac{S \cdot \bar{S}}{E \cdot A} \cdot l .$$

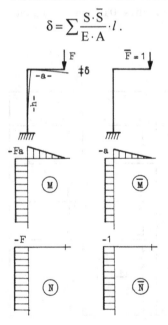

**Bild 21**
Zum Einfluss der Normalkraft auf die Verformung δ

Als Beispiel für die Anwendung dieses Satzes berechnen wir die senkrechte Verschiebung von Knoten k des in Bild 22 dargestellten Fachwerkes. Wie beim Stabwerk wird eine entsprechende Kraft $\overline{F} = 1,0$ angesetzt, für die dann nach einem der in TM1 gezeigten Verfahren die Stabkräfte $\overline{S}$ ermittelt werden. Nachdem auch für die tatsächlich wirkenden Lasten die Stabkräfte S bestimmt sind, wird in Tabellenform am besten zunächst die E-fache Verschiebung berechnet, wie nebenstehend gezeigt (hier: sind diejenigen Stäbe, für die sich $S = 0$ und $\overline{S} = 0$ ergibt, aus Platzgründen fortgelassen). Division durch $E = 2,1 \cdot 10^4 \ kN/cm^2$ liefert dann das Ergebnis

$$E \cdot \delta = \sum \frac{S \cdot \overline{S}}{A} \cdot l = +28047 \ \frac{kN}{cm} \quad \rightarrow \quad \delta = \frac{28087}{21000} = 1,34 \ cm$$

**Bild 22** Fachwerk

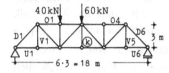

zugehörige Stabkräfte S
siehe Tafel 3

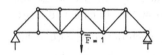

zugehörige Stabkräfte $\overline{S}$
siehe Tafel 3

**Tafel 3** Zur Berechnung von Knotenverschiebung bei Fachwerken

| Stab | $\dfrac{S}{kN}$ | $\overline{S}$ | $\dfrac{l}{cm}$ | $\dfrac{A}{cm^2}$ | $\dfrac{S \cdot \overline{S}}{A} \cdot l \ \dfrac{kN}{cm}$ |
|------|------|------|------|------|------|
| 01 | − 113,5 | − 1,0 | 300 | 20 | + 1700 |
| 02 | − 113,5 | − 1,0 | 300 | 20 | + 1700 |
| 03 | − 86,7 | − 1,0 | 300 | 20 | + 1300 |
| 04 | − 86,7 | − 1,0 | 300 | 20 | + 1300 |
| D1 | − 80,1 | − 0,707 | 424 | 15 | + 1600 |
| D2 | + 80,1 | + 0,707 | 424 | 15 | + 1600 |
| D3 | − 23,6 | − 0,707 | 424 | 15 | + 472 |
| D4 | − 61,3 | − 0,707 | 424 | 15 | + 1225 |
| D5 | + 61,3 | + 0,707 | 424 | 15 | + 1225 |
| D6 | − 61,3 | − 0,707 | 424 | 15 | + 1225 |
| V2 | − 40 | 0 | 300 | 10 | 0 |
| V3 | 0 | + 1,00 | 300 | 10 | 0 |
| U1 | + 56,7 | + 0,5 | 300 | 10 | + 850 |
| U2 | + 56,7 | + 0,5 | 300 | 10 | + 850 |
| U3 | + 130 | + 1,5 | 300 | 10 | + 5850 |
| U4 | + 130 | + 1,5 | 300 | 10 | + 5850 |
| U5 | + 43,3 | + 0,5 | 300 | 10 | + 650 |
| U6 | + 43,3 | + 0,5 | 300 | 10 | + 650 |

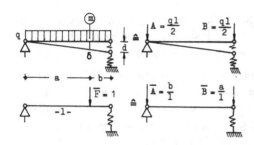

**Bild 23**
Zur Berücksichtigung elastischer Lagerung bei Verformungsberechnungen

Die bisher untersuchten Stabtragwerke waren stets unnachgiebig gelagert. Wir wollen jetzt kurz überlegen, wie sich eine elastische Lagerung auf die Verformungen auswirkt und betrachten den in Bild 23 gezeigten Balken, der an seinem rechten Ende auf einer Feder mit der Federkonstanten c (siehe Abs. 2.3.1 von TM2) ruht. Wir bestimmen die senkrechte Verschiebung der Stabachse in Punkt m für den Fall, dass der Balken selbst starr ist ($E \cdot I = \infty$). Wie üblich denken wir uns eine entsprechend positionierte Kraft $\overline{F} = 1,0$ wirkend und berechnen die von ihr geleistete Arbeit bei der Verformung durch die tatsächlich wirkende Last. Nun, die tatsächlich wirkende Last ist, was die Feder anbetrifft, äquivalent dem System der Stützkräfte $A = B = q \cdot l/2$ [4] von denen die Kraft B die Federzusammendrückung $d = B/c$ bewirkt. Bei dieser Zusammendrückung verschiebt sich auch die zu $\overline{F} = 1,0$ gehörende Stützkraft $\overline{B} = a/l$, sodass ein Vergleich der inneren und äußeren Arbeit liefert $\tilde{F} \cdot \delta = \delta = \overline{B} \cdot d = \overline{B} \cdot B/c$. Sind (etwa bei anderen Tragwerken) mehrere elastische Lager vorhanden, dann braucht man deren Beiträge nur zu summieren. Wir führen für eine Auflagerkraft die Abkürzung A ein und erhalten, wenn wir die Verformbarkeit des Balkens wieder berücksichtigen

$$\delta = \int \frac{M \cdot \overline{M}}{E \cdot I} \cdot dx + ... + \sum \frac{A \cdot \overline{A}}{c}.$$

Wir berechnen die Verschiebung des o.a. Balkens in Feldmitte für den Fall, dass beide Balkenenden elastisch gelagert sind:

Mit $l = 4$ m, $a = b = 2$ m, $q = 8$ kN/m, $E \cdot I = 21000 \cdot 864 = 1,814 \cdot 10^7$ kNcm$^2$ sowie $c_A = 10$ kN/cm und $c_B = 20$ kN/cm sich

---

[4]  Wir setzen voraus, dass die Formänderungen auf Grund der Stützennachgiebigkeit gering sind und können daher alle Stütz- und Schnittgrößen am unverformten System bestimmen.

$$\delta = \frac{5}{384} \cdot \frac{q \cdot l^4}{E \cdot I} + \frac{q \cdot l}{2} \cdot \left( \frac{0,5}{c_A} + \frac{0,5}{c_B} \right) = \frac{5}{384} \cdot \frac{0,08 \cdot 256 \cdot 10^8}{1,814 \cdot 10^7} + \frac{0,08 \cdot 400}{2} \cdot \left( \frac{0,5}{10} + \frac{0,5}{20} \right)$$

$$\delta = 1,47 + 1,20 = 2,67 \text{ cm} .$$

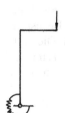

**Bild 24** Elastische Einspannung

Der letzte Term erfasst, wie wir gleich sehen werden, auch elastische Verdrehungen von Einspannungen, wenn wir die Begriffe Auflagerkraft und Federkonstante entsprechend verallgemeinern (A steht dann für Auflagergröße). In Bild 24 ist das in Bild 21 besprochene Tragwerk noch einmal dargestellt, wobei nun die Einspannung elastisch sein soll mit der Federkonstanten $c = M/\varphi$ . Wenn zu der tatsächlich wirkenden Last das Einspannmoment M gehört (Es wirkt vom Stab auf die Einspannung, also auf die Momentenfeder, und bewirkt die Verdrehung $\varphi = M/c$ .) und zu der gedachten Kraft $\overline{F} = 1,0$ das Einspannmoment $\overline{M}$, dann wird von $\overline{F}$ bei der Verformung durch die tatsächlich wirkende Last die Fremdarbeit $1,0 \cdot \delta = \overline{M} \cdot \varphi = \overline{M} \cdot M/c$ geleistet, wenn der Stab wieder als starr angesehen wird. So erhält man z.B. für das auf zuvor schon behandelte System mit

$c = 20$ kNm/Altgrad $= 2 \cdot 10^3/(\pi/180)$ kNcm $= 11,46 \cdot 10^4$ kNcm die Verschiebung

$$\delta = 5,67 + \frac{4000 \cdot 200}{11,46 \cdot 10^4} = 5,67 + 6,98 = 12,65 \text{ cm} .$$

Nun werden Formänderungen hervorgerufen nicht nur durch Lasten sondern auch durch Temperaturänderungen und unelastische Auflagerbewegungen.[5]

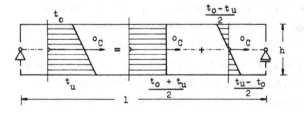

**Bild 25**
Zur Temperaturbeanspruchung eines Bauteils

---

[5] Diese Bewegungen sind unabhängig von der Größe der Auflagerkräfte.

Untersuchen wir zunächst den Einfluss von Temperaturänderungen auf die Verformungen und betrachten dazu den in Bild 25 gezeigten Balken, der bei einer gleichmäßigen Temperatur von sagen wir 20 °C die Länge $l$ und eine gerade Stabachse hat. Was passiert, wenn er oben auf 40 °C erwärmt wird und unten auf 60 °C? Zunächst definieren wir: $t_o$ = 20 °C und $t_u$ = 40 °C. Bei Annahme eines linearen Temperaturverlaufes über die Stabhöhe können wir diese unsymmetrische Beanspruchung in einen symmetrischen Teil und einen antimetrischen Teil trennen. Die mittlere Temperaturänderung nennen wir t °C, die Differenz zwischen der Temperaturänderung an der Stabunterseite und derjenigen an der Staboberseite nennen wir $\Delta t$ °C = $t_u - t_o$.

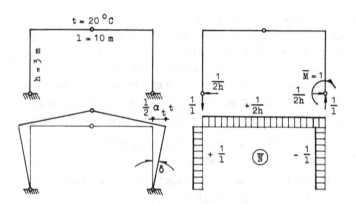

**Bild 26** Verdrehung des Stabquerschnittes im rechten Fußgelenk

Verfolgen wir zunächst die Auswirkungen des symmetrischen Anteiles: gleichmäßig über die Stabhöhe (und damit den Stabquerschnitt verteilte Temperaturänderung t. Wie in Abschnitt 1.3 von TM2 angegeben, ist die Dehnung einer Stabfaser proportional der Temperaturänderung, wobei als Proportionalitätsfaktor die lineare[6] Wärmedehnzahl $\alpha_t$ auftritt: $\varepsilon = \alpha_t \cdot t$. Die Längenänderung eines gleichmäßig erwärmten Stabelementes beträgt also $d\delta = \alpha_t \cdot t \cdot dx$. Bringen wir nun an der Stelle, wo eine Verformung berechnet werden soll, die gedachte Kraft $\overline{F} = 1,0$ bzw. das gedachte Moment $\overline{M} = 1,0$ an und ist $\overline{N}$ die Normalkraft im betrachteten Stabelement infolge dieser gedachten Kraftgröße, dann leistet diese Normalkraft am Stabelement bei der Temperaturverformung die Fremdarbeit $\overline{N} \cdot d\delta = \overline{N} \cdot \alpha_t \cdot t \cdot dx$. Am

---

[6] Es gibt daneben eine kubische Wärmedehnzahl, die die Volumenänderung beschreibt.

ganzen Bauteil wird die Arbeit $\int \overline{N} \cdot \alpha_t \cdot t \cdot dx$ geleistet, sodass sich die gesuchte Verformung ergibt aus der Gleichung

$$1,0 \cdot \delta = \int \overline{N} \cdot \alpha_t \cdot t \cdot dx \,.$$

Um z.B. die Verlängerung des in Bild 25 gezeigten Stabes infolge t = 30 °C zu bestimmen, setzen wir $\overline{F} = 1,0$ am beweglichen Stabende (es ist das rechte) in Richtung der Stabachse an und erhalten im ganzen Stab die Normalkraft $\overline{N} = 1,0$. Damit ergibt sich für $\alpha_t$ = 0,000012 / °C und sagen wir $l$ = 4 m die Verlängerung

$$\delta = 1,0 \cdot \alpha_t \cdot t \cdot l = 0,000012 \cdot 30 \cdot 400 = 0,144 \text{ cm} \,.$$

Berechnen wir noch die Verdrehung des Stabquerschnittes im rechten Fußgelenk des in Bild 26 dargestellten Dreigelenkrahmens, wenn sich der Riegel um t = 20 °C erwärmt. Ansatz des Momentes $\overline{M} = 1,0$ in der entsprechenden Lage liefert den dargestellten Normalkraftverlauf $\overline{N}$ [7]. Damit ergibt sich

$$\delta = \frac{1}{2 \cdot h} \cdot \alpha_t \cdot t \cdot l = \frac{1}{600} \cdot 0,000012 \cdot 20 \cdot 1000 = 0,0004 \,.$$

In Altgrad angegeben ist das

$$\gamma = \frac{180}{\pi} \cdot 0,0004 = 0,023° \,.$$

Natürlich können wir diesen Winkel auch durch eine geometrische Betrachtung ermitteln: Die rechte Hälfte des Riegels verlängert sich um $\Delta l$ = 500 · 0,000012 · 20 = 0,12 cm. Wegen der sehr geringen Neigung des Riegels (sie beträgt, wie wir gesehen haben, 0,023 Grad) ist dies auch die *Horizontal*verschiebung der rechten Rahmenecke. Aus tan $\delta$ = 0,12/300 = 0,0004 ergibt sich $\delta$ = 0,0004.

Als nächstes nun die Auswirkungen des antimetrischen Anteiles: An der Stab-Oberseite ändert sich die Temperatur um $-\dfrac{\Delta t}{2}$, an der Unterseite um $+\dfrac{\Delta t}{2}$. Die Betrachtung eines so beanspruchten Stabelementes (Bild 27, $\Delta t$ positiv) zeigt, dass die Stabfasern an der Unterseite um $d\delta = \alpha_t \cdot \dfrac{\Delta t}{2} \cdot dx$ länger werden und diejenigen an der Oberseite um $d\delta = \alpha_t \cdot \dfrac{\Delta t}{2} \cdot dx$ kürzer. Dazu gehört eine gegenseitige Verdre-

---

[7] Natürlich treten auch Biegemomente und Querkräfte auf. Da sie hier nicht von Interesse sind, wurden sie nicht ermittelt.

hung der beiden Endquerschnitte des Stabelementes um $d\varphi = \dfrac{1}{h} \cdot \alpha_t \cdot \Delta t \cdot dx$. Wirkt

nun an irgendeiner Stelle des Bauteiles die gedachte Last $\overline{F} = 1,0$ und gehören zu

dieser Last die Biegemomente $\overline{M}$, dann leisten die auf das Stabelement wirkenden

Biegemomente $\overline{M}$ bei dieser Verdrehung am Stabelement die Fremdarbeit

$\overline{M} \cdot d\varphi = \overline{M} \cdot \dfrac{1}{h} \cdot \alpha_t \cdot \Delta t \cdot dx$. Summation über alle Stabelemente des Bauteiles liefert

die Fremdarbeit $\int \overline{M} \cdot \dfrac{1}{h} \cdot \alpha_t \cdot \Delta t \cdot dx$. Diese muss gleich sein dem Produkt $1,0 \cdot \delta$,

sodass sich ergibt

$$\delta = \int \overline{M} \cdot \frac{\alpha_t \cdot \Delta t}{h} \cdot dx \,.$$

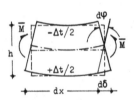

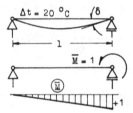

**Bild 27** Verformung eines Stabelementes bei antimetrischer Temperaturbelastung

**Bild 28** Verdrehung der Stabachse über
dem rechten Auflager infolge antimetrischer Temperaturbelastung

Um z.B. die Verdrehung eines Stabquerschnittes am rechten Auflager des in Bild 25
gezeigten Balkens zu bestimmen, setzen wir dort wie in Bild 28 dargestellt das Moment $\overline{M} = 1,0$ an und erhalten

$$\delta = \int \overline{M} \cdot \frac{\alpha_t \cdot \Delta t}{h} \cdot dx = \frac{\alpha_t \cdot \Delta t}{2 \cdot h} \cdot l \,,$$

da $\Delta t$ über die Stablänge $l$ konstant ist und der Quotient $\alpha_t \cdot \Delta t / h$ deshalb praktisch
der Ordinate einer rechteckigen Momentenfläche entspricht. Für $l = 4$ m, h = 30 cm
und $\alpha_t = 0,000\,012$ ergibt sich

$$\delta = \frac{0,000\,012 \cdot 20}{2 \cdot 30} \cdot 400 = 0,0016 \,.$$

Berechnen wir noch, um wie viel sich das Scheitelgelenk des in Bild 29 dargestellten Rahmens hebt, wenn der Riegel eine antimetrische Temperaturbelastung erhält
von $\Delta t = +20\ °C$? Ansatz der gedachten Kraft $\overline{F} = 1,0$ in der dargestellten Position
liefert die senkrechte Verschiebung

$$\delta = \int \overline{M} \cdot \frac{\alpha_t \cdot \Delta t}{h} \cdot dx = \frac{1}{2} \cdot \left(-\frac{l}{4}\right) \cdot \frac{\alpha_t \cdot \Delta t}{h} \cdot l = \frac{1}{2} \cdot \left(-\frac{3000}{4}\right) \cdot \frac{0,000\,012 \cdot 20}{30} \cdot 3\,000$$

$$\delta = -9\ \text{cm}$$

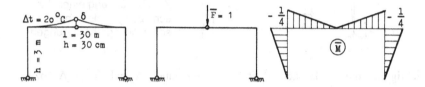

**Bild 29** Antimetrische Temperaturbelastung des Riegels

Das negative Vorzeichen besagt, dass die Verschiebung nicht in Richtung der angesetzten Kraft $\overline{F} = 1,0$ stattfindet, sondern in der entgegengesetzten Richtung. Dann
nämlich leistet die Kraft $\overline{F}$ bei der Verformung des Bauteiles infolge der wirklichen
Beanspruchung eine negative (Fremd-) Arbeit.

Als letztes besprechen wir die Berechnung von Verschiebungen bzw. Verdrehungen, infolge von unelastischen Auflagerbewegungen,[8] wie sie etwa in Bergsen-
kungsgebieten auftreten. Wir fragen etwa: Wie groß ist beim dargestellten Rahmen
(Bild 30) die horizontale Verschiebung der rechten Ecke, wenn sich das rechte Auflager um $\Delta$ senkt?

Zwei Dinge müssen wir bei der Beantwortung dieser Frage und allgemein bei der
Untersuchung unelastischer Auflagerbewegungen beachten:

1) Während bei allen bisher betrachteten Beanspruchungen auch die inneren Kräfte
   $N, M$ usw. bei der Formänderung (Fremd-) Arbeit leisteten, ist das hier nicht
   der Fall, da nur Starrkörperbewegungen auftreten.[9]

---

[8] Diese Verschiebungen bzw. Verdrehungen können i. A. durch eine geometrische Betrachtung leicht ermittelt werden. Wir besprechen hier ihre Berechnung mit Hilfe des Arbeitssatzes.

[9] Zur Verdeutlichung: Betrachtung eines herausgeschnittenen Stabelementes bei der Formänderung zeigt, dass es weder länger wird noch sich krümmt etc. (deshalb die Bezeich-

2) Während bisher von den äußeren Kräften nur die gedachte Last $\overline{F}$ bei der Formänderung infolge der tatsächlich auftretenden Beanspruchung verschoben wurde und damit Fremdarbeit leistete, wird nun auch die zu $\overline{F}$ gehörende und im die Verschiebung erleidenden Auflager wirkende Auflagerkraft $\overline{A}$ verschoben, sodass auch sie (Fremd-) Arbeit leistet.

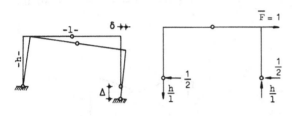

**Bild 30**
Zur Berechnung einer Verschiebung infolge unelastischer Auflagerbewegungen

Berücksichtigung dieser Tatsachen liefert $A_i=0$ und $A_a = \overline{F}\cdot\delta + \overline{A}\cdot\Delta$ bzw. $A_a = 1,0\cdot\delta + \overline{A}\cdot\Delta$. Gleichsetzen dieser Ausdrücke ergibt

$$0 = 1,0\cdot\delta + \overline{A}\cdot\Delta \qquad \delta = -\overline{A}\cdot\Delta$$

Dabei ist $\Delta$ positiv angesetzt in Richtung der auftretenden Kraft $\overline{A}$.[10]

Nehmen wir an, das rechte Auflager unseres Rahmens (Bild 30) senke sich um den Wert von 10 cm. Dann ergibt sich mit $l$ = 10 m und h = 3 m die gesuchte Horizontalverschiebung der rechten Rahmenecke mit $\overline{A} = h/l$ zu $\delta = -3/10\cdot(-10) = +3$ cm. Dabei wurde mit $\Delta = -10$ cm gearbeitet, da die Auflagerverschiebung entgegen der Richtung von $\overline{A}$ stattfindet. Das positive Vorzeichen des Ergebnisses zeigt, dass sich die Rahmenecke in Richtung der angesetzten Kraft $\overline{F}$, also nach rechts verschiebt.

Wir haben oben erwähnt, dass man dieses Ergebnis ebenso leicht durch eine geometrische Betrachtung findet; hier ist sie.

Solange die in Bild 31(a) dargestellte Konfiguration angenommen werden kann, gilt $\varphi = \dfrac{\Delta}{l}$ einerseits und $\varphi = \dfrac{\delta}{h}$ andererseits. Daraus ergibt sich sofort $\delta = \dfrac{h}{l}$; das uns bekannte Ergebnis.

---

nung Starrkörperbewegung). Es wird nur als Ganzes verschoben und/oder verdreht, wobei die Endquerschnitte ihre Lage *zueinander* nicht ändern, sodass die auf ihnen wirkenden Schnittgrößen $\overline{N}$, $\overline{M}$ usw. dabei keine (Fremd-) Arbeit leisten.

[10] Dieses Ergebnis gilt freilich auch für unelastische Verdrehungen.

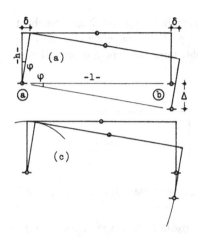
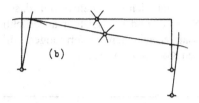

**Bild 31**
Zur geometrischen Ermittlung von Verformungen infolge von unelastischen Stützenbewegungen

Mehr als bei der vorangegangenen statischen Betrachtung werden bei dieser geometrischen Betrachtung deutlich die Auswirkungen unserer grundlegenden Annahme, dass alle auftretenden Verschiebungen klein sind im Vergleich mit den Längenabmessungen des Tragwerkes.

Wir kommen zurück zu unserem Hauptthema und geben nun die Vorschrift zur Berechnung einer beliebigen Verformungsgröße bei Beanspruchung durch Lasten, Temperaturänderung und unelastische Stützenbewegung an für starr oder elastisch gestützte Tragwerke:

$$\delta = \int \frac{M \cdot \overline{M}}{E \cdot I} \cdot dx + \chi_V \cdot \int \frac{V \cdot \overline{V}}{G \cdot A} \cdot dx + \int \frac{N \cdot \overline{N}}{E \cdot A} \cdot dx + \int \frac{M_T \cdot \overline{M}_T}{G \cdot I_T} \cdot dx$$

$$+ \sum \frac{A \cdot \overline{A}}{c} + \int \overline{N} \cdot \alpha_t \cdot t \cdot dx + \int \overline{M} \cdot \frac{\alpha_t \cdot \Delta t}{h} \cdot dx - \sum \overline{A} \cdot \Delta$$

Die Anwendung dieses (Arbeits-) Satzes haben wir auf den vorangegangenen Seiten gezeigt. Wir fassen hier zusammen:

Der Ansatz einer Kraft $\overline{F} = 1{,}0$ im Punkt i liefert die Verschiebung dieses Punktes bezogen auf die Richtung der Kraft $\overline{F}$.

Der Ansatz eines Momentes $\overline{M} = 1{,}0$ im Punkt i liefert die Verdrehung in i bezogen auf die Richtung des Momentes $\overline{M}$.

Was heißt „bezogen auf die Richtung von $\overline{F}$ bzw. $\overline{M}$"? Diese Redewendung betrifft das Vorzeichen der berechneten Verformung: Ist dieses positiv, so findet die Verformung statt in Richtung der angreifend gedachten Last; ist es negativ, so findet die Verformung in der entgegengesetzten Richtung statt. Dies leuchtet unmittelbar ein, wenn man sich vergegenwärtigt, dass hier tatsächlich eine Arbeit ausgerechnet wird. So sind, und das sei hier ausdrücklich gesagt, die Vorzeichen der mit dem Arbeitssatz errechneten Verformungen völlig unabhängig von einem eventuell vorhandenen Koordinatensystem.

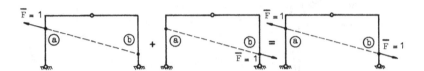

**Bild 32** Zur Berechnung der Änderung des gegenseitigen Abstandes zweier Punkte

Nun kommt neben der Frage nach den sozusagen absoluten Verformungen noch die Frage nach den „relativen" Verformungen vor: Um wie viel etwa hat sich ein Punkt eines Tragwerkes gegenüber einem anderen Punkt desselben Tragwerkes verschoben? Zum Beispiel möge interessieren die Änderung des gegenseitigen Abstandes der Punkte a und b des in Bild 32 gezeigten Tragwerkes. Wir führen dieses Problem zurück auf die Berechnung absoluter Verformungen und fragen nach der absoluten Verschiebung von Punkt a in Richtung von, a-b und derjenigen von Punkt b in Richtung von b-a. Dazu setzen wir zuerst $\overline{F} = 1,0$ entsprechend in Punkt a an und errechnen $\delta_a$ und dann $\overline{F} = 1,0$ entsprechend in Punkt b und errechnen $\delta_b$. Die gegenseitige Verschiebung ergibt sich dann zu $\delta = \delta_a + \delta_b$. Wir erhalten diese gegenseitige Verschiebung unmittelbar, wenn wir die beiden Kräfte $\overline{F} = 1,0$ gleichzeitig ansetzen, wie in Bild 32 gezeigt.

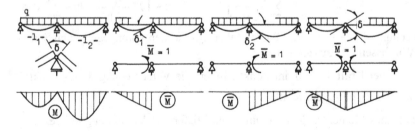

**Bild 33** Zur Berechnung der gegenseitigen Verdrehung zweier Querschnitte

Gleiches gilt für Verdrehungen. Wenn nicht die absolute Verdrehung einer Querschnittsebene interessiert sondern die gegenseitige Verdrehung zweier Querschnitte, so gehen wir wie oben erwähnt vor, setzen in beiden Querschnitten je ein gedachtes

Moment $\overline{M} = 1,0$ an und erhalten unmittelbar die gesuchte gegenseitige Verdrehung. Bild 33 zeigt das. Unter Verwendung von Tafel 2 ergibt sich

$$\delta_1 = \frac{q \cdot l_1^2}{24 \cdot E \cdot I}, \quad \delta_2 = \frac{q \cdot l_2^2}{24 \cdot E \cdot I}, \quad \delta = \delta_1 + \delta_2 = \frac{q}{24 \cdot E \cdot I} \cdot (l_1^2 + l_2^2).$$

Mit dem Arbeitssatz ist für den in Bild 34 dargestellten Einfeldträger mit Kragarm die senkrechte Verschiebung am Kragarmende für die drei Belastungsfälle zu berechnen.

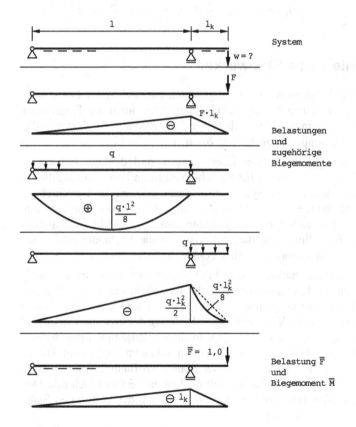

**Bild 34**

Einzellast am Kragarmende:

$$w = \frac{1}{E \cdot I} \cdot (\frac{1}{3} \cdot l \cdot F \cdot l_k^2 + \frac{1}{3} \cdot l_k \cdot F \cdot l_k^2) = \frac{l + l_k}{3 \cdot E \cdot I} \cdot F \cdot l_k^2$$

Streckenlast im Feldbereich:

$$w = \frac{1}{3 \cdot E \cdot I} \cdot l \cdot q \cdot \frac{l^2}{8} \cdot (-l_k) = -q \cdot \frac{l^3 \cdot l_k}{24 \cdot E \cdot I}$$

Streckenlast im Kragarmbereich:

$$w = \frac{1}{E \cdot I} \cdot (\frac{1}{3} \cdot l \cdot q \cdot \frac{l_k^2}{2} \cdot l_k + \frac{1}{3} \cdot l_k \cdot q \cdot \frac{l_k^2}{2} \cdot l_k - \frac{1}{3} \cdot l_k \cdot q \cdot \frac{l_k^2}{8} \cdot l_k) = \frac{q \cdot l_k^3}{E \cdot I} \cdot (\frac{l}{6} + \frac{l_k}{8})$$

## 1.3 Die Biegelinie eines Stabwerkes

Zu Beginn dieses Kapitels haben wir schon angedeutet, dass neben der Frage nach Verformungsgrößen in einzelnen Punkten eines Tragwerkes auch die Frage nach dem Verlauf dieser Verformungsgrößen entlang der Stabachse auftritt, dass also die Zustandslinien für Verformungen interessieren, $\delta = f(x)$.

Entsprechend den eingangs angestellten Überlegungen sind denkbar bei einem räumlichen System drei Zustandslinien für Verschiebungen und drei Zustandslinien für Verdrehungen, bei einem ebenen System zwei Zustandslinien für Verschiebungen und eine für Verdrehungen. Von diesen Zustandslinien ist von Interesse nur eine: Die Zustandslinie für die Verschiebung(skomponente) senkrecht zur Stabachse; man nennt sie die Biegelinie. Die Biegelinie ist also die Verbindungslinie der senkrechten Verschiebungskomponenten aller Punkte der Stabachse.

Wir wollen im Folgenden die mathematische Funktion solcher Biegelinien aufstellen und benötigen dazu ein Koordinatensystem. Es ist üblich, die Verschiebungskomponenten in Richtung der x-, y- und z-Achse mit u, v und w zu bezeichnen; dementsprechend nennen wir die Verschiebung in Richtung der z-Achse (im unverformten Zustand) w. Gesucht ist also $w = f(x)$. In diesem Zusammenhang weisen wir hin auf den Unterschied zwischen dem w-x-System und dem z-x-System. Das z-x-System benutzen wir zur Festlegung einzelner Punkte im Bauteil. Man kann es sich dementsprechend auf das Bauteil aufgemalt denken, es verformt sich mit. Das w-x-System dagegen wollen wir benutzen zur Beschreibung der verformten Stabachse, es muss deshalb „raumfest" sein.

Nehmen wir an, es sei die Biegelinie des in Bild 35 dargestellten Einfeldträgers unter Gleichlast zu bestimmen. Bei der Lösung dieser Aufgabe können wir ebenso vorgehen wie seinerzeit bei der Ermittlung etwa der Biegemomentenlinie (TM 1, Abschnitt 3.3): Wir bestimmen die Durchbiegung in einem Punkt, dessen Lage definiert ist durch die Achsabschnitte x und *l*-x, und lassen x sich dann ändern im Bereich zwischen 0 und *l*. Unter Verwendung etwa der Integraltafel im Wendehorst: Bautechnische Zahlentafeln, ergibt sich unmittelbar

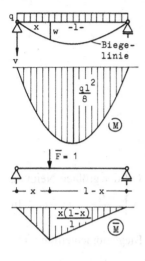

**Bild 35**
Ermittlung der Biegelinie mit Hilfe des Arbeitssatzes

$$w = f(x) = \frac{l}{3 \cdot E \cdot I} \cdot \frac{q \cdot l^2}{8} \cdot \frac{x \cdot (l-x)}{l} \cdot \left[ 1,0 + \frac{x \cdot (l-x)}{l^2} \right]$$

$$w = \frac{q}{24 \cdot E \cdot I} \cdot \left[ x^4 - 2 \cdot l \cdot x^3 + l^3 \cdot x \right]$$

Das ist die gesuchte Funktionsgleichung.

Für $x = 0,5 \cdot l$ z.B. ergibt sich der uns bekannte Wert

$$w(0,5 \cdot l) = \max w = \frac{5 \cdot q \cdot l^4}{384 \cdot E \cdot I}.$$

Die (i. A. nicht interessierende) Zustandslinie für die Drehung der einzelnen Stabquerschnitte ergibt sich als Ableitung der Verschiebungsfunktion nach x, da die Biegelinie nur sehr wenig gegen die x-Achse geneigt ist und also tan $\varphi \approx \varphi$ gilt:

$$w'(x) = \varphi(x) = \frac{q}{24 \cdot E \cdot I} \cdot \left[ 4 \cdot x^3 - 6 \cdot l \cdot x^2 + l^3 \right].$$

Für x = 0 und x = l ergeben sich die uns bekannten Werte

$$\varphi(0) = \frac{q \cdot l^3}{24 \cdot E \cdot I} \quad \text{bzw.} \quad \varphi(l) = \frac{-q \cdot l^3}{24 \cdot E \cdot I}.$$

$\varphi(0)$ ist positiv, weil hier w mit wachsendem x größer wird;

$\varphi\ (l)$ ist negativ, weil dort w mit wachsendem x kleiner wird.

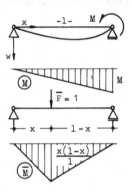

**Bild 36**
Zur Bestimmung der Biegelinie

Wir leiten diese Funktion noch einmal ab (etwa, um dem Ort der größten Neigung

zu finden) und erhalten $w'' = \dfrac{q}{24\cdot E\cdot I}\cdot\left[12\cdot x^2 - 12\cdot l\cdot x\right] = \dfrac{q\cdot x}{2\cdot E\cdot I}\cdot(x-l)$. In

$\dfrac{q\cdot x}{2}\cdot(x-l)$ erkennen wir die negative Biegemomentenfunktion:

$-M(x) = \dfrac{q\cdot x}{2}\cdot(x-l)$. Es scheint also ein Zusammenhang zu bestehen zwischen der

Funktionsgleichung der Biegemomentenlinie und derjenigen der Biegelinie, und

zwar in der Form $w'' = -\dfrac{M(x)}{E\cdot I}$ .

Das nächste Beispiel (Bild 36) scheint das zu bestätigen. Mit Hilfe der o. a.
Integraltafel ergibt sich

$$w(x) = \frac{l}{6\cdot E\cdot I}\cdot M\cdot\frac{x\cdot(l-x)}{l}\cdot\left(1{,}0+\frac{x}{l}\right) = \frac{M}{6\cdot E\cdot I}\cdot\frac{x}{l}\cdot(l^2 - x^2)\ .$$

Das ist die gesuchte Funktion der Biegelinie. Die Drehung der Stabquerschnitte

ergibt sich zu $w'(x) = \varphi(x) = \dfrac{M}{6\cdot E\cdot I}\cdot\dfrac{l^2 - 3\cdot x^2}{l}$ .

Es ist also etwa $\varphi(0) = \dfrac{M\cdot l}{6\cdot E\cdot I}$ und $\varphi(l) = -\dfrac{M\cdot l}{3\cdot E\cdot I}$ .

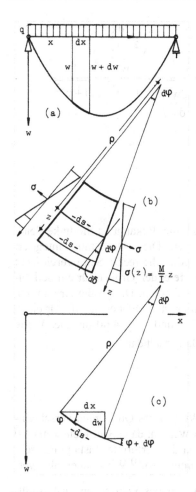

**Bild 37**
Zur Herleitung der Differentialgleichung der Biegelinie

Wir bilden $w''(x) = -\dfrac{M}{EI} \cdot \dfrac{x}{l}$ und stellen fest,

dass auch in diesem Fall mit $M(x) = M \cdot x / l$

gilt $w''(x) = -\dfrac{M(x)}{E \cdot I}$. Diesen Zusammenhang
leiten wir jetzt allgemein her und betrachten
dazu Bild 37. Gezeigt ist ein Einfeldbalken
unter Gleichlast, aus dem im verformten
Zustand ein Balkenelement herausgeschnitten
wurde, das im Folgenden betrachtet wird.
Unter der Wirkung der angreifenden Schnittgrößen M hat sich dieses Element gekrümmt,
wobei eine Stabfaser im Abstand z von der
neutralen Schicht von der Ursprungslänge ds
auf die (neue) Länge ds + dδ gedehnt wurde;

das entspricht einer Dehnung von $\varepsilon = \dfrac{d\delta}{ds}$.

Wie wir wissen, wirkt in dieser Stabfaser die

Spannung $\sigma(z) = \dfrac{M}{I} \cdot z$, sodass mit dem Ge-

setz von Hooke gilt $\varepsilon = \dfrac{\sigma}{E} = \dfrac{M}{E \cdot I} \cdot z = \dfrac{d\delta}{ds}$,

bzw. $\dfrac{d\delta}{z} = \dfrac{M}{E \cdot I} \cdot ds$. Dafür kann man wegen

$\dfrac{d\delta}{z} = d\varphi$ auch schreiben $\dfrac{d\varphi}{ds} = \dfrac{M}{E \cdot I}$. Wie ein

Blick auf das herausgeschnittene Stabelement

zeigt, gilt $d\varphi = \dfrac{ds}{\rho}$ und also $\dfrac{d\varphi}{ds} = \dfrac{1,0}{\rho}$

weshalb man schließlich schreiben kann

$\dfrac{1,0}{\rho} = \dfrac{M}{E \cdot I}$, was uns schon aus Abschnitt

2.3.2 von TM 2 bekannt ist. Zwischen dem Krümmungsradius ρ in einem Kurvenpunkt und den Werten der Ableitungsfunktionen w' und w'' in diesem Kurvenpunkt
wird nun in der analytischen Geometrie eine Beziehung hergestellt, die wir im Folgenden kurz ableiten wollen, Bild 37(c). Wegen $\tan \varphi = w'$ gilt $\varphi = \arctan w'$, sodass wir schreiben können:

$$\frac{1{,}0}{\rho} = \frac{d\varphi}{ds} = \frac{d\,(\arctan w')}{ds} = \frac{d\,(\arctan w')}{dx} \cdot \frac{dx}{ds} = \frac{w''}{1+w'^2} \cdot \frac{dx}{ds}$$

$$\frac{1{,}0}{\rho} = \frac{w''}{1+w'^2} \cdot \frac{dx}{\sqrt{dx^2+dw^2}} = \frac{w''}{1+w'^2} \cdot \frac{1}{\sqrt{1+\left(\dfrac{dw}{dx}\right)^2}} = \frac{w''}{1+w'^2} \cdot \frac{1}{\sqrt{1+w'^2}}$$

$$\frac{1{,}0}{\rho} = \frac{w''}{\sqrt{(1+w'^2)^3}}$$

Es gilt also: $\qquad \dfrac{M}{E \cdot I} = \dfrac{w''}{\pm\sqrt{(1+w'^2)^3}}$ .

Dies ist die exakte Differentialgleichung der Biegelinie. Bekannt ist die linke Seite, gesucht ist die Funktion w(x). Mit anderem Worten: Diese DGL muss integriert werden. Das ist geschlossen nur möglich, wenn vorher die rechte Seite vereinfacht wird. Zu diesem Zweck berechnen wir die dort auftretenden Größen für ein beliebiges Beispiel, sagen wir für das in Bild 36 gezeigte System. Die größte Krümmung und die betragsmäßig größte Neigung treten auf am rechten Stabende auf. Für einen IPB 120 etwa ergeben sich bei M = 20 kNm und $l$ = 4,00 m die Werte $w'(l) = -0{,}0147$ und $w''(l) = -110 \cdot 10^{-6}$ cm$^{-1}$. Man erhält damit

$$\frac{w''}{\pm\sqrt{(1+w'^2)^3}} = \frac{-110 \cdot 10^{-6}}{\pm\sqrt{(1+0{,}0147^2)^3}} = \mp 110 \cdot 10^{-6} .$$

Wie man sieht, ist der Einfluss von w' auf den Wert dieses Quotienten verschwindend klein: w' kann gegenüber 1,0 vernachlässigt werden, da es viel kleiner als 1,0 ist. Das ist bei unseren Bauteilen, bei denen sich ja der verformte Zustand nur sehr wenig vom unverformten Zustand unterscheidet, immer so.[11] Wir können also vereinfachend schreiben $\dfrac{M}{E \cdot I} = \pm w''$. Die Frage nun, welches Vorzeichen für uns gültig ist, wird mit folgender Überlegung leicht beantwortet: Treten in einem Balken - etwa auf 2 Stützen - nur positive Biegemomente auf (wie etwa in Bild 35), so nimmt die Neigung der Biegelinie gegen die x-Achse von einem (positiven) Anfangswert dauernd ab. Dazu muss eine negative Änderung der Neigung, also ein negatives w''

---

[11] Mancher Leser wird bemerken, dass w''($l$) = − 0,00011/cm noch kleiner ist als w'($l$) = − 0,0147 und vielleicht meinten, dass deshalb w'' viel eher zu vernachlässigen sei als w'. Nun, es kommt weniger auf die Werte selbst an als auf den Zusammenhang, in dem sie stehen. Wenn z.B. irgendwo stünde w''(1 + w''), dann könnte man ohne weiteres das w'' in der Klammer gegenüber 1,0 vernachlässigen und einfacher schreiben w''.

gehören. Es ist also das negative Vorzeichen gültig und wir erhalten als sogenannte linearisierte Differentialgleichung der Biegelinie

$$\frac{M}{E \cdot I} = -w'' \ .$$

Diese DGL lässt sich nun ohne Schwierigkeit für alle möglichen Ausdrücke von $\frac{M}{E \cdot I}$ integrieren. Wir erhalten allgemein

$$w'(x) = -\int_0^x \frac{M}{E \cdot I} \cdot dx + c_1 \quad \text{und} \quad w(x) = -\int_0^x\int_0^x \frac{M}{E \cdot I} \cdot dx \cdot dx + c_1 \cdot x + c_2 \ .$$

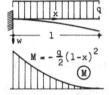

**Bild 38**
Ermittlung der Biegelinie durch Integration der Biegemomentenlinien

Wie immer bei derartigen Lösungen sind die Integrationskonstanten $c_1$ und $c_2$ aus den Randbedingungen (RB) zu bestimmen. Eine Vereinfachung ergibt sich für den (Normal-) Fall, dass die Steifigkeit des Balkens konstant ist über die Balkenlänge bzw. über den Integrationsbereich. Dann zieht man $E \cdot I$ als konstanten Faktor vor das Integral. Man lässt es i. A. auf der linken Seite als Faktor von w und dessen Ableitungen erscheinen. Als Beispiel berechnen wir die Biegelinie des in Bild 38 dargestellten Kragarmes.

Wegen $M(x) = -\frac{q}{2} \cdot (l - x)^2$

gilt $E \cdot I \cdot w'' = -M(x) = +\frac{q}{2} \cdot (l^2 - 2 \cdot l \cdot x + x^2)$

und $E \cdot I \cdot w' = +\frac{q}{2} \cdot \left( l^2 \cdot x - l \cdot x^2 + \frac{x^3}{3} \right) + c_1$

und $E \cdot I \cdot w = +\frac{q}{2} \cdot \left( \frac{l^2 \cdot x^2}{2} - \frac{l \cdot x^3}{3} + \frac{x^4}{12} \right) + c_1 \cdot x + c_2 \ .$

Dies ist die allgemeine Lösung. Für die Bestimmung der zwei Integrationskonstanten $c_1$ und $c_2$ brauchen wir zwei Bestimmungsgleichungen, für deren Formulierung wir an zwei Stellen des Integrationsbereiches den Wert von w' oder w kennen müssen. In unserem Fall ist bekannt, dass an der Einspannstelle sowohl die Durchbiegung selbst als auch deren erste Ableitung, die Neigung der Biegelinie, Null sein muss. Die gesuchte Lösung muss also die (Rand-) Bedingungen

$$w'(0) = 0 \quad \text{und} \quad w(0) = 0$$

erfüllen. Das liefert die Bestimmungsgleichungen

$$E \cdot I \cdot 0 = +\frac{q}{2} \cdot (0 - 0 + 0) + c_1$$

$$E \cdot I \cdot 0 = +\frac{q}{2} \cdot (0 - 0 + 0) + c_1 \cdot 0 + c_2 \ .$$

Dieses Gleichungssystem hat die Lösung $c_1 = 0$, $c_2 = 0$. Damit ergibt sich die spezielle Lösung

$$w(x) = \frac{q \cdot l^4}{24 \cdot E \cdot I} \cdot \left[ 6 \cdot \left(\frac{x}{l}\right)^2 - 4 \cdot \left(\frac{x}{l}\right)^3 + \left(\frac{x}{l}\right)^4 \right] \ .$$

Das ist die gesuchte Funktionsgleichung der Biegelinie. Manchmal benutzt man für den dimensionslosen Quotienten $\frac{x}{l}$ den griechischen Buchstaben $\zeta$ , womit sich dann ergibt

$$w(\zeta) = \frac{q \cdot l^4}{24 \cdot E \cdot I} \cdot (6 \cdot \zeta^2 - 4 \cdot \zeta^3 + \zeta^4) \qquad (0 \le \zeta \le 1{,}0) \ .$$

Die Durchbiegung am Kragarmende z.B. beträgt dann $\quad w(\zeta = 1) = \dfrac{q \cdot l^4}{8 \cdot E \cdot I}$ .

Dieses Verfahren ist anwendbar auf alle Probleme, für die die Funktion der Biegemomentenlinie bekannt ist.[12]

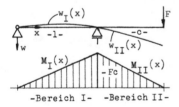

**Bild 39**
Abschnittweise Berechnung der Biegelinie

---

[12] Es kann also auch verwendet werden bei statisch unbestimmten Tragwerken, sofern die Biegemomentenlinie funktionsmäßig bekannt ist

Bei vielen Systemen lässt sich die Biegemomentenlinie nur abschnittsweise analytisch darstellen. In solchen Fällen lässt sich natürlich auch die Biegelinie nur abschnittsweise bestimmen. Für jeden Abschnitt hat man dann zwei Integrationskonstanten und zwei Randbedingungen. Ein Teil dieser Randbedingungen regelt dabei den Übergang von einem Bereich in den nächsten. Solche Bedingungen nennt man deshalb manchmal auch Übergangsbedingungen.

Nehmen wir als Beispiel den in Bild 39 dargestellten Einfeldträger mit Kragarm unter einer Einzellast. Bekanntlich gilt $M_I(x) = -F \cdot \dfrac{c}{l} \cdot x$ und $M_{II}(x) = F \cdot (x - l - c)$.

Dementsprechend können wir schreiben

$$E \cdot I \cdot w_I'' = F \cdot \frac{c}{l} \cdot x \qquad\qquad E \cdot I \cdot w_{II}'' = F \cdot (l + c - x)$$

$$E \cdot I \cdot w_I' = F \cdot \frac{c}{l} \cdot \frac{x^2}{2} + c_1 \qquad\qquad E \cdot I \cdot w_{II}' = F \cdot \left( l \cdot x + c \cdot x - \frac{x^2}{2} \right) + c_3$$

$$E \cdot I \cdot w_I = F \cdot \frac{c}{l} \cdot \frac{x^3}{6} + c_1 \cdot x + c_2 \qquad\qquad E \cdot I \cdot w_{II} = F \cdot \left( \frac{l \cdot x^2}{2} + \frac{c \cdot x^2}{2} - \frac{x^3}{6} \right) + c_3 \cdot x + c_4$$

Für die Berechnung der vier Integrationskonstanten $c_1$ bis $c_4$ stehen uns die folgenden Rand- bzw. Übergangsbedingungen zur Verfügung:

1) $w_I(0) = 0$ : $\quad 0 = 0 + c_1 \cdot 0 + c_2$

2) $w_I(l) = 0$ : $\quad 0 = F \cdot \dfrac{c \cdot l^2}{6} + c_1 \cdot l + c_2$

3) $w_{II}(l) = 0$ : $\quad 0 = F \cdot \left( \dfrac{l^3}{2} + \dfrac{c \cdot l^2}{2} - \dfrac{l^3}{6} \right) + c_3 \cdot l + c_4$

4) $w_I'(l) = w_{II}'(l)$ : $\quad F \cdot \dfrac{c \cdot l}{2} + c_1 = F \cdot \left( l^2 + c \cdot l - \dfrac{l^2}{2} \right) + c_3$.

Das rechts stehende Gleichungssystem hat die Lösung

$$c_1 = -F \cdot \frac{c \cdot l}{6}; \quad c_2 = 0; \quad c_3 = -F \cdot \left( \frac{2}{3} \cdot c \cdot l + \frac{l^2}{2} \right); \quad c_4 = F \cdot \frac{l^2}{6} \cdot (l + c).$$

Damit sind die Gleichungen der Biegelinie in beiden Bereichen bekannt:

$$w_I(x) = \frac{F}{E \cdot I} \cdot \left[ \frac{c}{6 \cdot l} \cdot x^3 - \frac{c \cdot l}{6} \cdot x \right] \qquad (0 \leqq x \leqq l)$$

$$w_{II}(x) = \frac{F}{E \cdot I} \cdot \left[ -\frac{x^3}{6} + \frac{l+c}{2} \cdot x^2 - \left( \frac{2}{3} \cdot l \cdot c + \frac{l^2}{2} \right) \cdot x + \frac{l+c}{6} \cdot l^2 \right] \qquad (l \leqq x \leqq l + c)$$

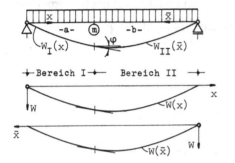

**Bild 40**
Zur Herleitung von $w_I'(x) = -w_{II}'(x)$

Am Kragarmende z.B. beträgt die Durchbiegung $w_{II}$ $(l + c) = \dfrac{F \cdot (l+c)}{3 \cdot E \cdot I} \cdot c^2$. Es ist manchmal günstiger, nicht: mit einem einzigen Koordinatensystem zu arbeiten sondern mit mehreren.[13] Wird dabei ein rechts- und ein linkswendiges System wie in Bild 41 gezeigt benutzt, dann ist bei der Formulierung der Randbedingungen auf das Vorzeichen von w' zu achten. Wir erklären das an Hand des in Bild 40 gezeigten Einfeldträgers unter Gleichlast bei dem eine Unterteilung in Bereich I und II freilich nicht nötig ist und nur zu Demonstrationszwecken vorgenommen wurde. Lassen wir diese Unterteilung zunächst beiseite und denken uns w(x) ermittelt durch Integration von $EIw'' = -M(x)$ und w($\bar{x}$) etwa durch Integration von $EIw'' = -M(\bar{x})$. Nehmen wir an, die Biegelinie bilde in einem Punkt m den Winkel $\varphi = 10°$ mit der Horizontalen. Dann gehört dazu $dw/dx = +0{,}176$ und $dw/d\bar{x} = -0{,}176$, was auch anschaulich sofort klar ist: w nimmt mit wachsendem x zu und mit wachsendem $\bar{x}$ ab. Es gilt also in diesem Punkt (und in jedem anderen): $\dfrac{dw}{dx} = -\dfrac{dw}{d\bar{x}}$. Jetzt führen wir die Unterteilung in Bereich I und Bereich II ein und arbeiten (siehe Bild 41) mit $w_I(x)$ und $w_{II}(\bar{x})$. Dann ist klar, dass in Punkt m gilt $dw_I/dx = -dw_{II}/d\bar{x}$. Bezeichnet man (unkorrekterweise) beide Ableitungen mit dem Symbol ', dann wird daraus $w_I'(a) = -w_{II}'(b)$. Wir zeigen das Arbeiten mit einem rechts -und einem linkswen-

---

[13] Der Vorteil liegt i. A. darin, dass das dabei entstehende Gleichungssystem für die Integrationskonstanten sich leichter lösen lässt.

digen Koordinatensystem an dem in Bild 40 dargestellten Einfeldträger unter Einzellast. Wegen $A = F \cdot \dfrac{b}{l}$ und $B = F \cdot \dfrac{a}{l}$ gilt $M_I(x) = F \cdot \dfrac{b}{l} \cdot x$ und $M_{II}(\overline{x}) = F \cdot \dfrac{a}{l} \cdot \overline{x}$.

Damit ist

$$E \cdot I \cdot w_I''(x) = -M_I(x) = -F \cdot \frac{b}{l} \cdot x \qquad E \cdot I \cdot w_{II}''(\overline{x}) = -M_{II}(\overline{x}) = -F \cdot \frac{a}{l} \cdot \overline{x}$$

$$E \cdot I \cdot w_I'(x) = -F \cdot \frac{b}{2 \cdot l} \cdot x^2 + c_1 \qquad E \cdot I \cdot w_{II}'(\overline{x}) = -F \cdot \frac{a}{2 \cdot l} \cdot \overline{x}^2 + c_3$$

$$E \cdot I \cdot w_I(x) = -F \cdot \frac{b}{6 \cdot l} \cdot x^3 + c_1 \cdot x + c_2 \qquad E \cdot I \cdot w_{II}(\overline{x}) = -F \cdot \frac{a}{6 \cdot l} \cdot \overline{x}^3 + c_3 \cdot \overline{x} + c_4$$

Für die Bestimmung der vier Integrationskonstanten $c_1$ bis $c_4$ brauchen wir vier Gleichungen, für deren Formulierung uns die vier Rand- und Übergangsbedingungen zur Verfügung stehen:

1) $w_I(0) = 0$     :   $0 = 0 + 0 + c_2$

2) $w_I(a) = w_{II}(b)$    :   $-\dfrac{F \cdot b \cdot a^3}{6 \cdot l} + c_1 \cdot a + c_2 = -\dfrac{F \cdot a \cdot b^3}{6 \cdot l} + c_3 \cdot b + c_4$

3) $w_I'(a) = -w_{II}'(b)$    :   $-\dfrac{F \cdot b \cdot a^2}{2 \cdot l} + c_1 = +\dfrac{F \cdot a \cdot b^2}{2 \cdot l} - c_3$

4) $W_{II}(0) = 0$     :   $0 = 0 + 0 + c_4.$

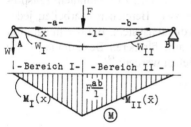

**Bild 41**
Abschnittsweise Ermittlung der Biegelinie

Dieses Gleichungssystem hat die Lösung:

$$c_1 = \frac{F \cdot a \cdot b}{6 \cdot l \cdot (a+b)} \cdot (2 \cdot b^2 + 3 \cdot a \cdot b + a^2)$$

$$c_2 = 0$$

$$c_3 = \frac{F \cdot a \cdot b}{6 \cdot l \cdot (a+b)} \cdot (2 \cdot a^2 + 3 \cdot a \cdot b + b^2)$$

$$c_4 = 0.$$

Damit ergibt sich

$$w_I(x) = \frac{F}{E \cdot I} \left[ -\frac{b}{6 \cdot l} \cdot x^3 + \frac{a \cdot b}{6 \cdot l \cdot (a+b)} \cdot (2 \cdot b^2 + 3 \cdot a \cdot b + a^2) \cdot x \right] \quad (0 \leq x \leq a)$$

$$w_{II}(\overline{x}) = \frac{F}{E \cdot I} \left[ -\frac{a}{6 \cdot l} \cdot \overline{x}^3 + \frac{a \cdot b}{6 \cdot l \cdot (a+b)} \cdot (2 \cdot a^2 + 3 \cdot a \cdot b + b^2) \cdot \overline{x} \right] \quad (0 \leq \overline{x} \leq b)$$

Bei $F = 30$ kN, $a = 2$ m $= 200$ cm und $b = 5$ m $= 500$ cm ergibt sich mit $I_y = 2490$ cm$^4$ für einen IPB 160 und $E = 21.000$ kN/cm$^2$:

$$E \cdot I = 5,23 \cdot 10^7 \text{ kNcm}^2$$

$$w_I(x) = -6,830 \cdot 10^{-8} \cdot x^3 + 0,01639 \cdot x$$

$$w_{II}(\overline{x}) = -2,732 \cdot 10^{-8} \cdot \overline{x}^3 + 0,01229 \cdot \overline{x}$$

Die Längen sind in cm einzusetzen. Im Lastangriffspunkt ergibt sich $w_I(200$ cm$) = w_{II}(500$ cm$) = + 2,73$ cm .

Bei der Untersuchung rahmenartiger Tragwerke passiert es häufig, dass Übergangsbedingungen in einer Rahmenecke formuliert werden müssen. Obwohl dabei keine neuen Probleme auftreten, zeigen wir skizzenhaft ein Beispiel. Nehmen wir an, es sei die Biegelinie des geknickten Einfeldbalkens in Bild 42 zu bestimmen. Entsprechend dem Verlauf der Momentenlinie wird mit zwei Bereichen gearbeitet; jeder Bereich habe sein eigenes (rechtswendiges) Koordinatensystem. Bei der Integration der Momentenlinie treten dann vier Konstanten auf, für deren Bestimmung diese vier Rand- und Übergangsbedingungen angeschrieben werden: [14]

1) $w_I(x = 0) = 0$
2) $w_I'(x = h) = w_{II}'(\overline{x} = 0)$
3) $w_{II}(\overline{x} = 0) = 0$
4) $w_{II}(x = l) = 0$

---

[14] Der Deutlichkeit halber geben wir die unabhängige Variable mit an.

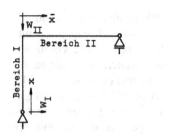
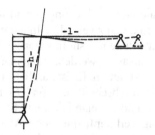

**Bild 42** Zur Formulierung der Randbedingungen bei rahmenartigen Tragwerken

Zur zweiten Bedingung ist zu sagen, dass der rechte Winkel bei der Verformung erhalten bleibt und sich deshalb beide Schenkel um den gleichen Winkel drehen. Die dritte Bedingung gilt hier, weil wir Normalkraftverformungen im senkrechten Stiel vernachlässigen.

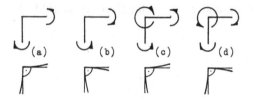

**Bild 43**
Biegemomente und Krümmung bei Eckstäben

Will man den verformten Zustand eines rahmenartigen Tragwerkes in einer Handskizze darstellen, dann muss man sich klar sein über die Krümmung der Stäbe in einer Ecke. In Bild 43 zeigen wir deshalb noch einmal die gegenseitige Abhängigkeit von Krümmung und Biegemoment. Die in (c) und (d) gezeigten Ecken sind durch äußere (Last-) Momente beansprucht, wie sie etwa bei Vorhandensein eines Kragarmes auftreten (siehe Bild 44).

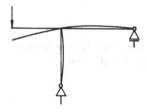

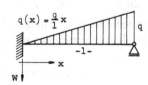

**Bild 44** Ecke mit Kragarm

**Bild 45** Zur Bestimmung der Biegelinie eines statisch unbestimmten Systems

Bei unseren bisherigen Überlegungen sind wir von der Biegemomentenlinie ausge-
gangen und haben durch zweimalige Integration die (Funktion der) Biegelinie ermittelt. Die Momentenlinie musste funktionsmäßig also bekannt sein. Diese Voraussetzung kann fallen gelassen werden, wenn man beachtet, was weitere Ableitungen der
DGL $E \cdot I \cdot w'' = -M$ liefern. Es ist nämlich $(E \cdot I \cdot w'')' = -M'$ und $(E \cdot I \cdot w'')'' = -M''$.
Nun ist, wie wir in Abschnitt 3.5 von TM 1 gesehen haben, $M'' = -q$, sodass gilt
$(E \cdot I \cdot w'')'' = +q$ und für eine konstante Steifigkeit $E \cdot I \cdot v^{IV} = +q$. Diese grundle-
gende Beziehung verknüpft die vierte Ableitung der Biegelinienfunktion mit der
Belastung selbst, kann also angewendet werden ohne Kenntnis der Biegemomentenlinie. Sie ist deshalb ein außerordentlich leistungsfähiges Instrument bei der Untersuchung von Systemen. Dabei ist gleichgültig, ob es sich um statisch bestimmte
oder statisch unbestimmte Systeme handelt, weil ja in jedem Fall die Verformungsbedingungen berücksichtigt werden. Ist die Biegelinie bekannt, so sind damit auch
Querkraft- und Biegemomentenlinie bekannt wegen $E \cdot I \cdot w'' = -M$ und $E \cdot I \cdot w''' =
-V$. Bei Platten, Scheiben und Schalen ist diese Art der Schnittgrößenberechnung
die übliche, bei Stabwerken ist sie ungebräuchlich, nicht zuletzt wegen der dabei
häufig auftretenden hohen Zahl von linearen (gekoppelten) Gleichungen.

Als Beispiel berechnen wir die Biegelinie und die Schnittgrößen des in Bild 45
einseitig eingespannten Einfeldbalkens.

Es ist

$$E \cdot I \cdot w^{IV} = \frac{q}{l} \cdot x$$

$$E \cdot I \cdot w''' = \frac{q}{2 \cdot l} \cdot x^2 + c_1$$

$$E \cdot I \cdot w'' = \frac{q}{6 \cdot l} \cdot x^3 + c_1 \cdot x + c_2$$

$$E \cdot I \cdot w' = \frac{q}{24 \cdot l} \cdot x^4 + c_1 \cdot \frac{x^2}{2} + c_2 \cdot x + c_3$$

$$E \cdot I \cdot w = \frac{q}{120 \cdot l} \cdot x^5 + c_1 \cdot \frac{x^3}{6} + c_2 \cdot \frac{x^2}{2} + c_3 \cdot x + c_4 .$$

Damit ist die allgemeine Lösung gefunden. Für die Bestimmung der darin auftretenden vier Integrationskonstanten stehen uns die folgenden vier Randbedingungen zur
Verfügung:

1) $w(0) = 0$          :     $0 = 0 + 0 + 0 + 0 + c_4$

2) $w'(0) = 0$         :     $0 = 0 + 0 + 0 + c_3$

3) $w(l) = 0$ $\quad$ : $\quad 0 = \dfrac{q}{120}\cdot l^4 + c_1\cdot\dfrac{l^3}{6} + c_2\cdot\dfrac{l^2}{2} + c_3\cdot l + c_4$

4) $M(l) = -EI\,w''(l) = 0$ $\quad$ : $\quad 0 = \dfrac{q}{6}\cdot l^2 + c_1\cdot l + c_2$ .

Das sich dabei ergebende rechtsstehende Gleichungssystem hat die Lösung:

$$c_1 = -\frac{27}{120}\cdot q\cdot l\;;\quad c_2 = +\frac{7}{120}\cdot q\cdot l^2\;;\quad c_3 = 0;\quad c_4 = 0.$$

Wir erhalten somit als (spezielle) Lösung des Problems die Gleichung der Biegelinie in der Form

$$w(x) = \frac{q\cdot l^4}{120\cdot E\cdot I}\cdot\left[\left(\frac{x}{l}\right)^5 - \frac{27}{6}\cdot\left(\frac{x}{l}\right)^3 + \frac{7}{2}\cdot\left(\frac{x}{l}\right)^2\right].$$

Damit ergibt sich die Gleichung der Biegemomentenlinie $M = -E\cdot I\cdot w''$ in der Form

$$M(x) = -\frac{q\cdot l^2}{120}\cdot\left[20\cdot\left(\frac{x}{l}\right)^3 - 27\cdot\left(\frac{x}{l}\right) + 7\right]$$

und ebenso die Gleichung der Querkraftlinie $V = M' = -E\cdot I\cdot w'''$

$$V(x) = \frac{q\cdot l}{40}\cdot\left[9 - 20\cdot\left(\frac{x}{l}\right)^2\right].$$

Wir erhalten damit die Auflagergrößen $A = V(0) = \dfrac{9}{40}\cdot q\cdot l$ , $B = -V(l) = \dfrac{11}{40}\cdot q\cdot l$

und $M_A = M(0) = -\dfrac{7}{120}\cdot q\cdot l^2$ (siehe Bild 46). Als nächstes skizzieren wir die Untersuchung des in Bild 47(a) dargestellten Einfeldträgers. Die Einzellast erzwingt eine Unterteilung des Feldes in zwei Bereiche, sodass $2\times 4 = 8$ Integrationskonstanten auftreten.

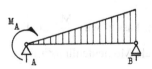

**Bild 46**                              **Bild 47** Zwei Integrationsbereich

Für die Bildung der erforderlichen acht Bestimmungsgleichungen formulieren wir diese Rand- und Übergangsbedingungen:

1. $w_I(0) = 0$ ;

2. $w_I'(0) = 0$ ;

3. $w_I(a) = w_{II}(0)$ ;

4. $w_I'(a) = w_{II}'(0)$ ;

5. siehe Bild 46(b): $M_I(a) - M_{II}(0) = 0$ und also $M_I(a) = M_{II}(0)$, d.h. bei konstant durchlaufender Steifigkeit

   $w_I''(a) = w_{II}''(0)$ ;

6. $V_I(a) - F - V_{II}(0) = 0$ und also $V_I(a) = F + V_{II}(0)$, d.h.
   $-E \cdot I \cdot w_I'''(a) = F - E \cdot I \cdot w_{II}'''(0)$ ;

7. $w_{II}(b) = 0$ ;

8. $M_{II}(b) = 0$, d.h. $-E \cdot I \cdot w_{II}''(b) = 0$ bzw. $w_{II}''(b) = 0$ .

Wir schließen damit diese Untersuchungen ab, werden allerdings bei der Einführung in die Theorie II. Ordnung und der systematischen Berechnung statisch unbestimmter Systeme auf diese Dinge zurückkommen. Es soll noch erwähnt sein, dass man die Randbedingungen manchmal unterscheidet in geometrische Bedingungen wie etwa w(0) = 0 oder w'(0) = 0 und statische Bedingungen oder auch Kräfte-Randbedingungen wie etwa V(a) = F oder M(b) = 0.

## 1.4 Die Mohrsche Analogie

Die bisher gezeigten Verfahren zur Berechnung von Verformungen liefen alle hinaus auf einen Integrationsvorgang. Nun zeigen wir ein Verfahren, das ohne Integrieren auskommt. Es ist geeignet sowohl zur direkten Berechnung der Verformung in einzelnen Punkten als auch zur Ermittlung von w = f(x).

Vergleichen wir die in Abschnitt 3.5 von TM 1 hergeleitete Gleichgewichtsbedingung[15] $M'' = -q$ mit der Differentialgleichung $w'' = -\dfrac{M}{E \cdot I}$, dann stellen wir fest,

dass diese Beziehungen gleich gebaut sind. Das bedeutet: Fassen wir $\dfrac{M}{E \cdot I}$ als Belastung q auf, dann ergibt sich die gesuchte Biegelinie als Momentenlinie infolge

---

[15] Besser gesagt: ... die das Gleichgewicht am Stabelement kontrollierende Differentialgleichung $M'' = -q$ ...

dieser Belastung. Diese Möglichkeit, Biegelinien zu berechnen, wurde zuerst von Otto Mohr (1835-1918) im Jahr 1868 erkannt, weshalb man von der Mohrschen Analogie spricht. Die Bedeutung der Mohrschen Analogie liegt in der Tatsache, dass Biegelinien nun wie Momentenlinien aus Gleichgewichtsbetrachtungen entwickelt werden, wie sie dem Bauingenieur altvertraut sind. Ebenso wie bei der Anwendung des Arbeitssatzes (bei der Berechnung von Biegelinien) entfällt auch hier die explizite Angabe der Randbedingungen. Diese müssen allerdings beachtet werden bei der Wahl des sogenannten adjungierten Systems. [16)]

Soll sich nämlich die Biegelinie als Momentenlinie ergeben, so muss diese Momentenlinie u. U. an einem anderen – dem adjungierten – System ermittelt werden. Wie nun dieses adjungierte System aussehen muss, lässt sich sofort sagen (Tafel 4).

| Tafel 4 | Auflager - Art | | | | |
|---|---|---|---|---|---|
| gegebenes System | △ | ———··· | ⊨— | —∘— | ⟁ |
| adjungiertes Syst. | △ | ⊨— | ——— ··· | ⟁ | —∘— |

An einem frei drehbaren Endauflager gelten die geometrischen Bedingungen $w = 0$ und $w' \neq 0$. Das adjungierte System muss an dieser Stelle die statischen Bedingungen $M = 0$ und $M' = V \neq 0$ erfüllen: Sie werden erfüllt durch ein frei drehbares Endauflager. An einem freien Stabende gelten die geometrischen Bedingungen $w \neq 0$ und $w' \neq 0$. Das adjungierte System muss an dieser Stelle die statischen Bedingungen $M \neq 0$ und $M' = V \neq 0$ erfüllen: Sie werden erfüllt durch eine starre Einspannung. An einer Einspannstelle des gegebenen Systems gelten die geometrischen Bedingungen $w = 0$ und $w' = 0$. Das adjungierte System muss an dieser Stelle die statischen Bedingungen $M = 0$ und $M' = V = 0$ erfüllen: Sie werden erfüllt an einem freien Ende. In einem Gelenk eines gegebenen Systems gilt normalerweise $w \neq 0$ und $w'_{links} \neq w'_{rechts}$. Das adjungierte System muss an dieser Stelle die statischen Bedingungen $M \neq 0$ und $M'_{links} \neq M'_{recht}$ bzw. $V_{links} \neq V_{rechts}$ erfüllen: Sie werden erfüllt an einem frei drehbaren Innenauflager. An einem Innenauflager des gegebenen Systems gelten die geometrischen Bedingungen $w = 0$ und $w'_{links} = w'_{rechts}$. Das adjungierte System muss hier die statischen Bedingungen $M = 0$ und $M'_{links} = M'_{rechts}$ bzw. $V_{links} = V_{rechts}$ erfüllen. Sie werden erfüllt durch ein Gelenk.

Es braucht nach dem oben gesagten eigentlich nicht besonders erwähnt zu werden, dass sich die Drehung eines Stabquerschnittes (das ist die Neigung der Biegelinie an

---

[16)] Das adjungierte System unterscheidet sich vom wirklichen System durch die Art der Auflagerung.

dieser Stelle) ergibt als Querkraft des adjungierten Systems. Für den wichtigen Sonderfall des Einfeldträgers heißt das zum Beispiel: Die Drehung eines Stabendquerschnittes ist betragsmäßig gleich der entsprechenden Stützkraft infolge der $\dfrac{1,0}{E \cdot I}$ -fachen Momentenflächenbelastung.

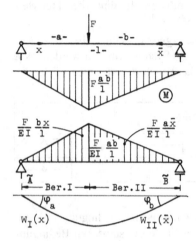

**Bild 48**
Zur Berechnung der Biegelinie mit Hilfe der Mohrschen Analogie

Als einfaches Beispiel für die Anwendung der Mohrschen Analogie untersuchen wir das in Bild 48 dargestellte System. Nach Bestimmung der Biegemomentenfläche wird diese – durch $E \cdot I$ geteilt – als Belastung aufgebracht und die dazu gehörende Stützkraft $\tilde{A}$ berechnet:

$$\tilde{A} = \frac{F \cdot a^2 \cdot b}{2 \cdot l^2 \cdot E \cdot I} \cdot \left( b + \frac{a}{3} \right) + \frac{F \cdot a \cdot b^2}{2 \cdot l^2 \cdot E \cdot I} \cdot \frac{2}{3} \cdot b \, .$$

$$\tilde{A} = \frac{F \cdot a \cdot b}{6 \cdot l \cdot E \cdot I} \cdot (l + b) \, .$$

Entsprechend ergibt sich

$$\tilde{B} = \frac{F \cdot a \cdot b}{6 \cdot l \cdot E \cdot I} \cdot (l + a) \, .$$

Nun wird die Funktion der Biegemomentenlinie des adjungierten Systems berechnet, wobei die Rechnung getrennt durchgeführt werden muss für die Bereiche I und II.

1) Bereich I ($0 \leqq x \leqq a$):

$$\tilde{M} = \tilde{A} \cdot x - \frac{F \cdot b \cdot x^3}{6 \cdot l \cdot E \cdot I} = \frac{F \cdot a \cdot b}{6 \cdot l \cdot E \cdot I} \cdot (l+b) \cdot x - \frac{F \cdot b}{6 \cdot l \cdot E \cdot I} \cdot x^3$$

$$w_I(x) = \frac{F}{6 \cdot l \cdot E \cdot I} \cdot [-b \cdot x^3 + a \cdot b \cdot (l+b) \cdot x]$$

2) Bereich II ($0 \leqq \overline{x} \leqq b$):

$$\tilde{M} = \tilde{B} \cdot \overline{x} - \frac{F \cdot a \cdot \overline{x}^3}{6 \cdot l \cdot E \cdot I} = \frac{F \cdot a \cdot b}{6 \cdot l \cdot E \cdot I} \cdot (l+a) \cdot \overline{x} - \frac{F \cdot a}{6 \cdot l \cdot E \cdot I} \cdot \overline{x}^3$$

$$w_{II}(\overline{x}) = \frac{F}{6 \cdot l \cdot E \cdot I} \cdot [-a \cdot \overline{x}^3 + a \cdot b \cdot (l+a) \cdot \overline{x}].$$

Damit ist die Biegelinie funktionsmäßig bekannt. Soll durchgehend in beiden Bereichen mit der Laufkoordinate x gerechnet werden, so müsste $\overline{x}$ ersetzt werden durch $l-x$. Die Drehwinkel der Stabendquerschnitte kennen wir auch:

$$\varphi_a = \tilde{A} = \frac{F \cdot a \cdot b}{6 \cdot l \cdot E \cdot I} \cdot (l+b) \quad \text{und} \quad \varphi_b = \tilde{B} = \frac{F \cdot a \cdot b}{6 \cdot l \cdot E \cdot I} \cdot (l+a).$$

Vielleicht ist noch interessant die Stelle der maximalen Durchbiegung in Abhängigkeit der Lastangriffskoordinaten a und b. Wir finden den Ort der maximalen Durchbiegung, indem wir die erste Ableitung der Biegelinienfunktion nach x bilden und diese gleich Null setzen:

$$\frac{dw_I}{dx} = w_I'(x) = \frac{F}{6 \cdot l \cdot E \cdot I} \cdot [-3 \cdot b \cdot x^2 + a \cdot b \cdot (l+b)]$$

$$0 = \frac{F}{6 \cdot l \cdot E \cdot I} \cdot [-3 \cdot b \cdot x_0^2 + a \cdot b \cdot (l+b)]$$

$$x_0 = \sqrt{\frac{a}{3} \cdot (l+b)}.$$

Dabei ist $a \geqq \frac{l}{2}$ vorausgesetzt.

Um eine Vorstellung zu bekommen, in welchem Bereich sich $x_0$ bewegt, ermitteln wir es für zwei Extremfälle: Für $a = b = \frac{l}{2}$ erhalten wir $x_0 = \frac{l}{2}$, für $a = l$ und $b = 0$ erhalten wir $x = 0,577 \cdot l$.

Die größte Durchbiegung eines Einfeldträgers infolge einer Einzellast tritt also stets im Bereich zwischen $0,5l$ und $0,6l$ auf. Diese Tatsache lässt sich gut verwenden, wenn zusätzlich zur Einzellast weitere symmetrische Lasten wirken: Die maximale

Durchbiegung infolge der Gesamtbelastung kann genügend genau als Summe der Maximalwerte der einzelnen Lastfälle angenommen werden, die meistens Tabellen entnommen werden können.

Wir setzen nun $x_0$ in den Ausdruck für $w_I(x)$ ein und erhalten die maximale Durchbiegung in der Form

$$\max\ w\ = \frac{F}{6 \cdot l \cdot E \cdot I} \cdot \left[ -b \cdot \left( \frac{a}{3} \cdot (l+b) \right)^{\left( \frac{3}{2} \right)} + a \cdot b \cdot (l+b) \cdot \sqrt{\frac{a}{3} \cdot (l+b)} \right]$$

$$\max\ w\ = \frac{F \cdot a \cdot b}{9 \cdot E \cdot I} \cdot \left( 1 + \frac{b}{l} \right) \cdot \sqrt{\frac{a}{3} \cdot (l+b)} \ .$$

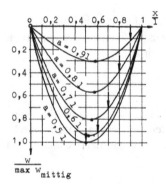

**Bild 49**
Ort und Größe der maximalen Durchbiegung in Abhängigkeit vom Lastangriffspunkt

In Bild 49 ist dies Ergebnis grafisch dargestellt, wobei die Durchbiegungsordinaten bezogen sind auf die Maximaldurchbiegung eines mittig belasteten Balkens:

$$\max\ w_{mittig} = \frac{F \cdot l^3}{48 \cdot E \cdot I} \ .$$

In gleicher Weise lassen sich die Biegelinien anderer Systeme berechnen ebenso wie beliebige Verdrehungen. Das Verfahren ist anwendbar bei statisch bestimmten und statisch unbestimmten Systemen (Einschränkung: Nur Durchlaufträger, keine Rahmen), solange die Biegemomentenlinie bekannt ist. Ist das gegebene System statisch bestimmt, dann ist auch das adjungierte System statisch bestimmt. Ist das gegebene System statisch unbestimmt, dann ist das adjungierte System verschieblich, bleibt jedoch für die jeweils wirkende Momentenflächen-Belastung in Ruhe.

**Tafel 5**

| gegebenes System | adjungiertes System | Verformungen |
|---|---|---|
| | | $\tilde{V}(l) = \varphi = \dfrac{F \cdot l^2}{2 \cdot E \cdot I}$ <br><br> $\tilde{M}(l) = w = \dfrac{F \cdot l^3}{3 \cdot E \cdot I}$ |
| | | $\tilde{V}(0) = \varphi_a = -\dfrac{F \cdot c \cdot l}{6 \cdot E \cdot I}$ <br><br> $\tilde{V}(l) = \varphi_b = -\dfrac{F \cdot c \cdot l}{3 \cdot E \cdot I}$ <br><br> $\tilde{M}(l + c) = w = \dfrac{F \cdot c^2}{3 \cdot E \cdot I} \cdot (l + c)$ |

Das oben vorgeführte Beispiel zeigt, dass die Mohrsche Analogie bei der Berechnung der Funktion der Biegelinie keinen wesentlichen Vorteil bringt im Vergleich zum Verfahren der Integration der Momentenlinie. Dies ändert sich gründlich, wenn es nicht mehr um die Biegelinie geht sondern nur noch um Verformungen in diskreten Punkten. Die beiden Beispiele der Tafel 5 zeigen das deutlich.

Wie schon oben angedeutet, kommt dem Balken auf zwei Stützen als Grundkonstruktionselement besondere Bedeutung zu. Das gilt vor allem im Hinblick auf die Untersuchung von Durchlaufträgern, wo die Drehwinkel der Stabendquerschnitte von Einfeldträgern immer wieder gebraucht werden. Sie ergeben sich – wie wir wissen – als Stützkräfte solcher Einfeldträger infolge der durch $E \cdot I$ geteilten Momentenflächen-Belastung, weshalb diese Stützkräfte für viele Lastfälle berechnet und in Tabellen zusammengestellt wurden. dabei werden i. A. nicht die Stützkräfte selbst sondern sogenannte Belastungsglieder angegeben, mit denen sich die Clapeyronsche Gleichung (siehe Kapitel 4.1.2) recht übersichtlich formulieren lässt. Es gilt

$$L = \frac{6 \cdot E \cdot I}{l} \cdot \tilde{A} \quad \text{und} \quad R = \frac{6 \cdot E \cdot I}{l} \cdot \tilde{B}.$$ Einige einfache Fälle haben wir in Tafel 12

zusammengestellt, viele andere Fälle sind z.B. in Wendehorst: Bautechnische Zahlentafeln angegeben. Die in Tafel 6 angegebenen Verdrehungen sind positiv (definiert) in der eingezeichneten Richtung. Sie stimmen vorzeichenmäßig also nicht immer überein mit der Neigung der Biegelinie in einem x-w-Koordinatensystem.

**Tafel 6**

| gegebenes System | adjungiertes System | Verdrehung | Belastungsglieder |
|---|---|---|---|
| (-1-) Streckenlast $q$; $\dfrac{ql^2}{8}$ ⓜ | $\tilde{A}=\dfrac{ql^3}{24EI}$   $\tilde{B}=\dfrac{ql^3}{24EI}$; $\dfrac{ql^2}{8EI}$; $\varphi_a$ $\varphi_b$ ⓦ | $\varphi_a=\dfrac{q\cdot l^3}{24\cdot E\cdot I}$ <br><br> $\varphi_b=\dfrac{q\cdot l^3}{24\cdot E\cdot I}$ | $L=\dfrac{q\cdot l^2}{4}$ <br><br> $R=\dfrac{q\cdot l^2}{4}$ |
| $M$ (-1-) $M$ ⓜ | $\tilde{A}=\dfrac{Ml}{6EI}$   $\tilde{B}=\dfrac{Ml}{3EI}$; $\dfrac{M}{EI}$; $\varphi_a$ $\varphi_b$ ⓦ | $\varphi_a=\dfrac{M\cdot l}{6\cdot E\cdot I}$ <br><br> $\varphi_b=\dfrac{M\cdot l}{3\cdot E\cdot I}$ | $L=M$ <br><br> $R=2\cdot M$ |
| $1/2$ $F$ $1/2$ (-1-) $\dfrac{Fl}{4}$ ⓜ | $\tilde{A}=\dfrac{Fl^2}{16EI}$   $\tilde{B}=\dfrac{Fl^2}{16EI}$; $\dfrac{Fl}{4EI}$; $\varphi_a$ $\varphi_b$ ⓦ | $\varphi_a=\dfrac{F\cdot l^2}{16\cdot E\cdot I}$ <br><br> $\varphi_b=\dfrac{F\cdot l^2}{16\cdot E\cdot I}$ | $L=\dfrac{3}{8}\cdot F\cdot l$ <br><br> $R=\dfrac{3}{8}\cdot F\cdot l$ |

Für den in Bild 50 dargestellten Einfeldträger mit einem Kragarm ist das adjungierte System darunter dargestellt. Für die einzelnen realen Belastungen sind deren durch $E\cdot I$ dividierte Momentenflächen als "Belastung" auf das adjungierten Systems aufzubringen. Dann ist am adjungierten System das Einspannmoment $\overline{M}_{rechts}$ zu bestimmen. Dieses ist die Durchbiegung w am Kragarmende des realen Systems.

Einzellast am Kragarmende:

$$w=\overline{M}_{rechts}=\frac{1}{E\cdot I}\cdot(F\cdot l_k\cdot l\cdot\frac{1}{3}\cdot l_k+F\cdot l_k\cdot\frac{1}{3}\cdot l_k^2)=\frac{F\cdot l_k^2\cdot(l+l_k)}{3\cdot E\cdot I}$$

Streckenlast im Feldbereich:

$$w=\overline{M}_{rechts}=-\frac{q\cdot l^3\cdot l_k}{24\cdot E\cdot I}$$

Streckenlast im Kragarmbereich:

$$w=\overline{M}_{rechts}=\frac{1}{E\cdot I}\cdot(q\cdot\frac{l_k^2}{6}\cdot l\cdot l_k+q\cdot\frac{l_k^2}{2}\cdot l_k^2\cdot\frac{1}{2}\cdot\frac{2}{3}-q\cdot\frac{l_k^2}{8}\cdot\frac{2}{3}\cdot l_k\cdot\frac{l_k}{2})$$

$$w = \frac{q \cdot l_k^3}{E \cdot I} \cdot (\frac{l}{6} + \frac{l_k}{8})$$

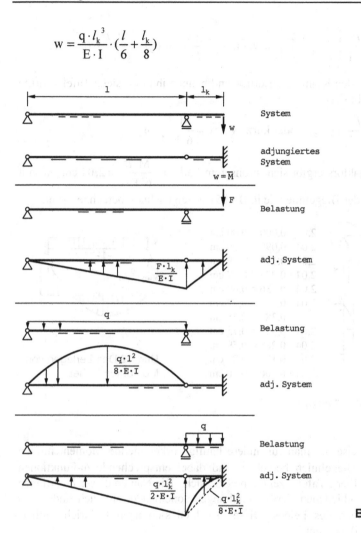

**Bild 50**

## 1.5 Die Omega-Zahlen von Müller-Breslau

Nehmen wir an, es sei die Biegelinie des in Bild 51 dargestellten Systems (IPB 160, $l = 4$ m, $M = 40$ kNm) zahlenmäßig anzugeben. Wir greifen zurück auf die Untersuchung des in Bild 39 gezeigten Balkens und können somit unmittelbar angeben

$$w(x) = \frac{M \cdot l^2}{6 \cdot E \cdot I} \cdot \left[ \frac{x}{l} - \left( \frac{x}{l} \right)^3 \right] \quad \text{bzw. mit} \quad \zeta = \frac{x}{l} \quad w(\zeta) = \frac{M \cdot l^2}{6 \cdot E \cdot I} \cdot (\zeta - \zeta^3).$$

Wir tabellieren nun den Klammerausdruck und nennen ihn $\omega_D$ (siehe Tafel 7, dritte Spalte). Damit ergibt sich

$$w(\zeta) = \frac{M \cdot l^2}{6 \cdot E \cdot I} \cdot \omega_D(\zeta) \quad \text{oder kurz} \quad v = w = \frac{M \cdot l^2}{6 \cdot E \cdot I} \cdot \omega_D.$$

Der Wert des Vorfaktors ergibt sich in unserem Fall zu $\dfrac{M \cdot l^2}{6 \cdot E \cdot I} = 2,04 \text{ cm}$, womit

man die Ordinaten der Biegelinie wie in Bild 51 gezeigt schnell berechnen kann.

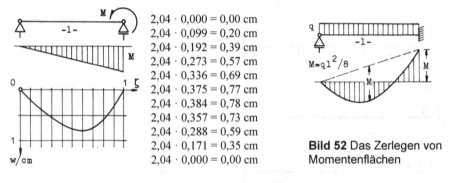

$2,04 \cdot 0,000 = 0,00$ cm
$2,04 \cdot 0,099 = 0,20$ cm
$2,04 \cdot 0,192 = 0,39$ cm
$2,04 \cdot 0,273 = 0,57$ cm
$2,04 \cdot 0,336 = 0,69$ cm
$2,04 \cdot 0,375 = 0,77$ cm
$2,04 \cdot 0,384 = 0,78$ cm
$2,04 \cdot 0,357 = 0,73$ cm
$2,04 \cdot 0,288 = 0,59$ cm
$2,04 \cdot 0,171 = 0,35$ cm
$2,04 \cdot 0,000 = 0,00$ cm

**Bild 52** Das Zerlegen von Momentenflächen

**Bild 51** Arbeiten mit $\omega$-Zahlen

Auf die gleiche Weise hat man für andere häufig vorkommende Momentenlinien bzw. -flächen die Biegelinien berechnet und dabei entsprechende $\omega$-Funktionen eingeführt und tabelliert. Tafel 7 zeigt eine Übersicht. Die Namen dieser Funktionen weichen in den verschiedenen Veröffentlichungen voneinander ab; auch findet man andere Unterteilungen des Feldes. Diese $\omega$-Zahlen sind nach Heinrich Müller-Breslau (1851-1925) benannt.

Natürlich können mit den Werten dieser Tafel auch Biegelinien für komplizierter gebaute Momentenflächen angegeben werden, solange sich diese Momentenflächen aus denen der Tafel 7 (oben), zusammensetzen lassen. So lässt sich z.B. die Biegelinie des Systems in Bild 52 darstellen in der Form

$$w(\zeta) = \frac{M \cdot l^2}{3 \cdot E \cdot I} \cdot \omega_B - \frac{M \cdot l^2}{6 \cdot E \cdot I} \cdot \omega_D = \frac{M \cdot l^2}{6 \cdot E \cdot I} \cdot (2 \cdot \omega_B - \omega_D)$$

**Tafel 7**

| | $\omega_R$ | $\omega_D$ | $\omega_P$ | $\omega_B$ | $\omega_E$ | $\omega_F$ | $\omega_G$ |
|---|---|---|---|---|---|---|---|
| $M$ | $M$ | $M\frac{x}{l}=M\zeta$ | $M\left(\frac{x}{l}\right)^2=M\zeta^2$ | $4M\zeta(1-\zeta)$ | $M\left(1-\frac{3}{2}\zeta\right)$ | $M(1-2\zeta)$ | $2M\zeta;\ (\zeta\leqq 0{,}5)$ |
| $\varphi_a$ | $\frac{1}{2}\frac{Ml}{EI}$ | $\frac{1}{6}\frac{Ml}{EI}$ | $\frac{1}{12}\frac{Ml}{EI}$ | $\frac{1}{3}\frac{Ml}{EI}$ | $\frac{1}{4}\frac{Ml}{EI}$ | $\frac{1}{6}\frac{Ml}{EI}$ | $\frac{1}{4}\frac{Ml}{EI}$ |
| $\varphi_b$ | $\frac{1}{2}\frac{Ml}{EI}$ | $\frac{1}{3}\frac{Ml}{EI}$ | $\frac{1}{4}\frac{Ml}{EI}$ | $\frac{1}{3}\frac{Ml}{EI}$ | $0$ | $-\frac{1}{6}\frac{Ml}{EI}$ | $\frac{1}{4}\frac{Ml}{EI}$ |
| $w$ | $\frac{1}{2}\frac{Ml^2}{EI}\,\omega_R$ | $\frac{1}{6}\frac{Ml^2}{EI}\,\omega_D$ | $\frac{1}{12}\frac{Ml^2}{EI}\,\omega_P$ | $\frac{1}{3}\frac{Ml^2}{EI}\,\omega_B$ | $\frac{1}{4}\frac{Ml^2}{EI}\,\omega_E$ | $\frac{1}{6}\frac{Ml^2}{EI}\,\omega_F$ | $\frac{1}{12}\frac{Ml^2}{EI}\,\omega_G$ |
| $\zeta = x/l$ | $\omega_R=\zeta-\zeta^2$ | $\omega_D=\zeta-\zeta^3$ | $\omega_P=\zeta-\zeta^4$ | $\omega_B=\zeta^4-2\zeta^3+\zeta$ | $\omega_E=\zeta-2\zeta^2+\zeta^3$ | $\omega_F=\zeta-3\zeta^2+2\zeta^3$ | $\omega_G=3\zeta-4\zeta^3$ |
| 0,10 | 0,0900 | 0,0990 | 0,0999 | 0,0981 | 0,0810 | + 0,0720 | 0,2960 |
| 0,20 | 0,1600 | 0,1920 | 0,1984 | 0,1856 | 0,1280 | + 0,0960 | 0,5680 |
| 0,30 | 0,2100 | 0,2730 | 0,2919 | 0,2541 | 0,1470 | + 0,0840 | 0,7920 |
| 0,40 | 0,2400 | 0,3360 | 0,3744 | 0,2976 | 0,1440 | + 0,0480 | 0,9440 |
| 0,50 | 0,2500 | 0,3750 | 0,4375 | 0,3125 | 0,1250 | 0 | 1,0000 |
| 0,60 | 0,2400 | 0,3840 | 0,4704 | 0,2976 | 0,0960 | – 0,0480 | 0,9440 |
| 0,70 | 0,2100 | 0,3570 | 0,4599 | 0,2541 | 0,0630 | – 0,0840 | 0,7920 |
| 0,80 | 0,1600 | 0,2880 | 0,3904 | 0,1856 | 0,0320 | – 0,0960 | 0,5680 |
| 0,90 | 0,0900 | 0,1710 | 0,2439 | 0,0981 | 0,0090 | – 0,0720 | 0,2960 |
| $M$ | $\frac{1}{2}\,ql^2\,\omega_R$ | $\frac{1}{6}\,ql^2\,\omega_D$ | $\frac{1}{12}\,ql^2\,\omega_P$ | $\frac{1}{3}\,ql^2\,\omega_B$ | $\frac{1}{4}\,ql^2\,\omega_E$ | $\frac{1}{6}\,ql^2\,\omega_F$ | $\frac{1}{12}\,ql^2\,\omega_G$ |

Da, wie die Mohrsche Analogie sagt, die Biegelinie eines Einfeldbalkens gleich ist

der Momentenlinie des mit $\dfrac{M}{E \cdot I}$ belasteten Balkens, können mit Hilfe der ω-Zahlen

auch Biegemomente berechnet werden, was rechentechnisch eine Erleichterung bedeuten kann. Hier gilt der untere Teil von Tafel 7.

## 1.6 Die Bemessung nach zulässigen Durchbiegungen

Im Holzbau muss bei Biegebalken nachgewiesen werden, dass die auftretende Durchbiegung nicht größer ist als nach DIN 1052 zugelassen. Bei Decken unter/über Wohnräumen z.B. soll die rechnerische Durchbiegung unter ständiger Last und ruhender Verkehrslast i. A. höchstens $l/300$ betragen (bei $l = 6,00$ m $= 600$ cm beispielsweise zul w $= 600/300 = 2$ cm). Da solche Durchbiegungsnachweise in der Praxis oft vollkommen, wollen wir das Problem etwas aufbereiten.

Im vorigen Abschnitt haben wir die größte Durchbiegung eines Einfeldbalkens

unter Gleichlast (Bild 53) mit max $w = \dfrac{M \cdot l^2}{3 \cdot E \cdot I} \cdot 0,3125$ angegeben.[17] Wir fragen

nun: Bei welchem Trägheitsmoment des Balkens ist w gleich $l/300$?

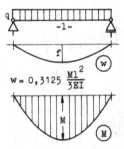

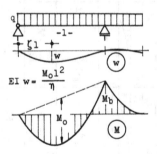

**Bild 53** Bemessung nach zul. Durchbiegung

**Bild 54** Zur Berechnung der größten Durchbiegung

---

[17] Der Wert dieses Ausdruckes stimmt wegen $M = \dfrac{q \cdot l^2}{8}$ natürlich überein mit dem in Ab-

schnitt 1.2 angegebenen Wert $\delta = \dfrac{5 \cdot q \cdot l^4}{384 \cdot E \cdot I}$.

Die Beziehung $\dfrac{l}{300} = \dfrac{M \cdot l^2}{3 \cdot E \cdot I_{erf}} \cdot 0,3125$ liefert $I_{erf} = \dfrac{M \cdot l}{E} \cdot 31,25$. Wenn alle Größen in cm und kN eingeführt werden, ergibt sich mit $E = 1000$ kN/cm$^2$ die Formel $I_{erf}[\text{cm}^4] = 31,25 \cdot 10^{-3} \cdot M[\text{kNcm}] \cdot l[\text{cm}]$. Rechnet man $l$ in m und M in kNm, dann ergibt sich die Beziehung $I_{erf}[\text{cm}^4] = 312,5 \cdot M[\text{kNm}] \cdot l[\text{m}]$.

Sie macht die „Bemessung auf Durchbiegung" eines einfachen Holzbalkens sehr einfach. Für q = 8 kN/m und $l$ = 4 m etwa ist (Bild 53) M = 16 kNm und $I_{erf} = 312,5 \cdot 16 \cdot 4 = 20000$ cm$^4$. Berücksichtigt man noch die zulässige Spannung für Holz von $\sigma_{zul} = 1,0$ kN/cm$^2$ so ergibt sich ein erforderliches Widerstandsmoment von $W_{erf} = M/\sigma_{zul} = 16 \cdot 10^2 / 1,0 = 1600$ cm$^3$. Das liefert ein Kantholz 18/24 mit $I_{vorh} = 20736$ cm$^4$ > 20000 cm$^4$ und $W_{vorh} = 1728$ cm$^3$ > 1600 cm$^3$.

Auf gleiche Weise sind Koeffizienten für etliche Lastfälle ermittelt und zusammengestellt worden, siehe etwa Wendehorst: Bautechnische Zahlentafeln.

Natürlich besteht der Wunsch, eine ähnliche Bemessungsvorschrift auch für den einseitig elastisch eingespannten Einfeldbalken zu finden, etwa wie in Bild 54 dargestellt. Nun, wie wir im vorigen Abschnitt gesehen haben gilt allgemein

$$E \cdot I \cdot w = \frac{M_0 \cdot l^2}{3} \cdot \omega_B + \frac{M_B \cdot l^2}{6} \cdot \omega_D,$$

wenn $M_B$ mit seinem Vorzeichen eingeführt wird. Setzt man $M_B = -\chi \cdot M_0$, dann gilt

$$E \cdot I \cdot w = M_0 \cdot l^2 \cdot \left[ \frac{\omega_B}{3} - \frac{\chi \cdot \omega_D}{6} \right].$$

Nehmen wir an, es sei $\chi = 1,0$. Dann nimmt der Klammerausdruck für die oben verwendeten $\zeta$-Werte die nachfolgend angegebenen Werte an:

| $\zeta$ | 0,1 | 0,2 | 0,3 | 0,4 | 0,5 | 0,6 | 0,7 | 0,8 | 0,9 |
|---|---|---|---|---|---|---|---|---|---|
| [...] | 0,016 | 0,030 | 0,039 | 0,043 | 0,042 | 0,035 | 0,025 | 0,014 | 0,004 |

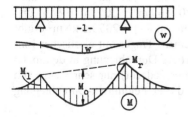

**Bild 55**
Durchbiegung eines Einfeldträgers in Feldmitte bei elastischer Einspannung an beiden Enden

Wie man sieht, liegt die größte Durchbiegung zwischen $0,4 \cdot l$ und $0,5 \cdot l$. Eine genauere Rechnung liefert $\zeta = 0,422 \cdot l$; an dieser Stelle nimmt der Klammerausdruck den Wert 0,0433 an, sodass die größte Durchbiegung in diesem Fall $E \cdot I \cdot w = \dfrac{M_0 \cdot l^2}{23,1}$ beträgt. Auf gleiche Weise kann man für andere $\chi$-Werte Ort und Größe von $w_{max}$ bestimmen, wobei sich die in Tafel 8 angegebenen Werte ergeben. In Worten: Die größte Durchbiegung eines einseitig elastisch eingespannten Einfeldträgers unter Gleichlast mit $\chi = - M_b / M_0$ tritt auf im Abstand $\zeta \cdot l$ vom frei drehbaren Auflager und hat die Größe $E \cdot I \cdot w = \dfrac{M_0 \cdot l^2}{\eta}$.

**Tafel 8**

| $\chi$ | $\zeta$ | $\eta$ |
|--------|---------|--------|
| 0 | 0,500 | 9,6 |
| 0,1 | 0,496 | 10,2 |
| 0,2 | 0,491 | 10,9 |
| 0,3 | 0,485 | 11,7 |
| 0,4 | 0,479 | 12,6 |
| 0,5 | 0,472 | 13,7 |
| 0,6 | 0,464 | 14,9 |
| 0,7 | 0,456 | 16,4 |
| 0,8 | 0,446 | 18,2 |
| 0,9 | 0,434 | 20,3 |
| 1,0 | 0,422 | 23,1 |
| 1,1 | 0,406 | 26,6 |
| 1,2 | 0,389 | 31,2 |
| 1,3 | 0,369 | 37,6 |
| 1,4 | 0,345 | 46,7 |
| 1,5 | 0,318 | 60,6 |

Nehmen wir an, die Länge des Kragarms des in dem Bild 54 gezeigten Trägers betrage 1,5 m. Mit $l = 4$ m und $q = 8$ kN/m ergibt sich dann $M_0 = 16$ kNm und $M_B = - 9$ kNm, also $\chi = 0,56$. Damit ergibt sich die größte Durchbiegung bei $x = 0,468 \cdot 4,00 = 1,87$ m; sie hat die Größe $E \cdot I \cdot w = 16 \cdot 4^2/14,4 = 17,8$ kNm$^3$. Für das Kantholz aus dem vorigen Beispiel von 18/24 mit $I = 20736$ cm$^4$ = $20736 \cdot 10^{-8}$ m$^4$ und dem Elastizitätsmodul $E = 1000$ kN/cm$^2$ = $10^7$ kN/m$^2$ so $E \cdot I = 2073,6$ kNm$^2$ ergibt sich der Wert max $w = 0,0086$ m = 0,86 cm. Bei einem Träger mit elastischer Einspannung an beiden Enden (Bild 55) weicht die größte Durchbiegung in den meisten praktischen Fällen (es ist hier an Durchlaufträger gedacht) nur sehr wenig von derjenigen in Feldmitte ab, sodass die Ermittlung dieser Feldmitten-Durchbiegung ausreicht. Tafel 7 entnehmen wir unmittelbar

$$E \cdot I \cdot w = \frac{l^2}{6} \cdot (M_l + M_r) \cdot 0,3750 + \frac{l^2}{3} \cdot M_o \cdot 0,3125$$

$$E \cdot I \cdot w = \left[ \frac{M_l + M_r}{16} + \frac{M_0}{9,6} \right] \cdot l^2 .$$

Dabei ist $M_o = q \cdot l^2/8$; $M_l$ und $M_r$ sind mit ihren Vorzeichen einzuführen.

## 1.7 Der Satz von Maxwell und Betti

Im Jahre 1869 hat der englische Wissenschaftler J. C. Maxwell (1831-1879) festgestellt, dass die Verformung im Punkt i eines Systems infolge der Last F im Punkt k diese Systems (Bild 56) gleich ist der gleichartigen Verformung in Punkt k infolge derselben Last F in Punkt i.

Drei Jahre später verallgemeinerte der italienische Forscher E. Betti (1823-1892) diesen Satz auf verschiedenartige Lasten und stellte fest, dass die Arbeit einer Last $F_i$ (Bild 57) in Punkt i auf der zugehörigen Verformung $\delta_{ik}$ infolge einer (anderen) Last $F_k$ in Punkt k gleich ist der Arbeit der (anderen) Last $F_k$ auf der zugehörigen Verformung $\delta_{ki}$ infolge der Last $F_i$. Wir beweisen den allgemeinen Satz von Betti, der den Maxwellschen Sonderfall enthält.

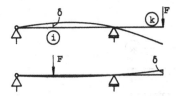

**Bild 56** Zum Satz von Maxwell        **Bild 57** Der Satz von Betti

Wenn wir auf den dargestellten Balken (Bild 58) zunächst $F_i$ aufbringen und dann $M_k$, dann wird dabei in der ersten Phase die Arbeit $W = \frac{1}{2} \cdot F \cdot \delta_{ii}$ und in der zweiten Phase die Arbeit $W = \frac{1}{2} \cdot M_k \cdot \delta_{kk} + F_i \cdot \delta_{ik}$ geleistet, insgesamt also die Arbeit $W = \frac{1}{2} \cdot F_i \cdot \delta_{ii} + F_i \cdot \delta_{ik} + \frac{1}{2} \cdot M_k \cdot \delta_{kk}$. Bringen wir nun zunächst $M_k$ auf und dann $F_i$, so wird in der erste Phase $W = \frac{1}{2} \cdot M_k \cdot \delta_{kk}$ und in der zweiten Phase

$$W = \frac{1}{2} \cdot F_i \cdot \delta_{ii} + M_k \cdot \delta_{ki} \qquad \text{geleistet,} \qquad \text{insgesamt} \qquad \text{also} \qquad \text{die} \qquad \text{Arbeit}$$

$$W = \frac{1}{2} \cdot F_i \cdot \delta_{ii} + M_k \cdot \delta_{ki} + \frac{1}{2} \cdot M_k \cdot \delta_{kk}. \text{ Da, solange das Hookesche Gesetz gilt, die}$$

an einem Bauteil zu beobachtende Wirkung einer Summe von Ursachen gleich ist
der Summe der Wirkungen der einzelnen Ursachen unabhängig von der Reihenfolge
der Ursachen, müssen die in beiden Fällen geleisteten Arbeiten gleich groß sein.
Das liefert unmittelbar $F_i \cdot \delta_{ik} = M_k \cdot \delta_{ki}$. Für den Sonderfall, das die Zahlenwerte
von $F_i$ und $M_k$ gleich sind, ergibt sich $\delta_{ik} = \delta_{ki}$. Diese Aussage, die die Berechnung
statisch unbestimmter Tragwerke wesentlich erleichtern wird, ist uns eigentlich
nicht neu: Sie fällt sozusagen von selbst an bei einer entsprechenden Anwendung
des Arbeitssatzes wie die Bilder 59 und 60 zeigen.

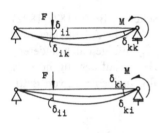

**Bild 58**

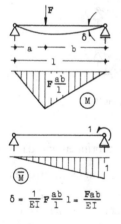

$$\delta = \frac{1}{EI} F \frac{ab}{l} 1 = \frac{Fab}{EI}$$

**Bild 59**

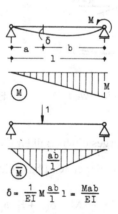

$$\delta = \frac{1}{EI} M \frac{ab}{l} 1 = \frac{Mab}{EI}$$

**Bild 60**

## 1.8 Das Prinzip der virtuellen Verrückungen

In Abschnitt 1.2 haben wir gedachte Kräfte eingeführt. Diese gedachten Kräfte nennt man in Anlehnung an ähnliche Bezeichnungen auf anderen Gebieten[18] virtuelle Kräfte.

Die Aussage, dass die (äußere) Arbeit einer virtuellen Kraft auf dem durch wirkliche Kräfte hervorgerufenen Weg gleich ist der Summe der (inneren) Arbeiten der zur virtuellen Kraft gehörenden (virtuellen) Spannungen auf den zu den wirklichen Kräften gehörenden Verzerrungen nennt man das Prinzip der virtuellen Kräfte:

$$\overline{F}_i \cdot \delta_i = \int \left( \overline{\sigma}_x \cdot \varepsilon_x + \overline{\sigma}_y \cdot \varepsilon_y + \overline{\sigma}_z \cdot \varepsilon_z + \overline{\tau}_{xy} \cdot \gamma_{xy} + \overline{\tau}_{yz} \cdot \gamma_{yz} + \overline{\tau}_{zy} \cdot \gamma_{zy} \right) \cdot dV$$

Analog lässt sich ein Prinzip der virtuellen Verrückungen (Verschiebungen und/oder Verdrehungen) formulieren. Wir geben es zunächst für starre Körper an und betrachten als Beispiel einen Balken auf zwei Stützen (Bild 61), der durch eine Einzellast beansprucht sei. Unter der Wirkung von F, A und B ist dieser Balken im Gleichgewicht; wir können uns vorstellen, dass er frei im Raum schwebt (Position 0). Nun denken wir uns eine beliebige kleine Verrückung (die virtuelle Verrückung) angebracht (Position 1) und ermitteln die Arbeit, die dabei von den äußeren Kräften geleistet wird. Es ist

$$W_a = -A \cdot \overline{\delta}_a + F \cdot \overline{\delta}_F - B \cdot \overline{\delta}_a = -F \cdot \frac{b}{l} \cdot \overline{\delta}_a + F \cdot (\overline{\delta}_a + a \cdot \overline{\varphi}) - F \cdot \frac{a}{l} \cdot (\overline{\delta}_a + l \cdot \overline{\varphi}) = 0 \,.$$

Wir überprüfen dieses (erstaunliche) Ergebnis an einem zweiten Beispiel (Bild 60).

$$W_a = -A \cdot \overline{\delta}_a + F \cdot (\overline{\delta}_a - \overline{\varphi} \cdot l) + M \cdot \overline{\varphi} = -F \cdot \overline{\delta}_a + F \cdot \overline{\delta}_a - F \cdot \overline{\varphi} \cdot l + F \cdot l \cdot \overline{\varphi} = 0$$

Wir stellen fest: Die bei einer virtuellen Verrückung eines im Gleichgewicht: stehenden starren Körpers von den äußeren Kräften geleistete Arbeit ist gleich Null. Dieser Satz, etwas umgestellt, liefert uns ein sehr leistungsfähiges Instrument zur Berechnung von Kraftgrößen (Stütz- und Schnittgrößen): Wenn bei einer virtuellen Verrückung eines starren Körpers die Summe der von den äußeren Kräften geleisteten Arbeiten verschwindet, so stehen diese Kräfte untereinander im Gleichgewicht.

---

[18] In der geometrischen Optik z.B. unterscheidet man reelle Bilder, die auf einem Schirm aufgefangen werden können, und virtuelle (gedachte) Bilder, deren Beobachtung nur unmittelbar mit dem Auge möglich ist.

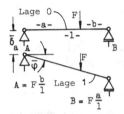

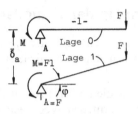

**Bild 61** Zum Prinzip der virtuellen Verrückung

**Bild 62** Kragträger

Die Frage ist: Dürfen wir jede beliebige gedachte Verrückung als virtuelle Verrückung zulassen? Nein, eine virtuelle Verrückung muss (unendlich) klein sein, damit sich dabei die Positionen der Kräfte und damit ihre Hebelarme nicht ändern. Als Beispiel berechnen wir die Stützkraft B des in Bild 63 dargestellten Systems. Es ist

$$W_a = F \cdot \frac{b}{a+b} \cdot \overline{\delta} - B \cdot \frac{l}{l+l_k} \cdot \overline{\delta} = 0 \quad \text{und damit} \quad B = F \cdot \frac{b \cdot (l+l_k)}{l \cdot (a+b)}.$$

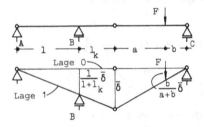

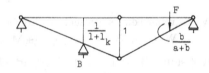

**Bild 63** Bestimmung der Stützkraft B

**Bild 64** Einführung der virtuellen Verschiebung 1

Im Unterschied zu den Bildern 61 und 62 wurde in Bild 63 eine virtuelle Verrückung gewählt, die durch Angabe nur einer Größe, hier $\overline{\delta}$, beschrieben werden kann. Außerdem wurde darauf geachtet, dass außer B keine weitere unbekannte Kraftgröße verschoben bzw. verdreht wird, sodass in der Arbeitsgleichung nur die eine Unbekannte B auftritt. Ihr Wert ist natürlich von $\overline{\delta}$ unabhängig. Wir können deshalb, um Rechen- und Schreibarbeit zu sparen, ganz am Anfang der Untersuchung durch $\overline{\delta}$ dividieren, was zu Bild 64 führt. Es handelt sich dabei um eine Abstraktion, wie wir sie schon früher vorgenommen haben bei Einführung der gedachten Lasten „1". Wir erinnern daran, dass alle virtuellen Verrückungen unendlich klein sind und hier unmaßstäblich bzw. verzerrt wiedergegeben werden.

Bekanntlich können wir auch jedes Teil eines Tragwerkes als selbständiges Tragwerk ansehen, wenn wir es durch Anwendung des Schnittprinzips aus dem Gesamtsystem herauslösen und die dabei zerstörten inneren Größen durch äußere ersetzen, die Schnittgrößen. Bild 65(b) zeigt das. Sollen dort in Punkt m nicht alle Schnittgrößen sichtbar gemacht werden sondern nur, einzelne, so erreicht man das durch Lösen der entsprechenden Bindung: Bild 65(c) zeigt, wie durch Einführen eines Gelenkes das Biegemoment (allein) sichtbar gemacht wird. Nachdem wir so innere Größen zu äußeren Größen gemacht haben, können wir sie mit dem Prinzip der virtuellen Verrückungen errechnen. Dabei wählen wir die virtuelle Verrückung wieder so, dass außer der angreifenden Kraft nur noch die gesuchte Schnittgröße Arbeit leistet. Dann nämlich gehen insbesondere die Stützgrößen nicht in die Arbeitsberechnung ein und brauchen deshalb auch nicht bekannt zu sein. Bild 66 zeigt das, wobei wir zur Beschreibung der Verrückung willkürlich die Ordinate 1 gewählt haben:

$$W_a = F \cdot \frac{b}{l-x} - M(x) \cdot \frac{1}{x} - M(x) \cdot \frac{1}{l-x} = 0 \rightarrow M(x) = F \cdot \frac{b}{l} \cdot x \,.$$

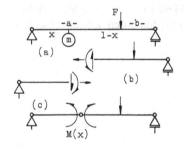

**Bild 65** Schnittgrößen

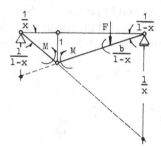

**Bild 66** Berechnung des Biegemomentes M

Es hat sich als bequem herausgestellt, die Verrückung nicht durch Angabe der Verschiebung 1 zu beschreiben sondern durch Angabe der gegenseitigen Verdrehung der beiden Schnittmomente, wofür man ebenfalls die Größe 1 wählt (Bild 67). Aus

$$W_a = M(x) \cdot (-1) + F \cdot \frac{x}{l} \cdot b = 0 \quad \text{ergibt sich unmittelbar} \quad M(x) = F \cdot \frac{b}{l} \cdot x \,.$$

Wir haben damit zwei Fragen beantwortet für die Ermittlung der Schnittgröße Biegemoment. Sie lauteten:

1. Wie sieht eine geeignete virtuelle Verrückung aus?
2. Wodurch beschreibt man diese Verrückung vorteilhaft?

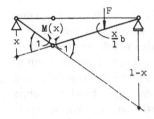

**Bild 67** Gegenseitige Verdrehung

Wir stellen nun diese zwei Fragen im Hinblick auf die Schnittgröße Querkraft. Von der unendlichen Vielzahl aller virtuellen Verrückungen ist diejenige geeignet, bei der außer der äußeren Kraft nur die gesuchte Querkraft Arbeit leistet. Dass die Auflagerkräfte keine Arbeit leisten, erreichen wir wieder dadurch, dass wir den zugehörigen Systempunkten keine virtuelle Verrückung erteilen. Das lässt uns zur Auswahl die in Bild 68 dargestellten Konfigurationen. Alle drei gezeigten Konfigurationen haben einen Nachteil: Neben der gesuchten Querkraft leistet auch das nicht gesuchte Biegemoment Arbeit. Im Fall 1 leistet das Moment die Arbeit $M \cdot \alpha$, im Fall 2 – $M \cdot \beta$ und im Fall 3 $M \cdot (\alpha - \beta)$. Wenn wir $\alpha = \beta$ einführen, wird die Klammer und damit die von M geleistete Arbeit gleich Null. In Bild 69 ist eine solche Verrückung dargestellt, wobei die gegenseitige Verschiebung der beiden durch V beanspruchten Schnittufer gleich 1,0 gewählt wurde. Damit ergibt sich

$$W_a = V(x) \cdot (-1) + F \cdot \frac{b}{l} = 0 \quad \rightarrow \quad V(x) = F \cdot \frac{b}{l}.$$

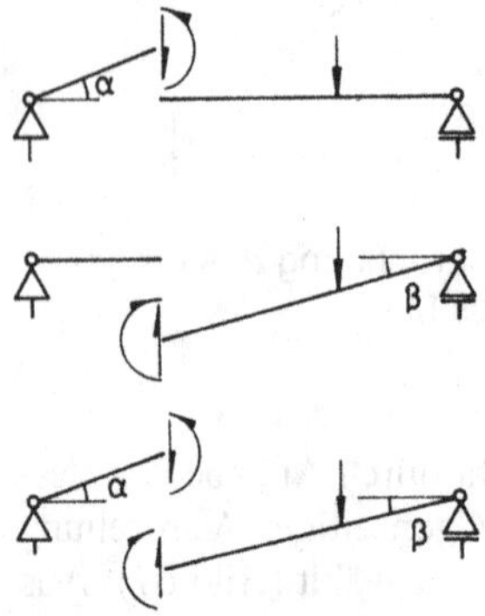

**Bild 68** Ungeeignete Konfigurationen

Die vorangegangenen Untersuchungen, haben gezeigt, wie man durch Anwendung des Prinzips der virtuellen Verrückungen auf starre Körper Stütz- und Schnittgrößen berechnen kann. Der große Vorzug dieses Verfahrens gegenüber einer Gleichgewichtsbetrachtung ist der, dass Schnittgrößen berechnet werden können ohne dass dabei die Stützgrößen bekannt sein müssen.

Wir kommen nun zum Prinzip der virtuellen Verrückungen für elastische Körper. Während bei einer virtuellen Verrückung starrer Körper nur die äußeren Kraftgrößen (und eventuell die zu äußeren Kraftgrößen gemachten Schnittgrößen) Arbeit leisteten, kommt bei der virtuellen Verrückung eines elastischen Körpers noch die (virtuelle) Arbeit der inneren Kräfte hinzu.

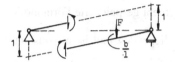

**Bild 69** Bestimmung der Querkraft

Wir gehen aus vom Modell eines Zugstabes (Bild 70), der unter der wirklich vorhandenen Last F im Gleichgewicht sein möge und betrachten, nun diesen verformten Zustand, Bild 70(b). Nun denken wir uns zusätzlich eine kleine virtuelle Last $\overline{F}$ aufgebracht, die eine kleine virtuelle Verformung bewirkt, Bild 70(c). Wir berechnen nun die bei dieser virtuellen Verrückung von den äußeren Kräften geleistete Arbeit. Wenn wir davon ausgehen, dass die virtuelle Last $\overline{F}$ sehr klein ist im Vergleich zur tatsächlich wirkenden Last F, dann kann der von $\overline{F}$ geleistete Arbeitsanteil im Vergleich mit dem von F geleisteten Arbeit vernachlässigt werden und wir erhalten in erster Näherung $\overline{W}_a = F \cdot \overline{\delta}$. Dieser Arbeit der äußeren Kräfte entspricht eine gleich große Arbeit der inneren Kräfte, die zu einem entsprechenden Zuwachs $\overline{W}$ der Formänderungsenergie W des Stabes führt.

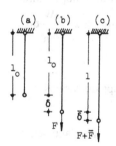

**Bild 70** Virtuelle Verformung eines Zugstabes

Das Prinzip der virtuellen Verrückungen für elastische Körper besagt nun $\overline{W}_a = \overline{W}_i = \overline{W}$; in Worten: Die bei einer virtuellen Verrückung eines im Gleichgewicht stehenden elastischen Körpers von den äußeren Kräften geleistete Arbeit ist gleich der dabei von den inneren Kräften geleistete Arbeit, also gleich dem Zuwachs der Formänderungsenergie des Systems.

Als Sonderfall ist in diesem Satz das Prinzip der virtuellen Verrückung für starre Körper enthalten: Dort ist $\overline{W}_i = 0$ und damit auch $\overline{W}_a = 0$.

Um mit der Aussage $\overline{W}_a = \overline{W}$ etwas anfangen zu können, müssen $\overline{W}_a$ und $\overline{W}$ als Funktionen der Verformungen und/oder der Kräfte ausgedrückt werden. Für $\overline{W}_a$ ist das oben bereits geschehen ( $\overline{W}_a = F \cdot \overline{\delta}$ ), für $\overline{W}$ bzw. $\overline{W}_i$ wollen wir es nun nachholen. In Abschnitt 1.1 haben wir die in einem Stabelement gespeicherte Formänderungsenergie angegeben zu $dW = \dfrac{N^2}{2 \cdot E \cdot A} \cdot ds$. Im vorliegenden Fall ist N konstant über die Stablänge, sodass im ganzen Stab bei der Verformung gespeichert wird $W = \dfrac{N^2}{2 \cdot E \cdot A} \cdot l$. Mit $N = \sigma \cdot A = E \cdot A \cdot \dfrac{\delta}{l}$ wird daraus $W = \dfrac{E \cdot A}{2 \cdot l} \cdot \delta^2$. Das ist die bei der wirklichen Verformung im Stab gespeicherte Energie. Bei der virtuellen Verformung gilt, wie wir oben gesehen haben, $\overline{W}$ und dann daher

$$W = F \cdot \overline{\delta} = \sigma \cdot A \cdot \overline{\delta} = E \cdot \varepsilon \cdot A \cdot \overline{\delta} = \frac{E \cdot A \cdot \delta}{l} \cdot \overline{\delta} \quad \text{und also} \quad F = \frac{E \cdot A \cdot \delta}{l} .$$

Nun ist aber die rechte Seite gleich der ersten Ableitung der Formänderungsenergie nach der Verformung $\delta$, sodass wir schreiben können $F = \dfrac{dW}{d\delta}$. Diese Aussage leiten wir jetzt allgemein her (Bild 71). Die Formänderungsenergie eines beliebig belasteten Systems lässt sich stets darstellen als (quadratische) Funktion der Verformungen: $W = f(\delta_1, \delta_2, ..., \delta_n)$. Wenn alle $\delta$-Größen einen Zuwachs $d\delta_i$ erfahren, dann wächst die Formänderungsenergie um $dW = \dfrac{\partial W}{\partial \delta_1} d\delta_1 + \dfrac{\partial W}{\partial \delta_2} d\delta_2 + ... + \dfrac{\partial W}{\partial \delta_n} d\delta_n$.

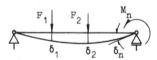

**Bild 71** Zur Ableitung des Prinzips der virtuellen Verrückungen

Wenn dieser Zuwachs durch eine virtuelle Verrückung entstanden ist, dann schreiben wir $\overline{W}$. Nun muss eine virtuelle Verrückung nicht etwa ähnlich (im geometrischen Sinne) sein dem vorhandenen Verformungszustand; sie muss nur mit den geometrischen Randbedingungen des Systems verträglich sein und kann im Übrigen beliebig gewählt werden. Wir denken uns deshalb eine virtuelle Verrückung, bei der z.B. nur $\delta_2$ verändert wird, während alle anderen Verformungen nicht beeinflusst werden. Dann beträgt der Zuwachs der Formänderungsenergie $\overline{W} = \dfrac{\partial W}{\partial \delta_2} \cdot \overline{\delta}_2$. Da dann als einzige äußere Kraft nur $F_2$ Arbeit leistet, ist $\overline{W}_a = F_2 \cdot \overline{\delta}_2$ und wir erhalten

wegen $\overline{W}_a = \overline{W}$ die Beziehung $F_2 = \dfrac{\partial W}{\partial \delta_2}$ oder allgemein $F_i = \dfrac{\partial W}{\partial \delta_i}$.

Wir sehen, dass die Anwendung des Prinzips der virtuellen Verrückungen auf elastische Systeme zur Berechnung von Kraftgrößen aus der Formänderungsenergie – ausgedrückt durch Verformungsgrößen – führt. Analog führte ja die Anwendung des Prinzips der virtuellen Kräfte auf elastische Systeme zur Berechnung von Verformungsgrößen aus der Formänderungsenergie, ausgedrückt durch Kraftgrößen. Hier ist vom Arbeitssatz die Rede.

Hier zwei Beispiele für die Anwendung des Prinzips der virtuellen Verrückung auf elastische Systeme.

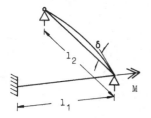

**Bild 72** Beispiel 1

1. Ein im Grundriss um 90° abgebogener Stab sei an einem Ende starr eingespannt, am anderen Ende frei drehbar gelagert und an der Stelle der Abbiegung frei drehbar gestützt (Bild 72). Gesucht ist $M = f(\delta)$. Im Stabteil, der durch Biegemomente beansprucht wird, ist die Energie

$$W = \frac{1}{2} \cdot M \cdot \delta = \frac{1}{2} \cdot \frac{3 \cdot E \cdot I \cdot \delta}{l_2} \cdot \delta = \frac{3 \cdot E \cdot I}{2 \cdot l_2} \cdot \delta^2 \text{ gespeichert.}$$

Im Stabteil, der durch Torsionsmomente beansprucht wird, ist die Energie

$$W = \frac{1}{2} \cdot M_T \cdot \delta = \frac{1}{2} \cdot \frac{G \cdot I_T}{l_1} \cdot \delta = \frac{G \cdot I_T}{2 \cdot l_1} \cdot \delta^2 \qquad \text{gespeichert.} \qquad \text{Insgesamt} \qquad \text{also}$$

$$W = \frac{G \cdot I_T}{2 \cdot l_1} \cdot \delta^2 + \frac{3 \cdot E \cdot I}{2 \cdot l_2} \cdot \delta^2.$$

Damit ergibt sich sofort $\quad M = \dfrac{dW}{d\delta} = \dfrac{G \cdot I_T}{l_1} \cdot \delta + \dfrac{3 \cdot E \cdot I}{l_2} \cdot \delta = \left( \dfrac{G \cdot I_T}{l_1} + \dfrac{3 \cdot E \cdot I}{l_2} \right) \cdot \delta$ [19]

---

[19] Dieses Ergebnis kann freilich auch über eine „statisch unbestimmte Rechnung", wie wir sie in Kapitel 4 zeigen, gefunden werden. Der dabei anfallende Rechenaufwand ist wesentlich größer als der hier erbrachte.

2. Ein System (Bild 73) besteht aus drei Stäben, die alle den gleichen Querschnitt A haben. Gesucht ist $F = f(\delta)$.

Man schreibt unmittelbar an $\quad W = \dfrac{E \cdot A}{2} \cdot \left[ \dfrac{\delta^2}{l} + 2 \cdot \dfrac{(\delta \cdot \cos\alpha)^2}{\dfrac{l}{\cos\alpha}} \right]$. Damit ergibt sich

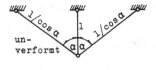

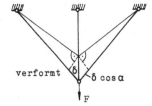

**Bild 73** Beispiel 2

$$F = \frac{dW}{d\delta} = \frac{E \cdot A \cdot \delta}{l} \cdot (1 + 2 \cdot \cos^3 \alpha).$$

Da bei den gezeigten Beispielen nur jeweils eine Kraft- bzw. Momentengröße im Spiel ist, lassen sich auch die Funktionen $\delta = f(M)$ und $\delta = g(F)$ angeben. Das ist beim Vorhandensein mehrerer Kraftgrößen nicht mehr möglich.

## 1.9 Die Sätze von Castigliano

Zur Herleitung des ersten Satzes von Castigliano betrachten wir ein elastisches System, das dem Hookeschen Gesetz folgt und durch die Lasten $F_1, F_2, \ldots, F_n$ belastet wird. Dabei wird im Bauteil Formänderungsarbeit W gespeichert, die als Funktion der $F_i$ oder der $\delta_i$ angegeben werden kann. Wir geben $W = f(F_i)$ an. Wenn nun etwa die Last $F_2$ einen infinitesimal kleinen Zuwachs $dF_2$ erfährt während alle anderen Lasten unverändert bleiben[20], dann wächst dadurch die Formänderungsenergie des

---

[20] Die hier betrachteten Lasten $F_1$ bis $F_n$ müssen also statisch unabhängig voneinander sein. Diese Forderung schließt insbesondere Stützgrößen statisch bestimmter Systeme aus.

Bauteils um $dW = \dfrac{\partial W}{\partial F_2} \cdot dF_2$ auf den Gesamtwert $W + dW = W + \dfrac{\partial W}{\partial F_2} \cdot dF_2$. Wir entlasten das System wieder und bringen nun die gleichen Lasten ein zweites Mal auf, diesmal in anderer Reihenfolge: Zuerst bringen wir die infinitesimal kleine Last $dF_2$ auf und danach die Lasten $F_1$, $F_2$, ..., $F_n$. Beim Aufbringen der Last $dF_2$ wird die Formänderungsenergie $\dfrac{1}{2} \cdot dF_2 \cdot d\delta_2$ gespeichert, beim Aufbringen der Lasten $F_1$ bis $F_n$ die Formänderungsenergie $W + dF_2 \cdot \delta_2$. Wir können nun den Beitrag $\dfrac{1}{2} \cdot dF_2 \cdot d\delta_2$ als Größe kleinerer Ordnung gegenüber den übrigen Beiträgen vernachlässigen und erhalten als im Bauteil gespeicherte Energie $W + dF_2 \cdot \delta_2$. Wir wissen nun, dass der Endzustand eines Systems nur von der Endbelastung abhängt und von der Reihenfolge der Belastung unabhängig ist. Es muss deshalb sein

$$W + \frac{\partial W}{\partial F_2} \cdot dF_2 = W + dF_2 \cdot \delta_2 \text{ und also } \frac{\partial W}{\partial F_2} = \delta_2, \text{ allgemein: } \frac{\partial W}{\partial F_i} = \delta_i.$$

Dies ist der erste Satz von Castigliano (Alberto Castigliano, 1847–1884). Er lautet in Worten:

Die partielle Ableitung der Formänderungsenergie eines elastischen Systems, das dem Hookeschen Gesetz gehorcht, nach einer der voneinander unabhängigen Lastgrößen liefert die zugehörige Verformungsgröße.

Wir zeigen die Anwendung an zwei Beispielen.

1. Gegeben ist ein Kragträger, belastet durch F am freien Ende.

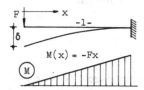

**Bild 74** Beispiel 1

Gesucht ist die Durchbiegung $\delta$ (Bild 74). Allgemein ist $W = \int \dfrac{M^2}{2 \cdot E \cdot I} \cdot dx$ und also

$\dfrac{\partial W}{\partial F} = \dfrac{\partial W}{\partial M} \cdot \dfrac{\partial M}{\partial F} = \int \dfrac{M}{E \cdot I} \cdot \dfrac{\partial M}{\partial F} \cdot dx$. Im vorliegenden Fall ist $M = -F \cdot x$ und al-

so $\dfrac{\partial M}{\partial F} = -x$. Es ergibt sich $\delta = \int\limits_{0}^{l} \dfrac{F \cdot x^2}{E \cdot I} \cdot dx = \dfrac{F \cdot l^3}{3 \cdot E \cdot I}$.

2. Gegeben ist ein Balken auf zwei Stützen mit der Streckenlast q.

Gesucht ist die Durchbiegung in Feldmitte (Bild 75). Hier tritt an der Stelle der gesuchten Verformung keine Einzellast auf. Wir bedienen uns deshalb der Methode der gedachten Last und fügen zu den vorhandenen Lasten (hier q) eine gedachte Last $\overline{F}$ von beliebiger Größe in Feldmitte hinzu. Dann ist

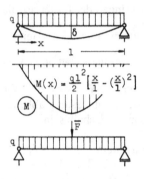

**Bild 75** Beispiel 2

$$M = \frac{q \cdot l^2}{2} \cdot \left[ \frac{x}{l} - \left( \frac{x}{l} \right)^2 \right] + \frac{\overline{F}}{2} \cdot x \quad \text{und} \quad \frac{\partial M}{\partial \overline{F}} = \frac{x}{2} \quad \text{und}$$

$$M \cdot \frac{\partial M}{\partial \overline{F}} = \left\{ \frac{q \cdot l^2}{2} \cdot \left[ \frac{x}{l} - \left( \frac{x}{l} \right)^2 \right] + \frac{\overline{F}}{2} \cdot x \right\} \cdot \frac{x}{2}.$$

Wir lassen nun die gedachte Last wieder verschwinden ($\overline{F} = 0$) und erhalten

$$\delta = 2 \cdot \int_0^{\frac{l}{2}} \frac{q \cdot l^2}{2 \cdot E \cdot I} \left[ \frac{x}{l} - \left( \frac{x}{l} \right)^2 \right] \cdot \frac{x}{2} \cdot dx = \frac{5}{384 \cdot E \cdot I} \cdot q \cdot l^4$$

In beiden Beispielen wurden statisch bestimmte Tragwerke untersucht. Wir greifen nun etwas vor und überlegen, wie die Anwendung des ersten Castigliano-Satzes auf statisch unbestimmte Systeme aussieht. Betrachten wir (etwa den an einem Ende starr eingespannten Balken auf zwei Stützen in Bild 76(a). Anstelle dieses Systems wollen wir den in Bild 76(b) dargestellten Kragträger unter der Last q und X untersuchen, dessen Durchbiegung δ wir – wie zuvor gezeigt – bestimmen können:

$\delta = \dfrac{\partial W}{\partial X}$. Dieses System stimmt dann mit dem gegebenen System überein, wenn δ

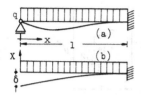

**Bild 76** Untersuchung eines statisch unbestimmten Tragwerks mit Hilfe des Castiglianoschen Satzes

gleich Null ist. Damit haben wir die Bestimmungsgleichung für die sogenannte überzählige Größe X: $\dfrac{\partial W}{\partial X} = 0$.

Dies ist der zweite Satz von Castigliano. In Worten: In einem statisch unbestimmten System stellen sich die überzähligen Größen stets so ein, dass die Formänderungsenergie des Systems zu einem Extremum (Minimum) wird.

Als Beispiel für die Anwendung berechnen wir nun die Größe X des in Bild 76(a) dargestellten Systems. Es ist $M(x) = -\dfrac{q}{2} \cdot x^2 + X \cdot x$ und $\dfrac{\partial M}{\partial X} = x$. Das ergibt

$$\frac{\partial W}{\partial X} = \int_0^l \frac{M}{E \cdot I} \cdot \frac{\partial M}{\partial X} \cdot dx = \int_0^l \frac{1,0}{E \cdot I} \cdot \left( -\frac{q}{2} \cdot x^2 + X \cdot x \right) \cdot x \cdot dx$$

$$\frac{\partial W}{\partial X} = \frac{1}{E \cdot I} \cdot \left[ -\frac{q}{2} \cdot \frac{x^4}{4} + X \cdot \frac{x^3}{3} \right]_0^l = \frac{1}{E \cdot I} \cdot \left[ -\frac{q \cdot l^4}{8} + X \cdot \frac{l^3}{3} \right]$$

Dieser Ausdruck soll nach dem zweiten Castigliano-Satz verschwinden:

$-\dfrac{q \cdot l^4}{8} + X \cdot \dfrac{l^3}{3} = 0$ liefert $X = \dfrac{3}{8} \cdot q \cdot l$. Nachdem dieser Wert bekannt ist, können alle Kraft- und Verformungsgrößen des Systems errechnet werden.

**Zusammenfassung von Kapitel 1**

In diesem Kapitel haben wir die Berechnung von Verformungsgrößen kennengelernt. Da wir auf Grund vorhergegangener Untersuchungen die Spannungen und Dehnungen in allen Punkten eines beliebig beanspruchten Stabes kannten, lag das Bestreben nahe, zu einer Aussage über die Formänderungen dadurch zu kommen, dass die bei einem Belastungsvorgang im Bauteil gespeicherte Formänderungsenergie berechnet und dann gegenübergestellt wird derjenigen Arbeit, die die äußeren Kräfte bei der Verformung leisten. Deshalb wurde zunächst für alle möglichen Beanspruchungen die in einem Stabelement gespeicherte Formänderungsenergie ermittelt. Die entsprechenden Werte pro Längeneinheit haben wir in Bild 77 zusammengestellt.

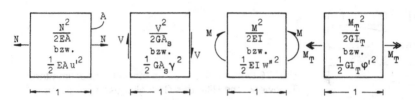

**Bild 77** In einem Stabelement der Länge 1 gespeicherte Formänderungsenergie

Die Tatsache, dass Bauteile i. A. nicht nur durch eine Last beansprucht werden sondern durch mehrere, und dass außerdem an der Stelle, wo eine Verformung gesucht wird, nicht immer eine passende Kraftgröße wirkt, hatte zur Folge, dass gedachte Lasten eingeführt werden mussten: Wir lernten das Prinzip der virtuellen Kräfte und den Arbeitssatz kennen. Dabei wurden i. A. Lasten von der Größe 1 verwendet. Es handelt sich dabei um eine Abstraktion, die eingeführt wurde, um die Rechnung zu vereinfachen. Physikalisch realisieren lassen sich Lasten solcher Größe ebenso wenig wie etwa Stabelemente der Länge 1 (siehe Bild 77).

Da nun die Möglichkeit gegeben ist, jede Verformungsgröße an jeder Stelle eines Stabwerkes zu bestimmen, kann an die Formulierung der Zustandslinien gegangen werden. Dabei konzentrieren sich unsere Bemühungen auf die Ermittlung der Zustandslinie für die Durchbiegung, die Biegelinie, weil Zustandslinien für Quer-

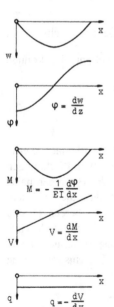

**Bild 78** Zusammenhang zwischen Schnittgrößen und Verformungen

schnittsverdrehungen i. A. nicht interessieren. Es stellt sich heraus, dass es einen durchgehenden Zusammenhang gibt zwischen den Verformungen, den Schnittgrößen und der Belastung in einem Punkt (Bild 78). Unversehens ergab sich, dass die Beziehung $E \cdot I \cdot w^{IV} = q$ ein außerordentlich leistungsfähiges Instrument ist zur Berechnung von Stabwerken unabhängig davon, ob es sich um statisch bestimmte oder unbestimmte Systeme handelt.[21]

Es stellte sich dann heraus, dass das Verhältnis von q und M demjenigen von M und w ähnelt, was in der Mohrschen Analogie ausgedrückt wird. Diese Analogie ermöglicht es, ohne irgendeine Integration Durchbiegungen und Biegelinien von Trägern zu bestimmen. Die numerische Bestimmung solcher Durchbiegungen wird erleichtert durch Tabellierung sogenannter ω-Zahlen, die wegen der Mohrschen Analogie auch, zur Berechnung von Biegemomenten bei entsprechender Belastung geeignet sind.

Für den häufig vorkommenden Fall der Gleichlast wurde dann die Bemessung nach zulässigen Durchbiegungen gezeigt, sowohl für den Einfeldträger als auch für den Durchlaufträger.

Der dann besprochene Satz von Maxwell und Betti hat große Bedeutung sowohl für die Berechnung statisch unbestimmter Systeme als auch für die Bestimmung von. Einflusslinien für Durchbiegungen; beides wird in späteren Kapiteln noch gezeigt.

Danach wurde das Prinzip der virtuellen Verrückungen besprochen. Dabei wurde mit Verschiebungen und Verdrehungen der Größe 1 gearbeitet, für die das oben Gesagte gilt.

---

[21] Wodurch sich diese beiden Gruppen von Tragwerken im Hinblick auf dieses „Integrationsverfahren" unterscheiden, werden wir in späteren Kapiteln herausfinden.

# 2 Grundzüge der Theorie 2. Ordnung und Einführung in die Stabilitätstheorie

Wenn wir unsere bisherigen Untersuchungen daraufhin prüfen, ob alle in der Baupraxis vorkommenden Fälle behandelt wurden, dann stellen wir fest, dass ein wichtiges Konstruktionselement fehlt: Die Stütze, allgemein der Druckstab.

Schon bei einem einfachen Versuch wie der Druckbeanspruchung einer Reißschiene zeigt sich, dass hier Versagen nicht eintritt durch Erreichen bzw. Überschreiten einer Beanspruchungsgrenze des Materials sondern durch etwas, das man mit Ausweichen bezeichnen könnte. Bei welcher Belastung z.B. ein solches Ausweichen eintritt, soll in diesem Kapitel untersucht werden. Zuvor allerdings werden wir ein anderes Problem behandeln: Den biegebeanspruchten Stab mit Druckkraft. Schon dabei werden wir feststellen, dass die sogenannte Theorie 1. Ordnung keine zuverlässigen Ergebnisse liefert: Es muss verschärft gerechnet und insbesondere der Einfluss der Verformung auf die Schnittgrößen berücksichtigt werden.

## 2.1 Einleitung

Am Anfang aller unserer Überlegungen hatten wir vorausgesetzt, dass die Verformungen der betrachteten Bauteile klein bleiben im Vergleich mit deren Abmessungen. Diese Voraussetzung erlaubte uns, den Einfluss der elastischen Verformungen auf die Wirkungsweise der angreifenden Kräfte zu vernachlässigen, obwohl wir natürlich die Verformungen selbst nicht vernachlässigten.[22] Während wir also einerseits den Zusammenhang zwischen Schnittgrößen und angreifenden Kräften und den Zusammenhang zwischen den Schnittgrößen untereinander am unverformten System ermittelten, fanden wir andererseits den Zusammenhang zwischen den Schnittgrößen und den Verformungen und den Zusammenhang zwischen den Verformungen untereinander naturgemäß am verformten System. Dieses Vorgehen ist nicht ganz schlüssig, da Gleichgewicht eigentlich erst im verformten Zustand eintritt. Eine Gleichgewichtsbetrachtung am unverformten Element liefert, wenn keine verteilte Belastung in Achsrichtung auftritt, $dN = 0$, $\dfrac{dV}{dx} = -q$ und $\dfrac{dM}{dx} = V$ (siehe etwa Abschnitt 3.5 von TM 1). Eine geometrische Betrachtung des verformten Sta-

---

[22] Ähnlich vernachlässigen wir i. A. den Einfluss der Querkraft auf die Formänderung, berücksichtigen jedoch sehr wohl die Querkraft selbst.

belementes liefert $\dfrac{M}{E \cdot I} = -w''$ (siehe Abschnitt 1.3). Ableitung des letztgenannten Ausdruckes liefert $M' = -(E \cdot I \cdot w'')'$ und $M'' = -(E \cdot I \cdot w'')''$, also $V = -(E \cdot I \cdot w'')'$ und $q = (E \cdot I \cdot w'')''$. Für den Normalfall eines konstanten $E \cdot I$ erhalten wir somit

$$w'' = -\frac{M}{E \cdot I}, \quad w''' = -\frac{V}{E \cdot I} \quad \text{und} \quad w^{IV} = \frac{q}{E \cdot I}.$$

Die letzte Beziehung lässt sich, wie wir wissen, gut zur Berechnung von Stabwerken benutzen, was wir an zwei einfachen Beispielen zeigen.

Anwendung der Beziehungen

$$w^{IV} = \frac{q}{E \cdot I}, \quad w''' = \frac{q}{E \cdot I} \cdot x + c_1, \quad w'' = \frac{q}{E \cdot I} \cdot \frac{x^2}{2} + c_1 \cdot x + c_2,$$

$$w' = \frac{q}{E \cdot I} \cdot \frac{x^3}{6} + c_1 \cdot \frac{x^2}{2} + c_2 \cdot x + c_3,$$

$$w = \frac{q}{E \cdot I} \cdot \frac{x^4}{24} + c_1 \cdot \frac{x^3}{6} + c_2 \cdot \frac{x^2}{2} + c_3 \cdot x + c_4 .$$

auf das in Bild 79 dargestellte System liefert wegen der Randbedingungen $w(0) = 0$, $w''(0) = 0$, $w(l) = 0$ und $w''(l) = 0$ für die Bestimmung der Integrationskonstanten das Gleichungssystem

| $c_1$ | $c_2$ | $c_3$ | $c_4$ | rechte Seite |
|---|---|---|---|---|
| 0 | 0 | 0 | 1 | 0 |
| 0 | 1 | 0 | 0 | 0 |
| $\dfrac{l^3}{6}$ | $\dfrac{l^2}{2}$ | $l$ | 1 | $-\dfrac{q}{EI} \dfrac{l^4}{24}$ |
| $l$ | 1 | 0 | 0 | $-\dfrac{q}{EI} \dfrac{l^2}{2}$ |

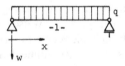

**Bild 79**

Es hat die Lösung

$$c_1 = -\frac{q}{E \cdot I} \cdot \frac{l}{2}; \quad c_2 = 0; \quad c_3 = \frac{q}{E \cdot I} \cdot \frac{l^3}{24}; \quad c_4 = 0$$

Damit sind alle Schnittgrößen und die Biegelinie bekannt:

$$V(x) = q \cdot \left(\frac{l}{2} - x\right), \quad M(x) = \frac{q}{2} \cdot (l \cdot x - x^2), \quad w(x) = \frac{q \cdot l^4}{24 \cdot E \cdot I} \cdot \left[\left(\frac{x}{l}\right)^4 - 2 \cdot \left(\frac{x}{l}\right)^3 + \frac{x}{l}\right]$$

.

Anwendung der gleichen Beziehungen auf das in Bild 80 dargestellte System liefert wegen der Randbedingungen $w(0) = 0$, $w''(0) = -\dfrac{F \cdot e}{E \cdot I}$, $w(l) = 0$ und $w''(l) = -\dfrac{F \cdot e}{E \cdot I}$ das Gleichungssystem

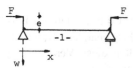

**Bild 80**

| $c_1$ | $c_2$ | $c_3$ | $c_4$ | rechte Seite |
|---|---|---|---|---|
| 0 | 0 | 0 | 1 | 0 |
| 0 | 1 | 0 | 0 | $-\dfrac{F \cdot e}{E \cdot I}$ |
| $\dfrac{l^3}{6}$ | $\dfrac{l^2}{2}$ | $l$ | 1 | 0 |
| $l$ | 1 | 0 | 0 | $-\dfrac{F \cdot e}{E \cdot I}$ |

Es hat die Lösung

$$c_1 = 0, \quad c_2 = -\frac{F \cdot e}{E \cdot I},$$

$$c_3 = \frac{F \cdot e \cdot l}{2 \cdot E \cdot I}, \quad c_4 = 0.$$

Damit sind alle Schnittgrößen und die Biegelinie bekannt:

$$V = 0, \quad M(x) = F \cdot e, \quad w(x) = \frac{F \cdot e}{2 \cdot E \cdot I} \cdot (l \cdot x - x^2).$$

Das bis hierher Gezeigte ist nichts Neues. Wir wollen nun überlegen, welchen Fehler wir dadurch gemacht haben, dass wir die Gleichgewichtsbedingungen am unverformten System angeschrieben hatten. Im ersten Fall ändert sich, wie Bild 81 zeigt, nichts:

$$M_1(x) - A \cdot x + \frac{q \cdot x^2}{2} = 0 \quad \rightarrow \quad M_1(x) = \frac{q}{2} \cdot (l \cdot x - x^2).$$

Im zweiten Fall sieht das anders aus. Es ergibt sich, wie Bild 82 zeigt,

$$M_1 - F \cdot (e + w) = 0 \quad \rightarrow \quad M_1 = F \cdot (e + w).$$

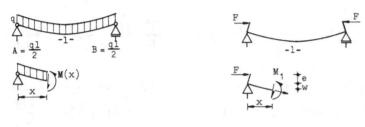

**Bild 81**                          **Bild 82**

Gegenüber dem am unverformten System ermittelten Wert $M = F \cdot e$ (den wir hinfort mit $M_0$ bezeichnen wollen) hat sich das Moment sichtlich geändert. Natürlich ist diese Änderung abhängig vom Verhältnis $w/e$; wir wollen diese Veränderung zahlenmäßig zeigen und wählen dazu die in Bild 83 gegebenen Werte.

Bei $x = l/2 = 4,00$ m erhalten wir max $w_0 = 4,4$ cm. Damit ergibt sich das neue Moment zu $M_1 = 200 \cdot (5,0 + 4,4) = 1880$ kNcm. Gegenüber dem Moment $M_0$ bedeutet das eine Erhöhung von 88 %. Natürlich verursacht dieses erhöhte Moment eine Vergrößerung der Durchbiegung. Wir nennen die Funktion der ursprünglich ermittelten Biegelinie $w_0$ und berechnen die neue Funktion $w_1(x)$, indem wir in die linearisierte Differentialgleichung der Biegelinie $w'' = -\dfrac{M}{E \cdot I}$ für M den neuen Wert von

$$M_1(x) = F \cdot (e + w_0) = F \cdot e \left( 1,0 + \frac{F}{2 \cdot E \cdot I} \cdot (l \cdot x - x^2) \right) \text{ einsetzen.}$$

Wir erhalten

$$w'' = -\frac{F \cdot e}{E \cdot I} \left[ 1 + \frac{F}{2 \cdot E \cdot I} \cdot (l \cdot x - x^2) \right]$$

und

F             F = 200 kN
e = 5 cm
1 = 8,00 m
IPB 120, S 235

**Bild 83**

$$w' = -\frac{F \cdot e}{E \cdot I} \left[ x + \frac{F}{2 \cdot E \cdot I} \cdot \left( \frac{l \cdot x^2}{2} - \frac{x^3}{3} \right) \right] + c_1 \quad \text{und}$$

$$w = -\frac{F \cdot e}{E \cdot I} \left[ \frac{x^2}{2} + \frac{F}{2 \cdot E \cdot I} \cdot \left( \frac{l \cdot x^3}{6} - \frac{x^4}{12} \right) \right] + c_1 \cdot x + c_2 .$$

Die beiden Konstanten bestimmen wir mit den bekannten und oben schon benutzten Randbedingungen $w(0) = 0$ und $w(l) = 0$. Wir erhalten $c_1 = \dfrac{F \cdot e}{E \cdot I} \cdot \left[ \dfrac{l}{2} + \dfrac{F \cdot l^3}{24 \cdot E \cdot I} \right]$, und

$c_2 = 0$. Damit ergibt sich $w_1(x) = \dfrac{F \cdot e}{2 \cdot E \cdot I} \cdot \left[ l \cdot x - x^2 + \dfrac{F}{E \cdot I} \cdot \left( \dfrac{x^4}{12} - \dfrac{l \cdot x^3}{6} + \dfrac{l^3 \cdot x}{12} \right) \right]$.

Hiermit ergibt sich eine maximale Durchbiegung in der Feldmitte von der Größe max $w_1 = 7{,}65$ cm. Mit diesem verbesserten Durchbiegungswert ergibt sich ein neuer Wert für das maximale Moment $M_2 = F \cdot (e + w_1) = 2530$ kNcm. Gegenüber dem ursprünglichen Wert $M_0$ bedeutet das 153 % Erhöhung, gegenüber dem verbesserten Wert $M_1$ eine Erhöhung von 34 %.

Dieser immer noch beträchtliche Momentenzuwachs lässt vermuten, dass ein nächster Schritt noch einmal einen respektablen Zuwachs bringt. Wir hätten dabei in die DGL $w'' = -\dfrac{M}{EI}$ den Ausdruck

$$M_2(x) = F \cdot e \cdot \left[ 1 + \dfrac{F}{2 \cdot E \cdot I} \cdot \left( l \cdot x - x^2 + \dfrac{F}{E \cdot I} \cdot \left( \dfrac{x^4}{12} - \dfrac{l \cdot x^3}{6} + \dfrac{l^3 \cdot x}{12} \right) \right) \right]$$

einzusetzen.

Nach der Integration und der Bestimmung der Konstanten würden wir dann $w_2(x)$ erhalten, damit ein $M_3(x)$ usw. Schließlich würden wir den endgültigen Werten von M und w sehr nahe kommen.

Bei all dem geht es uns um die Feststellung: Die Gleichgewichtsbedingungen am unverformten System haben, angewendet auf das zweite Beispiel, völlig falsche Ergebnisse geliefert. In diesem Fall ist der Einfluss der Verformung auf die Wirkung der angreifenden Kräfte so groß, dass deren Außerachtlassen einen Fehler von mehr als 100 % brachte. Wir müssen also hier, um auf direktem Wege und nicht durch einen Iterationsprozess zu einem gültigen Ergebnis zu kommen, die Gleichgewichtsbedingungen am verformten System und also am verformten Element ableiten. Dabei verabreden wir, dass die Durchbiegungen weiterhin klein sein sollen im Vergleich mit den Abmessungen des Systems.

Dass bedeutet, dass die Neigung der Biegelinie $w' = \tan \varphi$ nach wie vor sehr klein ist im Vergleich zu 1,0, sodass also weiterhin gilt $\tan w' = w'$ und $\cos w' = 1{,}0$.

## 2.2 Differenzialbeziehungen der Theorie 2. Ordnung

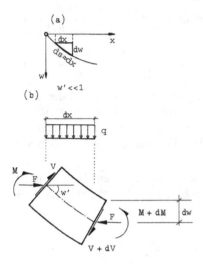

**Bild 84** Gleichgewichtsbetrachtung am verformten Stabelement

Bild 84(a) zeigt den Verlauf einer Stabachse im verformten Zustand und Bild 84(b) ein Element dieses Stabes. Beim Betrachten beider Bilder muss bedacht werden, dass die Stabachse in Wirklichkeit nur ganz schwach gekrümmt bzw. ganz schwach gegen die x-Achse geneigt ist, sodass die wirklichen Verhältnisse im Bild stark überhöht bzw. verzerrt wiedergegeben werden. Deshalb machen wir z.B. keinen nennenswerten Fehler, wenn wir die Länge des Stabelementes mit dx angeben und ebenso wie die Projektion dieser Länge auf die x-Achse. Der Neigungswinkel der verformten Stabachse $w'$ ist gleich dem Sinus bzw. dem Tangens des Winkels und der Cosinus ist gleich 1,0. Bei dieser Betrachtung führen wir die horizontale Druck-kraft F als positive Größe ein.

Wir schreiben nun die drei Gleichgewichtsbedingungen an:

$$\sum H = 0: \ +N - N = 0$$

$$\sum V = 0: \ -V + V + dV + q \cdot dx = 0$$

$$\sum M = 0: \ -M + M + dM - q \cdot \frac{dx^2}{2} - (V + dV) \cdot dx - F \cdot dw = 0$$

Die erste Gleichung ist trivial. Aus der zweiten Gleichung folgt die uns schon hin-

länglich bekannte Beziehung $\dfrac{dV}{dx} = -q$ . Wir behandeln jetzt die dritte Gleichung.

Dann ergibt sich nach Division durch dx:

$$\frac{dM}{dx} - q \cdot \frac{dx}{2} - V - dV - F \cdot \frac{dw}{dx} = 0$$

Der zweite und der vierte Term in der obigen Gleichung sind klein gegenüber den anderen Ausdücken. Sie können also vernachlässigt werden. Dann folgt:

$$\frac{dM}{dx} - V - F \cdot \frac{dw}{dx} = 0$$

Eine Ableitung nach x ergibt dann:

$$\frac{d^2M}{dx^2} - \frac{dV}{dx} - F \cdot \frac{d^2w}{dx^2} = 0$$

Setzen wir nun noch den uns schon bekannten Zusammenhang zwischen dem Biegemoment und der zweiten Ableitung der Durchbiegung $-w'' \cdot E \cdot I = M$ und $\frac{dV}{dx} = -q$ in die obige Gleichung ein, dann erhalten somit schließlich eine DGL 4. Ordnung:

$$-E \cdot I \cdot w^{IV} + q - F \cdot w'' = 0$$

oder

$$E \cdot I \cdot w^{IV} + F \cdot w'' = q.$$

Damit ist das allgemeine Problem gelöst und wir können zurückkehren zu unserem speziellen Problem gemäß Bild 80. Hier ist die Belastung q = 0 und wir erhalten

$$E \cdot I \cdot w^{IV} + F \cdot w'' = 0 \quad \text{oder nach Division durch } E \cdot I: \quad w^{IV} + \frac{F}{E \cdot I} \cdot w'' = 0.$$

Mit der Abkürzung $\frac{F}{E \cdot I} = \alpha^2: \quad w^{IV} + \alpha^2 \cdot w'' = 0.$

Diese DGL hat die allgemeine Lösung

$$w(x) = A \cdot \sin(\alpha \cdot x) + B \cdot \cos(\alpha \cdot x) + C \cdot x + D$$

mit den vier Integrationskonstanten A bis D. Diese sind nun genau wie vorher zu bestimmen mit den vier Randbedingungen w(0) = 0, w''(0) = $-F \cdot e/(E \cdot I)$, w($l$) = 0 und w''($l$) = $-F \cdot e/(E \cdot I) = -e \cdot \alpha^2$.

Mit w'(x) = $A \cdot \alpha \cdot \cos(\alpha \cdot x) - B \cdot \alpha \cdot \sin(\alpha \cdot x) + C$
und w''(x) = $-A \cdot \alpha^2 \cdot \sin(\alpha \cdot x) - B \cdot \alpha^2 \cdot \cos(\alpha \cdot x)$
ergibt sich das Gleichungssystem

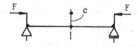

Wiedergabe von **Bild 80**

| A | B | C | D | rechte Seite |
|---|---|---|---|---|
| 0 | 1 | 0 | 1 | 0 |
| 0 | $-\alpha^2$ | 0 | 0 | $-e\cdot\alpha^2$ |
| $\sin(\alpha\cdot l)$ | $\cos(\alpha\cdot l)$ | $l$ | 1 | 0 |
| $-\alpha^2\sin(\alpha\cdot l)$ | $-\alpha^2\cos(\alpha\cdot l)$ | 0 | 0 | $-e\cdot\alpha^2$ |

$F=200\,\mathrm{kN}$    $e=5\,\mathrm{cm}$   $F$

$l=8\mathrm{m}$

$E = 2{,}1\cdot 10^4\ \mathrm{kN/cm^2}$

$I = 864\ \mathrm{cm^4}$

Die Lösung lautet $A = e\cdot\dfrac{1-\cos(\alpha\cdot l)}{\sin(\alpha\cdot l)}$ , $B = e$, $C = 0$ und $D = -e$.

Damit ergibt sich $w(x) = e\cdot\left[\dfrac{1-\cos(\alpha\cdot l)}{\sin(\alpha\cdot l)}\cdot\sin(\alpha\cdot x)+\cos(\alpha\cdot x)-1\right]$.

und $M(x) = -E\cdot I\cdot w'' = F\cdot e\cdot\left[\dfrac{1-\cos(\alpha\cdot l)}{\sin(\alpha\cdot l)}\cdot\sin(\alpha\cdot x)+\cos(\alpha\cdot x)\right]$.

Mit $\alpha = \sqrt{\dfrac{F}{E\cdot I}} = \sqrt{\dfrac{200}{2{,}1\cdot 10^4\cdot 864}} = 3{,}32\cdot 10^{-3}\ \text{1/cm}$ und $\alpha\cdot l = 2{,}656 \triangleq 152{,}2°$

ergibt sich $w(0) = 0$, $w(400\ \mathrm{cm}) = 10{,}5\ \mathrm{cm}$, $w(800\ \mathrm{cm}) = 0$ und
$M(0) = 1000\ \mathrm{kNcm}$, $M(40\ \mathrm{cm}) = 3100\ \mathrm{kNcm}$, $M(800\ \mathrm{cm}) = 1000\ \mathrm{kNcm}$.

Die hier gezeigte Theorie, die vom Gleichgewicht am verformten System ausgeht, nennt man Theorie 2. Ordnung, während die übliche elementare Theorie als Theorie 1. Ordnung bezeichnet wird. Wir wiederholen, dass auch die Theorie 2. Ordnung keine exakte Theorie darstellt. Zwar berücksichtigt sie den Einfluss der Verformungen auf die Wirkung der angreifenden Kräfte, sie ist aber immer noch an die Voraussetzung kleiner Verschiebungen gebunden. Diese Voraussetzung wird im Bauwesen fast immer erfüllt wegen der Forderung nach elastischem Verhalten unserer Bauteile. Wollen wir sie fallen lassen und beliebig große Verschiebungen zulassen, dann muss die Rechnung weiter verschärft werden (Theorie 3. Ordnung). Die Theorie 2. Ordnung wird immer dort angewendet werden müssen, wo zusammen mit größeren Verformungen auch größere Druckkräfte auftreten.

## 2.3 Begriffe und Bezeichnungen um die Stabilitätstheorie

Schließlich gibt es noch eine große Gruppe von Problemen, bei denen die Anwendung der Theorie 2. Ordnung eine innere Notwendigkeit darstellt und daher grundsätzlich immer erforderlich ist. Es ist dies die Gruppe der Stabilitätsprobleme. Stabilitätsuntersuchungen knüpfen an die Betrachtung des Gleichgewichts von inneren und äußeren Kräften, an und beschäftigen sich mit der Frage nach der Eigenschaft dieses Gleichgewichts: Ist es stabil oder instabil?

Die Gleichgewichtsfigur (= Biegelinie) eines Tragwerkes unter einer gegebenen Belastung ist stabil, wenn eine kleine störende Verformung dieser Gleichgewichtsfigur nur unter Anwendung einer Kraft (oder besser: eines positiven Arbeitsbetrages) möglich ist.

Gibt es eine oder gar mehrere Arten von (störenden) Verformungen, bei deren Erzeugung keine Arbeit zu leisten ist, dann hat die Gleichgewichtsfigur die Grenze ihrer Stabilität (die Stabilitätsgrenze) erreicht. Das Gleichgewicht zwischen den inneren und den äußeren Kräften ist in diesem Grenzzustand neutral oder indifferent. Es gibt hier unter ein und derselben Last nicht bloß eine sondern noch eine zweite Gleichgewichtsfigur (oder gar mehrere), die der ersten Gleichgewichtsfigur benachbart ist und in die wir das belastete Tragwerk ohne jede Gewalt hinüberschieben können.

Da nun das Tragwerk, wenn sein Gleichgewicht in die Nähe dieser Stabilitätsgrenze gelangt, schon auf ganz geringe Belastungsänderungen mit sehr großen Änderungen der Verformung und damit auch sehr großen Änderungen seiner Werkstoffbeanspruchung reagiert und auf diese Weise unter Umständen Anlass für einen katastrophenartigen Zusammenbruch des Bauwerkes sein kann, müssen wir dafür sorgen, dass die unter der gegebenen äußeren Belastung ausgebildeten Gleichgewichtsfiguren des Tragwerkes mit Sicherheit stabil sind. Diese Forderung ist für den Bestand eines Bauwerkes zumindest ebenso wichtig, wie die Forderung nach Einhaltung bestimmter zulässiger Spannungen oder Durchbiegungen. Die Stabilitätstheorie sucht nun für ein gegebenes Tragwerk und eine gegebene Belastung jene kritische Laststufe, unter der die Stabilitätsgrenze erreicht wird und daher das Gleichgewicht zwischen den inneren, und äußeren Kräften die Eigenschaft verliert, stabil zu sein.

Wir sprechen von Biegeknickung eines Stabes (oder auch von Knickung), wenn die einzelnen Stabquerschnitte an der Stabilitätsgrenze beim erwähnten Übergang von der ersten zur zweiten, benachbarten Gleichgewichtsfigur nur parallel verschoben aber nicht verdreht werden; wenn also Sie einzelnen Stabelemente nur Verbiegungen erfahren und keine Verdrehungen. Hierher gehört das älteste aller Stabilitätsprobleme: Das von Leonhard Euler 1744 untersuchte Knickproblem eines schlanken, mittig gedrückten Stabes mit gleichbleibendem, doppelsymmetrischen Vollquerschnitt. Auch das Problem der Knickung von Bogenträgern oder Rahmen gehört hierher.

Wir sprechen von Drillknickung, wenn die einzelnen Stabquerschnitte eines Stabes beim Übergang von der ersten zur zweiten Gleichgewichtslage um ihren Schubmittelpunkt verdreht werden, wie dies auch bei einer Verdrehung des Stabes infolge eines Torsionsmomentes zutreffen würde.

Wir sprechen schließlich von Biegedrillknickung, wenn die einzelnen Querschnitte an der Stabilitätsgrenze beim Übergang von der ersten zur zweiten Gleichgewichtsfigur samt ihrem Schubmittelpunkt verschoben und verdreht werden, wenn also der Stab sowohl verbogen als auch verdreht wird.

Mit Kippung pflegt man einen Sonderfall der Biegedrillknickung zu bezeichnen, der dadurch gekennzeichnet ist, dass der Stab einen einfach- oder doppeltsymmetrischen Querschnitt hat und ausschließlich auf Biegung in der Symmetrieebene beansprucht wird.

Die zweite Gleichgewichtsfigur, die an der Stabilitätsgrenze ohne Arbeitsaufwand erreicht werden kann heißt Knickfigur bzw. Kippfigur. Sie muss natürlich die der Lagerung des Stabes entsprechenden Randbedingungen des Stabilitätsproblems erfüllen. Allgemein wird vorausgesetzt, dass sich der Stabquerschnitt beim Übergang von der ersten zur zweiten, benachbarten Gleichgewichtslage als Ganzes verschiebt und verdreht, ohne hierbei seine Form zu verändern. Bei dünnwandigen Querschnitten muss durch konstruktive Maßnahmen dafür gesorgt werden, dass diese Voraussetzung erfüllt wird, damit nicht durch vorzeitiges Beulen der Wandungen Versagen eintritt.

Unter Beulung verstehen wir eine Instabilitätserscheinung, die bei dünnwandigen Flächentragwerken vorkommen kann, wenn sie in ihrer Mittelfläche durch übermäßige Normal- oder Schubspannungen beansprucht werden. An der Stabilitätsgrenze lässt sich die Mittelfläche ohne Arbeitsaufwand von der einen Gleichgewichtslage in die andere, benachbarte überführen. Diese zweite Gleichgewichtslage nennt man die Beulfläche; auch sie muss natürlich die Randbedingungen des Flächentragwerkes und seiner Belastung erfüllen.

Außer den hier genannten Instabilitätserscheinungen gibt es natürlich noch viele andere, wie z.B. das Durchschlagen von flach gewölbten Schalen, das Umstülpen von Ringen, das Ausschlagen tordierter Drähte.

Wenn bestimmte idealisierende Voraussetzungen erfüllt sind, führt die theoretische Untersuchung der Instabilitätserscheinungen zu einem Verzweigungsproblem. Die kritischen Lastwerte an der Stabilitätsgrenze nennen wir dann ideale Knicklasten oder ideale Beullasten. Mathematisch gesehen liegt hier immer ein Eigenwertproblem vor.

Sind diese idealisierenden Voraussetzungen nur mangelhaft erfüllt, wie dies baupraktisch wohl immer zutreffen wird, so gelangen wir zu einem Traglastproblem. Die dazugehörenden kritischen Lastwerte nennen wir Traglasten.

Für die wichtigsten im Stahlbau vorkommenden Knick- und Beulprobleme sind die Lösungsergebnisse der Stabilitätstheorie in DIN 18800-2 bis DIN 18800-4 in Form praxisgerechter Beziehungen und Rechenregeln zusammengefasst.

Wir beschränken uns im Rahmen dieser Einführung auf die Behandlung des sogenannten Eulerstabes, da für die ausführliche Darstellung der Stabilitätstheorie ein eigenes Bändchen erforderlich wäre.

## 2.4 Der Knickstab

Wir wollen nun einen Stab untersuchen, der eine exakt gerade Stabachse hat und durch eine exakt mittig wirkende Druckkraft beansprucht wird.

### 2.4.1 Der beidseitig gelenkig gelagerte Stab

Wie schon erwähnt, stellt der Knickstab das älteste untersuchte Stabilitätsproblem dar. Wir gehen bei seiner Behandlung aus von den Ergebnissen der Untersuchung des exzentrisch gedrückten Stabes, Abschnitt 2.2. Dort erhielten wir als Differenzialgleichung des allgemeinen Problems den Ausdruck $E \cdot I \cdot w^{IV} + F \cdot w'' = 0$ und mit

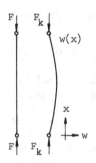

**Bild 85**

$$\alpha = \sqrt{\frac{F}{E \cdot I}} \quad \text{die Beziehung}$$

$$w^{IV} + \alpha^2 \cdot w'' = 0$$

mit der Lösung

$$w(x) = A \cdot \sin(\alpha \cdot x) + B \cdot \cos(\alpha \cdot x) + C \cdot x + D$$

und deren Ableitungen

$$w'(x) = \; A \cdot \alpha \cdot \cos(\alpha \cdot x) - \; B \cdot \alpha \cdot \sin(\alpha \cdot x) + C$$

$$w''(x) = -A \cdot \alpha^2 \cdot \sin(\alpha \cdot x) - B \cdot \alpha^2 \cdot \cos(\alpha \cdot x)$$

Die in der Lösung enthaltenen vier Konstanten A bis D bestimmen wir - wie in Abschnitt 2.2 - aus den Randbedingungen $w(0) = 0$, $w''(0) = 0$, $w(l) = 0$, $w''(l) = 0$. Sie liefern uns das Gleichungssystem

| A | B | C | D | rechte Seite |
|---|---|---|---|---|
| 0 | 1 | 0 | 1 | 0 |
| 0 | $-\alpha^2$ | 0 | 0 | 0 |
| $\sin(\alpha \cdot l)$ | $\cos(\alpha \cdot l)$ | $l$ | 1 | 0 |
| $-\alpha^2 \cdot \sin(\alpha \cdot l)$ | $-\alpha^2 \cdot \cos(\alpha \cdot l)$ | 0 | 0 | 0 |

Dieses homogene Gleichungssystem hat die Lösung $A = B = C = D = 0$. Das bedeutet $w(x) \equiv 0$, liefert also die Biegelinie des nicht-ausgebogenen Stabes. Dieses ist die sogenannte triviale Lösung. Wir müssen deshalb überlegen, ob es noch eine andere Möglichkeit gibt, dieses Gleichungssystem zu erfüllen, wobei die Konstanten A bis D nicht sämtlich verschwinden.

Dazu betrachten wir vorab ein einfacheres System, und zwar die beiden Gleichungen

$$\left| \begin{array}{l} a \cdot A + b \cdot B = 0 \\ c \cdot A + d \cdot B = 0 \end{array} \right.$$  für die beiden Unbekannten A und B.

Aus der ersten Gleichung eliminieren wir $A = -\dfrac{b}{a} \cdot B$ und setzen dies in die zweite

Gleichung ein: $\quad -c \cdot \dfrac{b}{a} \cdot B + d \cdot B = 0 \quad$ oder $\quad B \cdot \left( -c \cdot \dfrac{b}{a} + d \right) = 0 \quad$ oder aber

$B \cdot (a \cdot d - b \cdot c) = 0$. In Worten besagt diese Beziehung, dass entweder B gleich Null ist oder der Klammerausdruck $(a \cdot d - b \cdot c)$. $B = 0$ liefert $A = 0$, das ist die triviale

Lösung. Bei $\quad a \cdot d - b \cdot c = 0 \quad$ bleibt B unbestimmt und ist ja dann $\quad A = -\dfrac{b}{a} \cdot B$.

Den Ausdruck $a \cdot d - b \cdot c = Det$ nennt man bekanntlich Koeffizientendeterminante und sagt: Ein homogenes Gleichungssystem hat eine nicht-triviale Lösung, wenn die Koeffizientendeterminante verschwindet.

Nun wieder zu unserem Fall. In unserem Fall ergibt sich für die Koeffizientendeterminante: $Det = -\alpha^4 \cdot l \cdot \sin(\alpha \cdot l)$. $Det = 0$ liefert, da ja $l$ und $\alpha$ nicht verschwinden, $\sin(\alpha \cdot l) = 0$. Der Sinus eines Winkels kann jedoch nur verschwinden, wenn der Winkel die Werte $0, \pi, 2\pi, 3\pi$ usw. annimmt. Die Bedingung $\sin(\alpha \cdot l) = 0$ liefert deshalb sowohl

$$\alpha_0 \cdot l = \sqrt{\frac{F_{k0}}{E \cdot I}} \cdot l = 0 \qquad\qquad\qquad F_{k0} = 0$$

als auch

$$\alpha_1 \cdot l = \sqrt{\frac{F_{k1}}{E \cdot I}} \cdot l = \pi \qquad\qquad\qquad F_{k1} = \frac{E \cdot I \cdot \pi^2}{l^2}$$

als auch

$$\alpha_2 \cdot l = \sqrt{\frac{F_{k2}}{E \cdot I}} \cdot l = 2 \cdot \pi \qquad\qquad\qquad F_{k2} = 4 \cdot \frac{E \cdot I \cdot \pi^2}{l^2}$$

usw.

Und nun in Worten: Erfüllen die Systemgrößen F, E, I und $l$ eine der Bedingungen $F = E \cdot I \cdot \pi^2/l^2$, $F = 4 \cdot E \cdot I \cdot \pi^2/l^2$, $F = 9 \cdot E \cdot I \cdot \pi^2/l^2$ usw., dann werden die durch das o. a. Gleichungssystem ausgedrückten (Rand-) Bedingungen erfüllt, ohne dass alle Koeffizienten A bis D verschwinden: Es gibt dann neben $w(x) \equiv 0$ andere Biegelinien $w(x)$, die auch die Randbedingungen erfüllen. Diese Biegelinien, man spricht auch von Knickfiguren, ermitteln wir jetzt.

Wenn $\sin(\alpha \cdot l) = 0$, dann muss sein $\cos(\alpha \cdot l) = 1$. Die letzte Gleichung des Systems auf der vorigen Seite kann dann nur erfüllt werden mit B = 0. Dann kann die erste Gleichung nur erfüllt werden mit D = 0 und schließlich die dritte wegen B = D = 0 nur mit C = 0. Der Koeffizient A bleibt unbestimmt, die Knickfigur (Biegelinie) hat also die Form einer Sinuskurve: $w(x) = A \cdot \sin(\alpha \cdot x)$.

Verarbeitung der die Bedingung $\sin(\alpha \cdot l) = 0$ erfüllenden Beziehungen ergibt nun: $\alpha \cdot l = \pi$, $\alpha \cdot l = 2 \cdot \pi$, $\alpha \cdot l = 3 \cdot \pi$ usw. Und: $\alpha_1 = \pi/l$, $\alpha_2 = 2 \cdot \pi/l$, $\alpha_3 = 3 \cdot \pi/l$ usw.

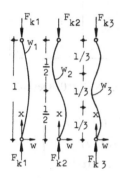

**Bild 86** Knicklasten und Knickfiguren

Damit erhalten wir zu jeder Knicklast die zugehörige Knickfigur (Bild 86):

$$w_1(x) = A \cdot \sin(\pi \cdot \frac{x}{l}), \quad w_2(x) = A \cdot \sin(2 \cdot \pi \cdot \frac{x}{l}), \quad w_3(x) = A \cdot \sin(3 \cdot \pi \cdot \frac{x}{l}).$$

Mechanisch bedeutet dies folgendes: Bei Ansteigen der Last F erreicht der Stab bei $F = F_{k1}$ seine Stabilitätsgrenze. Steigt F weiter an, so weicht der Stab bei der geringsten Störung in die benachbarte Gleichgewichtslage entsprechend der ersten Knickfigur aus. Findet keine Störung statt, so bleibt der Stab gerade; die Last kann weiter ansteigen. Wird die Last größer als $F_{k2}$, so weicht der Stab bei der geringsten Störung in die benachbarte Gleichgewichtslage entsprechend der zweiten Knickfigur aus. Dieser Fall freilich wird praktisch kaum auftreten, weil fast immer eine kleine Störung auftritt. Ja, nicht einmal die erste Knicklast wird i. A. erreicht wegen Nichterfüllung der idealisierenden Voraussetzungen.

## 2.4.2 Der einseitig gelenkig gelagerte Stab

Beim einseitig eingespannten Stab nach Bild 87 lauten jetzt die Randbedingungen $w(0) = 0$, $w'(0) = 0$, $w(l) = 0$ und $w''(l) = 0$. Eingesetzt in die Gleichung der Verschiebung $w(x) = A \cdot \sin(\alpha \cdot x) + B \cdot \cos(\alpha \cdot x) + C \cdot x + D$ und deren Ableitungen liefern sie das Gleichungssystem

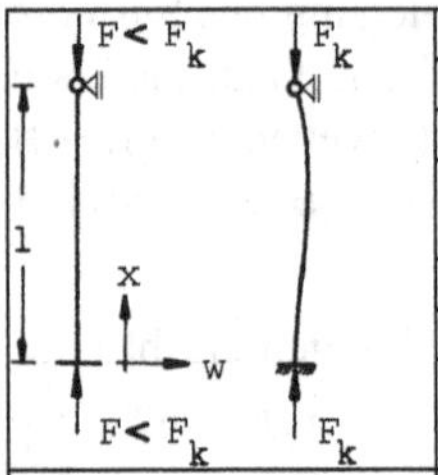

| | A | B | C | D | rechte Seite |
|---|---|---|---|---|---|
| | $0$ | $1$ | $0$ | $1$ | $0$ |
| | $\alpha$ | $0$ | $1$ | $0$ | $0$ |
| | $\sin(\alpha \cdot l)$ | $\cos(\alpha \cdot l)$ | $l$ | $1$ | $0$ |
| | $-\alpha^2 \cdot \sin(\alpha \cdot l)$ | $-\alpha^2 \cdot \cos(\alpha \cdot l)$ | $0$ | $0$ | $0$ |

Bild 87

Wie zuvor ergibt sich auch hier die triviale Lösung $A = B = C = D = 0$. Deshalb ermitteln wir wieder die Koeffizientendeterminante

$$\text{Det} = -1,0 \cdot \begin{vmatrix} \alpha & 1 & 0 \\ \sin(\alpha \cdot l) & l & 1 \\ -\alpha^2 \cdot \sin(\alpha \cdot l) & 0 & 0 \end{vmatrix} -1,0 \cdot \begin{vmatrix} \alpha & 0 & 1 \\ \sin(\alpha \cdot l) & \cos(\alpha \cdot l) & l \\ -\alpha^2 \cdot \sin(\alpha \cdot l) & -\alpha^2 \cdot \cos(\alpha \cdot l) & 0 \end{vmatrix}$$

$$\text{Det} = \alpha^2 \cdot \sin(\alpha \cdot l) - \alpha^3 \cdot l \cdot \cos(\alpha \cdot l)$$

Sie wird gleich Null gesetzt, was liefert $\sin(\alpha \cdot l) - \alpha \cdot l \cdot \cos(\alpha \cdot l) = 0$ oder umgeformt $\tan(\alpha \cdot l) = \alpha \cdot l$.

Diese transzendente Gleichung lässt sich nicht geschlossen lösen. Einer graphischen Darstellung (Bild 88) der Kurven $y_1 = \tan(\alpha \cdot l)$ und $y_2 = \alpha \cdot l$ entnehmen wir, dass die Gleichung für etwa $\alpha \cdot l = 4,5$ erfüllt wird. Eine genauere Rechnung liefert dann $\alpha \cdot l = 4,494$. Damit ergibt sich

$$\sqrt{\frac{F_k}{E \cdot I}} \cdot l = 4,494 \quad \text{bzw.} \quad F_k = \frac{20,19 \cdot E \cdot I}{l^2} \quad \text{bzw.} \quad F_k = \frac{E \cdot I \cdot \pi^2}{(0,70 \cdot l)^2}.$$

Wie ein Blick auf Bild 88 zeigt, ist dies die niedrigste Knicklast $F_{k1}$. Aus den bekannten Gründen interessieren die Werte der höheren Knicklasten praktisch nicht. Der zweiten Darstellung von $F_k$ entnehmen wir, dass die Knicklast des einseitig gelenkig gelagerten Stabes sich nach der gleichen Formel errechnen lässt wie diejenige des beidseitig gelenkig gelagerten Stabes, wenn man die Knicklänge $s_k$ einführt:

$$F_k = \frac{E \cdot I \cdot \pi^2}{s_k^2},$$

$s_k = 0,70 \cdot l$ bei einseitig gelenkiger Lagerung

$s_k = 1,00 \cdot l$ bei beidseitig gelenkiger Lagerung.

Dies hängt damit zusammen, dass der Wendepunkt der Biegelinie $0,70 \cdot l$ vom frei drehbar gelagerten Rande entfernt liegt.

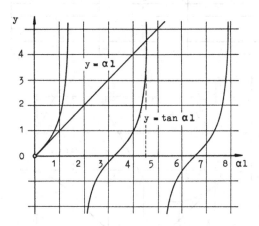

**Bild 88** Zur graphischen Lösung der Gleichung $y = \tan(\alpha \cdot l) - \alpha \cdot l$

Wir benutzen diese Erkenntnis, um die Knicklängen und Knicklasten von zwei weiteren Knickstäben zu bestimmen. Dies sind der beidseitig eingespannte Stab und der frei auskragende Stab. Bild 89 entnehmen wir, dass die Knicklänge des beidseitig eingespannten Stabes gleich ist der halben Stablänge. Bild 91 zeigt, dass die Knicklänge des frei auskragenden Stabes gleich der doppelten Stablänge ist: $s_k = 2 \cdot l$.

Grundsätzlich gilt also $F_k = \dfrac{E \cdot I \cdot \pi^2}{s_k^2}$

mit $s_k = 1,00 \cdot l$ beim beidseitig gelenkig gelagerten Stab       (I)

und $s_k = 0,70 \cdot l$ beim einseitig gelenkig gelagerten Stab       (II)

und $s_k = 0,50 \cdot l$ beim beidseitig starr eingespannten Stab       (III)

und $s_k = 2,00 \cdot l$ beim frei auskragenden Stab       (IV)

Obwohl damit die praktisch interessierenden Fragen bezüglich des Einzelstabes beantwortet sind, teilen wir in den folgenden zwei Abschnitten den Rechnungsgang für Fall III u. IV mit.

### 2.4.3 Der beidseitig eingespannte Stab

Wie Bild 89 zeigt, lauten die Randbedingungen $w(0) = 0$, $w'(0) = 0$, $w(l) = 0$ und $w'(l) = 0$. Damit ergibt sich das Gleichungssystem

| A | B | C | D | rechte Seite |
|---|---|---|---|---|
| 0 | 1 | 0 | 1 | 0 |
| $\alpha$ | 0 | 1 | 0 | 0 |
| $\sin(\alpha \cdot l)$ | $\cos(\alpha \cdot l)$ | $l$ | 1 | 0 |
| $\alpha \cdot \cos(\alpha \cdot l)$ | $-\alpha \cdot \sin(\alpha \cdot l)$ | 1 | 0 | 0 |

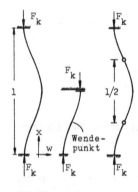

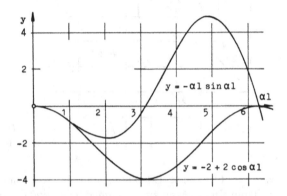

**Bild 89** Knicklänge des beid-    **Bild 90** Graphische Lösung der Knickgleichung
seitig eingespannten Stabes

Die Koeffizientendeterminante zu Null gesetzt liefert die sogenannte Knickgleichung $-2 + 2 \cdot \cos(\alpha \cdot l) + \alpha \cdot l \cdot \sin(\alpha \cdot l) = 0$. Sie hat, wie ein Blick auf Bild 90 zeigt, die Lösung $\alpha \cdot l = 2 \cdot \pi$. Das bedeutet für die Knicklast

$$F_k = \frac{E \cdot I \cdot 4 \cdot \pi^2}{l^2} = \frac{E \cdot I \cdot \pi^2}{\left(\dfrac{l}{2}\right)^2} .$$

## 2.4.4 Der frei auskragende Stab

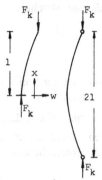

**Bild 91** Frei auskragende Druckstab

Wie Bild 91 zeigt, lauten die Randbedingungen $w(0) = 0$, $w'(0) = 0$, $w''(l) = 0$ und das Einspannmoment beträgt $M(0) = -F \cdot w(l)$. Die letzte Randbedingung formen wir mit den uns schon bekannten Ausdrücken um, bevor wir die Koeffizientendeterminante anschreiben:

$$M(x = 0) = -F \cdot w(x = l)$$

$$-w''(0) \cdot E \cdot I = -F \cdot w(l)$$

$$-w''(0) = -\frac{F}{E \cdot I} \cdot w(l)$$

$$w''(0) - \alpha^2 \cdot w(l) = 0$$

Dann erhält man mit $w(0) = 0$, $w'(0) = 0$, $w''(l) = 0$ und $w''(0) - \alpha^2 \cdot w(l) = 0$ das Gleichungssystem

| A | B | C | D | rechte Seite |
|---|---|---|---|---|
| 0 | 1 | 0 | 1 | 0 |
| $\alpha$ | 0 | 1 | 0 | 0 |
| $-\alpha^2 \cdot \sin(\alpha \cdot l)$ | $-\alpha^2 \cdot \cos(\alpha \cdot l)$ | 0 | 0 | 0 |
| $-\alpha^2 \cdot \sin(\alpha \cdot l)$ | $-\alpha^2 - \alpha^2 \cdot \cos(\alpha \cdot l)$ | $-\alpha^2 \cdot l$ | $-\alpha^2$ | 0 |

Nach einigen Rechnungen führt das zur Knickgleichung $\cos(\alpha \cdot l) = 0$. Sie hat die kleinste nicht-triviale Lösung $\alpha \cdot l = \frac{\pi}{2}$. Das bedeutet $F_k = \frac{E \cdot I \cdot \pi^2}{4 \cdot l^2} = \frac{E \cdot I \cdot \pi^2}{(2 \cdot l)^2}$. Damit sind für alle vier Lagerungsfälle des Einzelstabes die Knicklasten bekannt. Wie man von ihnen auf die zulässigen Druckkräfte kommt, zeigt der nächste Abschnitt.

## 2.5 Knicksicherheit, Bemessungsverfahren

Wir haben gesehen, dass beim Einzelstab die Knicklast proportional ist der Steifigkeit $E \cdot I$ und umgekehrt proportional dem Quadrat der Knicklänge $s_k$: $F_{ki} = E \cdot I \cdot \pi^2 / s_k^2$. Der zusätzlich angebrachte Index i soll darauf hinweisen, dass dies einen idealen Werkstoff (E = const) voraussetzt. Wir wollen unsere weiteren Überlegungen unabhängig vom Trägheitsmoment I anstellen und formen die obere Beziehung deshalb etwas um:

Mit $F_{ki} = \sigma_{ki} \cdot A$ und dem Trägheitsradius $i = \sqrt{\dfrac{I}{A}}$ und der Schlankheit $\lambda = \dfrac{s_k}{i}$

ergibt sich

$$\sigma_{ki} = \frac{F_{ki}}{A} = \frac{E \cdot I \cdot \pi^2}{A \cdot s_k^2} = E \cdot \frac{i^2}{s_k^2} \cdot \pi^2 = E \cdot \frac{\pi^2}{\lambda^2}$$

Setzen wir hier als Spannung die Fließspannung $f_{yk}$ ein und stellen nach der Schlankheit $\lambda$ um, dann ergibt sich die sogenannte

Bezugsschlankheit $\qquad \lambda_1 = \sqrt{\dfrac{E}{f_{y,k}}} \cdot \pi$

Stahlgüte $\qquad$ S235 $\qquad \lambda_1 = \sqrt{\dfrac{210000}{235}} \cdot \pi = 93,9$

Stahlgüte $\qquad$ S355 $\qquad \lambda_1 = \sqrt{\dfrac{210000}{355}} \cdot \pi = 76,4$

Bezogener Schlankheitsgrad $\qquad \overline{\lambda} = \dfrac{\lambda}{\lambda_1}$

Setzen wir nun die Bezugsschlankheit in unsere obige Formel für die Knickspannung ein, so ergibt sich:

$$\sigma_{k,i} = E \cdot \frac{\pi^2}{\lambda_1^2} \cdot \frac{1,0}{\overline{\lambda}^2} \approx f_{y,k} \cdot \kappa$$

Der letzte Ausdruck $\kappa$ wird mit „Abminderungsfaktor" bezeichnet. In Wirklichkeit ist er nicht nur vom Kehrwert des Quadrates der bezogenen Schlankheit abhängig.

Nur für große Schlankheitsgrade gilt $\kappa \approx 1,0 / \overline{\lambda}^2$. Die genauen Werte sind in verschiedenen sogenannten „Knickspannungslinien" im Eurocode angegeben und finden sich z. B. in Wendehorst „Bautechnische Zahlentafeln", 35. Auflage.

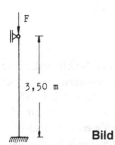

**Bild 92**

Hier ein kleines Anwendungsbeispiel (Bild 92). Für ein IPB400 aus Baustahl S235 (alte Bezeichnung: St 37), der eine Druckkraft von 1000 kN aus Eigengewicht und 100 kN aus einer Verkehrslast tragen soll ist der Nachweis zu führen. Siehe Bild 92.
Lösung: Aus der Eigengewichtslast und der Verkehrslast muss zuerst die Bemessungslast bestimmt werden. Dazu sind diese sogenannten charakteristischen Lasten noch mit Teilsicherheitsfaktoren zu multiplizieren.

IPB400 (s. Tabellenbuch)  $\quad A = 91,0 \text{ cm}^2 \quad$ und $\quad i = i_{min} = i_z = 5,59 \text{ cm}^2$

Bemessungslast: $\quad N_d = 1,35 \cdot 1000 + 1,50 \cdot 100 = 1500 \text{ kN}$

Knicklänge des System: $\quad s_k = 0,7 \cdot 3,50 = 2,45 \text{ m}$

Schlankheit: $\quad \lambda = \dfrac{s_k}{i} = \dfrac{245 \text{ cm}}{5,59 \text{ cm}} = 43,8$

Baustahl S235 (St 37) : $\quad f_{y,k} = 235 \text{ N} / \text{mm}^2 = 23,5 \text{ kN} / \text{cm}^2$

Festigkeit: $\quad f_d = \dfrac{23,5}{1,1} = 21,4 \dfrac{\text{kN}}{\text{cm}^2}$

Bezugsschlankheit: $\quad \lambda_1 = 93,9$

Bezogene Schlankheit: $\quad \overline{\lambda} = \dfrac{\lambda}{\lambda_1} = \dfrac{43,8}{93,9} = 0,47$

Ablesung aus einer Tabelle (Knickspannungslinie „c", Knicken $\perp$ zur z-Achse)
Abminderungsfaktor: $\quad \chi \approx 0,86$

Aufnehmbare Spannung: $\quad \text{aufn.} \sigma = \kappa \cdot f_d = 0,86 \cdot 21,4 = 18,4 \text{ kN} / \text{cm}^2$

Vorhandene Spannung:      $\text{vorh. } \sigma = \dfrac{N_d}{A} = \dfrac{1500}{91,0} = 16,5 \text{ kN/cm}^2$

Nachweis:                 $\dfrac{\text{vorh. } \sigma}{\text{aufn. } \sigma} = \dfrac{16,5}{18,4} = 0,90 < 1,00 \quad$ Nachweis erfüllt!

**Zusammenfassung von Kapitel 2**

In diesem Kapitel haben wir die mechanischen Grundlagen der Stabilitätstheorie kennengelernt. Dazu wurde eingangs die Theorie 2. Ordnung vorgestellt, die bei Stabilitätsuntersuchungen grundsätzlich anzuwenden ist. Der zunächst behandelte exzentrisch belastete Einzelstab stellt ein sogenanntes Spannungsproblem dar, der zentrisch gedrückte Einzelstab ein Stabilitätsproblem. Wir erwähnen das ausdrücklich, weil in der Stahlbaupraxis entsprechend den Vorschriften auch Spannungsprobleme (wie z.B. Rahmenstützen) untersucht werden und somit äußerlich als Stabilitätsproblem behandelt werden, (im Holzbau ist es ebenso).

# 3 Der Balken auf elastischer Unterlage

Im vorigen Kapitel haben wir die Grundzüge der Theorie 2. Ordnung kennengelernt und ein Konstruktionselement, das nur unter Anwendung dieser Theorie untersucht werden kann: den Knickstab. In diesem Kapitel lernen wir ein zweites konstruktives Bauteil kennen, dessen Behandlung nur mit Hilfe der Theorie 2. Ordnung möglich ist: den elastisch gebetteten Balken.

## 3.1 Grundlagen

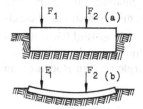

**Bild 93** Elastisch gebetteter Balken

In der Praxis begegnen wir dem Balken auf elastischer Unterlage in Form von Fundamentbalken mit Einzellasten, zum Beispiel wie in Bild 93 dargestellt. Dabei interessieren stets zwei Fragen:

1) Wie sieht die Verteilung der Spannungen in der Unterlage, die Bodenpressung aus?

2) Wie sieht die Verteilung der Spannungen innerhalb des Balkens, also der Verlauf der Schnittgrößen aus?

Diese beiden Fragen können i. A. nur gemeinsam beantwortet werden, da der Verlauf der Schnittgrößen von der Verteilung der Sohlpressung abhängt und umgekehrt.

Es gibt nun eine ebenso einfache wie i. A. falsche Methode, die obigen Fragen zu beantworten: Man dreht den Balken um [23] und ermittelt diejenige verteilte Belastung, deren Resultierende in Größe, Richtung und Wirkungslinie entgegengesetzt gleich ist der angreifenden Kraft oder der Resultierenden der angreifenden Kräfte (Bild 94).

Weshalb ist diese Methode falsch? Weil sie die Entstehung der Bodenpressung (= verteilte Belastung) unberücksichtigt lässt. Es wird nämlich stillschweigend vorausgesetzt, dass die Verteilung der Belastung geradlinig sein muss, dass also die Belastungsfunktion linear ist. Das jedoch ist durchaus nicht erforderlich: Auch eine nichtlineare Lastverteilung kann die angreifenden Kräfte ins Gleichgewicht bringen.

---

[23] Natürlich ist das Umdrehen des Balkens nicht erforderlich.

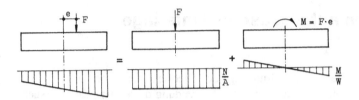

**Bild 94** Sohlpressung unter einem starren Balken

Die nächste Frage ist deshalb: Wovon hängt die (Verteilung der) Bodenpressung ab
und welches mechanische Modell lässt sich hier verwenden? Nun, wir beobachten,
dass mit der Bodenpressung eine Setzung einher geht und beschließen, diese beiden
Größen nach Art des Hookeschen Gesetzes linear miteinander zu verknüpfen:
$p_s = C_b \cdot w$. Wenn wir dabei die Bodenpressung $p_s$ in kN/m$^2$ angeben und die Setzung w in m, erhalten wir die Bettungszahl $C_b$ in kN/m$^3$. Wie in Bild 93(b) dargestellt, verlaufen die Setzungen i. A. nicht geradlinig; sie tun es nur dann, wenn der
Fundamentkörper als starr angesehen werden kann im Vergleich zum Boden (dann
ist die vereinfachte Berechnung zulässig).

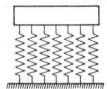

**Bild 95** Bodenidealisierung

In allen anderen Fällen beeinflusst die Verformung des Fundamentes über die Sohlpressung die Schnittgrößen, die ihrerseits wieder die Verformung beeinflussen. Wir
müssen deshalb das System Balken-Boden betrachten, wozu wir den Boden ideali-
sieren müssen: Wir nehmen an, der Boden sei ersetzt durch eine dichte Reihe gegenseitig unabhängiger Federn (Bild 95). Wir eliminieren also die Reibungskräfte
im Boden und klammern damit insbesondere jede Wirkung des umliegenden Bodens auf den Boden unterhalb des betrachteten Balkens aus.

Zusammenfassend stellen wir fest: Da der Einfluss der Verformung auf die inneren
Kräfte berücksichtigt werden muss, ist zur Lösung des anstehenden Problems die
Theorie 2. Ordnung heranzuziehen. Selbstverständlich ist damit das Problem sozu-
sagen automatisch statisch unbestimmt[24].

---

[24] Statisch unbestimmt ist ein System dann, wenn zur Bestimmung aller Stütz- und Schnittgrößen Gleichgewichtsbetrachtungen allein nicht ausreichen und zusätzlich die Verformungen betrachtet werden müssen.

## 3.2 Die Differenzialgleichung des Problems und deren allgemeine Lösung

In Bild 94 ist ein Fundamentbaken in verformtem Zustand so wie ein Element daraus dargestellt. Angegeben sind wie immer bei Balken Streckenlasten, weshalb $p_s$ multipliziert mit der Balkenbreite b maßgebend ist.

Nach unseren schon früher angestellten Überlegungen gilt

$$\frac{dV}{dx} = -q + p_s \cdot b \quad \text{bzw.} \quad \frac{d^2M}{dx^2} = -q + p_s \cdot b \,.$$

Wegen $\dfrac{d^2M}{dx^2} = -E \cdot I \cdot w^{IV}$ können wir also schreiben $E \cdot I \cdot w^{IV} = q - p_s \cdot b$. In diese Beziehung führen wir $p_s = C_b \cdot w$ ein und erhalten die Differentialgleichung des Bettungszahlverfahrens $E \cdot I \cdot w^{IV} + b \cdot C_b \cdot w = q$.

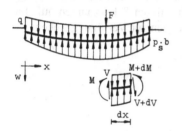

**Bild 96** Zur Gleichgewichtsbetrachtung des Stabelements

Wir beschränken uns hinfort auf den Sonderfall, dass nur Einzellasten auf den Balken wirken, da Streckenlasten entweder direkt in den Boden abgeleitet wenden ohne nennenswerte Biegemomente im Balken zu erzeugen oder, wenn sie entlang einer kurzen Strecke wirken, zu Einzellasten zusammengefasst werden können. Wir erhalten dann die homogene DGL mit konstanten Koeffizienten $\dfrac{E \cdot I}{b \cdot C_b} \cdot w^{IV} + w = 0$

oder mit der Abkürzung $s = \sqrt[4]{\dfrac{4 \cdot E \cdot I}{b \cdot C_b}}$, der sogenannten charakteristischen oder auch elastischen Länge,

$$\frac{s^4}{4} \cdot w^{IV} + w = 0$$

Diese DGL hat die allgemeine Lösung

$$w(x) = e^{\frac{x}{s}} \cdot \left[ A \cdot \cos\frac{x}{s} + B \cdot \sin\frac{x}{s} \right] + e^{\frac{-x}{s}} \cdot \left[ C \cdot \cos\frac{x}{s} + D \cdot \sin\frac{x}{s} \right]$$

oder mit

$$\beta = 1,0 / s \text{, also } \frac{x}{s} = \beta \cdot x$$

$$w(x) = e^{\beta \cdot x} \cdot [A \cdot \cos(\beta \cdot x) + B \cdot \sin(\beta \cdot x)] + e^{-\beta \cdot x} \cdot [C \cdot \cos(\beta \cdot x) + D \cdot \sin(\beta \cdot x)].$$

Wir gewinnen bekanntlich die spezielle Lösung eines Problems, dadurch, dass wir mit Hilfe der Randbedingungen die Integrationskonstanten A bis D bestimmen.

## 3.3 Der Balken mit einer Einzellast

In dem allgemeinen Fall einer nicht-symmetrisch platzierten Einzellast (Bild 97) ist, wie früher gezeigt, bereichsweise vorzugehen. Dabei treten 8 Konstanten auf, für deren Ermittlung diese Rand- und Übergangsbedingungen zur Verfügung stehen:

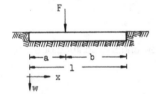

**Bild 97**

$$M_I(0) = 0; \ V_I(0) = 0; \ w_I(a) = w_{II}(a); \ w'_I(a) = w'_{II}(a)$$

$$M_I(a) = M_{II}(a); \ V_I(a) = V_{II}(a) + F; \ M_{II}(l) = 0; \ V_{II}(l) = 0.$$

Das daraus folgende Gleichungssystem kann nun formuliert und gelöst werden. Die Lösung ist bekannt; sie ist, wie wir gleich sehen werden, tabellarisch ausgewertet worden. Wir verzichten deshalb auf die Vorführung der Rechnung und zeigen diese an einem einfacheren Beispiel, dem symmetrisch beanspruchten Balken in Bild 98.

Für die Bildung der Ableitungen ist es vorteilhaft, die o. a. Lösung etwas anders zu schreiben:

$$w(x) = [A \cdot e^{\beta x} + C \cdot e^{-\beta x}] \cdot \cos(\beta x) + [B \cdot e^{\beta x} + D \cdot e^{-\beta x}] \cdot \sin(\beta x).$$

Wir geben diese Gleichung und ihre vier Ableitungen tabellarisch an:

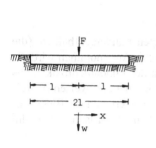

**Bild 98**

| linke S | rechte Seite | | | |
|---|---|---|---|---|
| | $\cos(\beta \cdot x)$ | | $\sin(\beta \cdot x)$ | |
| | $e^{\beta x}$ | $e^{-\beta x}$ | $e^{\beta x}$ | $e^{-\beta x}$ |
| $w(x)$ | A | C | B | D |
| $\dfrac{1,0}{\beta} \cdot w'(x)$ | $A + B$ | $-C + D$ | $-A + B$ | $-C - D$ |
| $\dfrac{1,0}{2 \cdot \beta^2} \cdot w''$ | B | $-D$ | $-A$ | C |
| $\dfrac{1,0}{2 \cdot \beta^3} \cdot w'''$ | $-A + B$ | $C + D$ | $-A - B$ | $-C + D$ |
| $\dfrac{1,0}{4 \cdot \beta^4} \cdot w^{IV}$ | $-A$ | $-C$ | $-B$ | $-D$ |

Wegen der Symmetrie des Systems können wir unsere Untersuchung auf eine Balkenhälfte, sagen wir die rechte, beschränken. Durch Spiegelung der so bestimmten Lösung an der Symmetrieebene ergibt sich die Lösung in der linken Balkenhälfte. Zur Bestimmung der vier Integrationskonstanten A bis D stehen diese Randbedingungen zur Verfügung:

$$w'(0) = 0; \quad -E \cdot I \cdot w'''(0) = -\frac{F}{2}; \quad w''(l) = 0; \quad w(l)''' = 0.$$

Ihre Verarbeitung liefert dieses Gleichungssystem:

$$A - C + B + D = 0;$$

$$2 \cdot \beta^3 \cdot E \cdot I \cdot (A - C - B - D) = -\frac{F}{2};$$

$$[A \cdot e^{\beta l} - C \cdot e^{-\beta l}] \cdot \sin(\beta \cdot l) - [B \cdot e^{\beta l} - D \cdot e^{-\beta l}] \cdot \cos(\beta \cdot l) = 0;$$

$$[A \cdot e^{\beta l} + C \cdot e^{-\beta l}] \cdot \sin(\beta \cdot l) + [A \cdot e^{\beta l} - C \cdot e^{-\beta l}] \cdot \cos(\beta \cdot l)$$
$$- [B \cdot e^{\beta l} + D \cdot e^{-\beta l}] \cdot \cos(\beta \cdot l) + [B \cdot e^{\beta l} - D \cdot e^{-\beta l}] \cdot \sin(\beta \cdot l) = 0;$$

Dieses System hat die Lösung

$$A = \frac{F}{16 \cdot E \cdot I \cdot \beta^3} \cdot \frac{2 + e^{-2 \cdot \beta \cdot l} + \cos(2 \cdot \beta \cdot l) - \sin(2 \cdot \beta \cdot l)}{\sinh(2 \cdot \beta \cdot l) + \sin(2 \cdot \beta \cdot l)}; \quad C = \frac{F}{8 \cdot E \cdot I \cdot \beta^3} + A;$$

$$B = \frac{F}{16 \cdot E \cdot I \cdot \beta^3} \cdot \frac{-e^{-2 \cdot \beta \cdot l} + \cos(2 \cdot \beta \cdot l) + \sin(2 \cdot \beta \cdot l)}{\sinh(2 \cdot \beta \cdot l) + \sin(2 \cdot \beta \cdot l)}; \quad D = \frac{F}{8 \cdot E \cdot I \cdot \beta^3} - B;$$

Damit sind alle Koeffizienten in dem Ausdruck für w(x) bekannt. Die Biegelinie kann also angegeben werden und ebenso die Sohlpressung $p_s(x) = C_b \cdot w(x)$. Die Schnittgrößen V und M ergeben sich zu

$$V(x) = - E \cdot I \cdot w'''(x) \quad \text{und} \quad M(x) = - E \cdot I \cdot w''(x).$$

Als Zahlenbeispiel berechnen wir den in Bild 99 gezeigten Fundamentbalken. (die 800 kN sind als Resultierende einer Linienlast zu verstehen). Angenommen wird die Bettungsziffer $C_b = 0,1$ kN/cm$^3$ für feinen Kiessand. Da der Fundamentbalken aus Stahlbeton durch die Beanspruchung gebogen wird, ist mit einem teilweisen Aufreißen (Zustand II) des Querschnitts zu rechnen. Dadurch verringert sich die Biegesteifigkeit. Deshalb setzen wir hier nur einen geringen Wert für den Elastizitätsmodul von E = 2100 kN/cm$^2$ für den Fundamentbalken an.

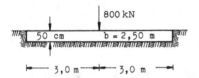

**Bild 99** Zahlenbeispiel

Es ergibt sich:

$$I = 250 \cdot \frac{50^3}{12} = 0,26 \cdot 10^7 \text{ cm}^4$$

$$E \cdot I = 2,1 \cdot 10^3 \cdot 0,26 \cdot 10^7 = 0,546 \cdot 10^{10} \text{ kNcm}^2$$

$$s = \sqrt[4]{\frac{4 \cdot E \cdot I}{C_b \cdot b}} = \sqrt[4]{\frac{4 \cdot 0,546 \cdot 10^{10}}{0,1 \cdot 250}} = 171,9 \text{ cm} \approx 1,72 \text{ m (charakteristische}$$

Länge)

$$\beta = 1,0 / s = 1,0 / 171,9 = 5,817 \cdot 10^{-1} \text{ cm}^{-1};$$

$$\beta^2 = 33,83 \cdot 10^{-6}; \qquad \beta^3 = 196,8 \cdot 10^{-9}$$

$$\beta \cdot l = 5,817 \cdot 10^{-3} \cdot 300 = 1,745; \qquad \begin{array}{l} e^{\beta l} = 5,73; \\ e^{-\beta l} = 0,1746; \end{array} \qquad \begin{array}{l} \sin \beta l = 0,985; \\ \cos \beta l = -0,173; \end{array}$$

$$2 \cdot \beta \cdot l = 3,49; \quad \begin{array}{l} e^{2\beta l} = 32,78; \\ e^{-2\beta l} = 0,0305; \end{array} \quad \sinh(2\beta l) = 16,38 \qquad \begin{array}{l} \sin 2\beta l = -0,341; \\ \cos 2\beta l = -0,940; \end{array}$$

Mit diesen Vorwerten ergeben sich die Integrationskonstanten zu:

A = 0,00457;    B = - 0,00381;    C = 0,0976;    D = 0,0969.

Damit lassen sich alle erwünschtem Größen errechnen. Es ist z.B. $w(0) = 0,10$ cm; $p_s(0) = 0,01$ kN/cm$^2$ = 100 kN/m$^2$ ; $M(0) = 372$ kNm; $w(300) = -0,01$ cm.

Die hierbei auftretende negative Sohlpressung im Bereich der Balkenenden muss durch verteilt angreifende Lasten (z.B. das Eigengewicht des Balkens) überdrückt werden, damit das Ergebnis Gültigkeit hat. Andernfalls muss iterativ ein kürzerer Balken ermittelt werden.

Wir vergleichen diese Werte mit einem „Starr-Ergebnis":

$$p_{s\,starr} = \frac{800}{2,5 \cdot 3,0 \cdot 2} = 53,3 \ \frac{kN}{m^2}.$$

$M(0)_{starr} = 53,3 \cdot 2,50 \cdot 3,00^2 / 2 = 600$ kNm . Man sieht, die Sohlpressung ergibt sich bei Annahme eines starren Balkens im mittleren Bereich zu klein, das Biegemoment zu groß. Natürlich hängt die Größe dieser Abweichungen wesentlich ab von der Steifigkeit des Balkens bezogen auf die Steifigkeit des Bodens; hier indirekt ausgedrückt durch die „charakteristische Länge" von 1,72 m.

In Bild 100 sind die Ergebnisse der Berechnung als elastisch gebetteter Balken und als starrer Balken gegenüber gestellt.

**Zusammenfassung von Kapitel 3**

In diesem Kapitel haben wir den elastisch gebetteten Balken vorgestellt und seine analytische Lösung besprochen und ein einfaches Beispiel berechnet. Die Berechnung dieses „einfachen Beispiels" war schon sehr aufwendig und ist für praktische Rechnungen nicht zu empfehlen. Es gibt nun Tabellenwerke um solche Rechnungen zu vereinfachen.

Heute berechnet man solche Beispiele überwiegend mit Rechenprogrammen, die auf der Finiten Element Methode beruhen. Dabei ist zu beachten, dass die dabei gewählte Elementlänge eines Finiten Elementes möglichst nicht größer als die charakteristische Länge s wird. Beim obigen Beispiel mit s = 1,72 m ist es sinnvoll den Fundamentbalken von 6,00 m Gesamtlänge in 6 Elemente zu jeweils 1,00 m Elementlänge oder in 4 Elemente zu 1,50 m Elementlänge aufzuteilen. Wählt man eine größere Elementlänge, z.B. 3,00 m, so kommt man zu keinen vernünftigen Resultaten!

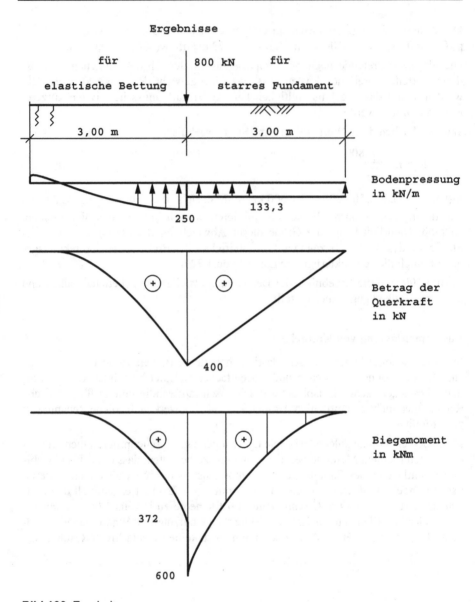

**Bild 100** Ergebnisse

# 4 Das Kraftgrößenverfahren

Die Untersuchung eines Tragwerkes gilt als abgeschlossen, wenn die entsprechende Gleichgewichtsaufgabe und Formänderungsaufgabe gelöst ist. In TM1 haben wir statisch bestimmte Tragwerke kennen gelernt und auch diese Tragwerke berechnet. Dabei haben wir nur mit den Gleichgewichtsbedingungen die Auflagergrößen und die Schnittgrößen bestimmt. Mit den Methoden aus dem Kapitel 1 können wir dann anschließend die Verformungen berechnen. Dann ist die Untersuchung des Tragwerks vollständig gelöst, wenn wir hier von der Spannungsermittlung einmal absehen.

In den Kapiteln 2 und 3 haben wir Berechnungen nach Theorie 2. Ordnung bzw. für elastisch gebettete Balken durchgeführt bei denen wir von vorne herein die Verformungen schon bei der Schnittgrößenermittlung berücksichtigen mussten.

Nun wollen wir sogenannte „statisch unbestimmte Stabwerke" berechnen (siehe auch TM1, Kapitel 4). Bei diesen Stabwerken lassen sich nicht nur mit den Gleichgewichtsbedingungen alle Auflagergrößen und alle Schnittgrößen bestimmen. Das Kraftgrößenverfahren macht Gebrauch von der Tatsache, dass es eine Gruppe von Tragwerken gibt, bei denen sich der Spannungszustand unabhängig vom Formänderungszustand bestimmen lässt: die uns schon bekannten „statisch bestimmten Tragwerke". Dementsprechend wird beim Kraftgrößenverfahren die Untersuchung eines statisch unbestimmten Tragwerkes zurückgeführt auf die Untersuchung eines darin enthaltenen statisch bestimmten Tragwerkes.[25] Dieses statisch bestimmte System muss allerdings, damit sein Spannungszustand dem des gegebenen Systems äquivalent ist, die Verformungsbedingungen des gegebenen Systems erfüllen.

Da es diese Bedingungen bei Beanspruchung allein durch die gegebenen Lasten zwangsläufig verletzt, muss es durch geeignete Kraftgrößen zusätzlich so belastet werden, dass infolge der Gesamtbelastung die Verformungsbedingungen des gegebenen Tragwerkes erfüllt werden.

Die Berechnung eines Tragwerkes nach dem Kraftgrößenverfahren zerfällt somit, wie wir noch sehen werden, in drei deutlich voneinander zu unterscheidende Teile:

(1) Die Untersuchung des statisch bestimmten Tragwerkes, beansprucht durch die gegebenen Lasten und die zusätzlich aufgebrachten Kraftgrößen von Einheits-Intensität (Bestimmung von Spannungs- und Formänderungszustand).

(2) Die Berechnung der jeweils erforderlichen Intensität dieser zusätzlich aufgebrachten Kraftgrößen (der statisch Unbestimmten) .

---

[25] Beim Kraftgrößenverfahren werden also n Bindungen gelöst (n = Grad der statischen Unbestimmtheit).

(3) Die Ermittlung des Spannungs- und Formänderungszustandes des statisch bestimmten Tragwerkes infolge der gegebenen Lasten und der zusätzlich aufgebrachten Kraftgrößen inzwischen bekannter Intensität.

## 4.1 Zustandslinien statisch unbestimmter Systeme

Wie oben erwähnt, führt das Kraftgrößenverfahren die Berechnung statisch unbestimmter Systeme zurück auf die Berechnung statisch bestimmter Systeme.

Als Vorbereitung wollen wir deshalb zunächst einige statisch bestimmte Aufgaben
lösen und betrachten dazu das in Bild 101 dargestellte System.

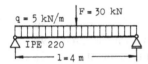

**Bild 101** Statisch bestimmter Träger

(1) Wie groß ist die Durchbiegung des Trägers in Feldmitte? Diese Frage lässt sich
leicht beantworten, wenn man die Lastfälle „Streckenlast" und „Einzellast" getrennt behandelt und die beiden Teilergebnisse dann addiert (Superposition). Mit
Hilfe des Arbeitssatzes Kapitel 1.2 etwa ergibt sich die Durchbiegung in Feld-

mitte infolge der Streckenlast zu $\delta_0 = w_q = \dfrac{5 \cdot q \cdot l^4}{384 \cdot E \cdot I} = 0,287$ cm , infolge der

Einzellast zu $\delta_1 = w_F = \dfrac{F \cdot l^3}{48 \cdot E \cdot I} = 0,688$ cm .

Insgesamt beträgt also die Durchbiegung in Feldmitte

$\delta_{ges} = \delta_0 + \delta_1 = 0,287 + 0,688 = 0,975$ cm .

(2) Mit welchem Faktor X muss die gesamte Belastung vervielfacht werden, wenn
die Durchbiegung in Feldmitte $\delta = 2,0$ cm betragen soll? Der Wert von X muss
sich ergeben aus der Bestimmungsgleichung X · 0,975 = 2,0 oder allgemein
$X \cdot (\delta_q + \delta_F) = \delta$ .

Man erhält X = $\delta/(\delta_q + \delta_F)$ = 2,0/0,975 = 2,05.

(3) Mit welchem Faktor Y ist die Einzellast F zu vervielfachen, wenn die Durchbiegung in Feldmitte $\delta$=2,0 cm betragen soll? Dann ergibt sich die Gleichung
0,287+Y · 0,688 = 2,0 oder allgemein $\delta_0 + Y \cdot \delta_1 = \delta$. Man erhält dann den Faktor
$Y = (\delta - \delta_0)/\delta_1$ = 2,49.

(4) Mit welchem Faktor Z ist die Einzellast F zu vervielfachen, wenn in Feldmitte
die Durchbiegung $\delta$ = 0 betragen soll? Dann muss gelten 0,287 + Z · 0,688 = 0
bzw. $\delta_0 + Z \cdot \delta_1 = 0$ und man erhält Z = $-\delta_0/\delta_1$ = - 0,287/0,688 = - 0,417.

(5) Wie groß ist in Feldmitte die Durchbiegung, wenn nur die Streckenlast wirkt?

Antwort: $\delta_0 = \dfrac{5 \cdot q \cdot l^4}{384 \cdot E \cdot I} = 0,287$ cm .

(6) Wie groß muss eine zusätzlich zur Streckenlast in Feldmitte angreifende Einzellast F sein, wenn die Durchbiegung dort verschwinden soll?
Zur Beantwortung dieser Frage denken wir uns zunächst eine Last F = 1 kN[26] in

Feldmitte    wirkend    und    berechnen    die    zugehörige    Durchbiegung:

$\delta_1 = \dfrac{1,0 \text{ kN} \cdot l^3}{48 \cdot E \cdot I} = 0,0229$ cm . Nun können wir wieder wie schon oben schreiben

0,288 + V · 0,0229 = 0 oder allgemein $\delta_0 + V \cdot \delta_1 = 0$ und wir erhalten dann den

Vergrößerungsfaktor V = $- \delta_0/\delta_1$ = $- 0,288/0,0229$ = $- 12,6$. Es muss also die

Einzellast  F = V · 1 kN = −12,6 kN  wirken. Das negative Vorzeichen weist darauf hin, dass die Last nicht wie angesetzt (bzw. angenommen) von oben nach

unten wirken muss sondern von unten nach oben.[27]

## 4.1.1 Wahl des Grundsystems und allgemeiner Ansatz zur Berechnung der statisch unbestimmten Größen; Berechnung beliebiger Kraft- und Formänderungsgrößen

Soll ein n-fach statisch unbestimmtes Tragwerk nach dem Kraftgrößenverfahren berechnet werden, so setzt man durch Lösen entsprechender Bindungen zunächst n geeignete Schnitt- oder Stützgrößen (gesamtheitlich Kraftgrößen) gleich Null und erhält so ein statisch bestimmtes Tragwerk. Geeignet sind Bindungen dann, wenn das durch ihr Lösen entstehende Tragwerk unverschieblich ist.[28] Dieses Tragwerk nennen wir das statisch bestimmte Grundsystem.
An die Stelle der entfernten Bindungen müssen wie immer die nun als äußere Kräfte wirkenden Schnittgrößen treten, die „statisch Unbestimmten". Bei ursprünglich statisch bestimmten Tragwerken ließen sich diese aus Gleichgewichtsbedingungen

---

[26] Man kann natürlich auch jede andere: Lastintensität ansetzen; dann würde sich das Zwischenergebnis V ändern, das Endergebnis F = − 12,6 kN bliebe jedoch gleich. Man vergleiche übrigens die Antwort auf Frage 4.

[27] Diese Deutung des Vorzeichens eines Rechenergebnisses ist uns nicht neu; wir sind ihr begegnet u. A. bei der Berechnung von Schnittgrößen.

[28] Weitergehende Überlegungen werden in den nachfolgenden Abschnitten angestellt werden.

ermitteln, hier kann ihre Größe nur aus Verformungsbedingungen bestimmt werden.[29] Sie wird bestimmt aus der Forderung, dass das elastische Verhalten des Ersatzsystems – so wollen wir das durch die gegebenen Lasten und die statisch Unbestimmten beanspruchte Grundsystem hinfort nennen – identisch ist mit demjenigen des gegebenen Systems. Man sagt, das Ersatzsystem soll (zusätzlich zu den Gleichgewichtsbedingungen) diejenigen Verformungsbedingungen erfüllen, die durch das gegebene System erfüllt werden (oder kurz: es soll die Verformungsbedingungen des gegebenen Systems erfüllen). Etwas anders ausgedrückt heißt das: Von den unendlich vielem möglichen Gleichgewichtszuständen des Ersatzsystems ist derjenige (Gleichgewichts-) Zustand gesucht, bei dem das Ersatzsystem die an das gegebene System gestellten Verformungsbedingungen erfüllt.

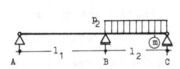

**Bild 102** Zweifeldträger

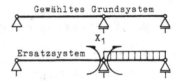

**Bild 103** Gewähltes Grundsystem und zugehöriges Ersatzsystem

Wir zeigen das Vorgehen an einem Beispiel und betrachten dazu den in Bild 102 dargestellten 1-fach statisch unbestimmten Durchlaufträger.

Dieses Tragwerk lässt sich statisch bestimmt machen durch Lösen *einer* Bindung.[30] Grundsätzlich kann dafür jede Bindung gewählt werden,[31] sodass es unendlich viele mögliche Grundsysteme gibt.

Wir wählen als Grundsystem einen Koppelträger, Bild 103. Das bedeutet: Das Stützmoment $M_b$ ist die statisch Unbestimmte.

---

[29] Gleichgewicht ließe sich nämlich für beliebige Werte der statisch Unbestimmten herstellen.

[30] Das Lösen einer Bindung lässt sich symbolisch wie folgt darstellen:

    die zu $N_m$ gehörende Bindung ist gelöst;

    die zu $V_m$ gehörende Bindung ist gelöst;

    die zu $M_m$ gehörende Bindung ist gelöst;

    die zu $M_T$ gehörende Bindung ist gelöst;

    die zu $A_h$ gehörende Bindung ist gelöst;

    die zu $A_v$ gehörende Bindung ist gelöst.

[31] Es gibt eine Einschränkung: Die zur gelösten Bindung gehörende Kraftgröße darf sich nicht allein durch eine Gleichgewichtsbetrachtung eindeutig bestimmen lassen.

Die Frage ist nun: Wie finden wir ihren Wert? Zunächst beantworten wir diese Frage auf experimentellem Wege. Wir bauen ein Modell des gewählten Grundsystems bringen die gegebene Belastung auf und lassen dann zusätzlich das Stützmoment $M_b$ (allgemein: die zur gelösten Bindung gehörende Kraftgröße) wirksam werden. Die Intensität dieses Stützmomentes wird nun solange verändert, bis das elastische Verhalten des Grundsystems übereinstimmt mit demjenigen des gegebenen Systems; in unserem Fall, bis die Biegelinie über dem Mittelauflager keinen Knick mehr hat, oder anders ausgedrückt: bis die *gegenseitige* Verdrehung der an das Gelenk unmittelbar anschließenden Stabquerschnitte gleich Null ist. In diesem Zustand misst man die Intensität $X_1$ des Stützmomentes (allgemein: der statisch Unbestimmten) und kennt damit alle auf das statisch bestimmte Grundsystem wirkenden Kräfte. Das Ersatzsystem ist gefunden, jede gewünschte Kraft- und Verformungsgröße kann an ihm berechnet werden.

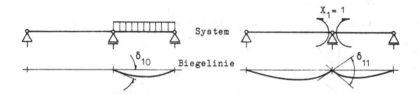

**Bild 104** Die Verformungen $\delta_{10}$ und $\delta_{11}$

Bei der rechnerischen Behandlung dieses Problems gehen wir analog vor, wobei uns die oben angestellte Vorbetrachtung zustattenkommt. Wir berechnen zunächst die gegenseitige Verdrehung der „Gelenk-Querschnitte" (allgemein: die relative Verformung in der gelösten Bindung), die wir $\delta_{10}$ nennen.[32] Dann wählen wir für das Stützmoment (allgemein: für die zur gelösten Bindung gehörende Kraftgröße) den Wert 1[33] und berechnen die zugehörige (bezogene) gegenseitige Verdrehung der

---

[32] Man bezieht sich bei der Angabe von $\delta_{10}$ und $\delta_{11}$ auf die Richtung von $X_1 = 1$ und vereinbart: Die Verformungen $\delta_{10}$ und $\delta_{11}$ sind positiv, wenn sie in Richtung von $X_1 = 1$ verlaufen. Durch diese Regelung wird, wie wir noch sehen werden, das System der Elastizitätsgleichungen vorzeichenmäßig symmetrisch.

[33] Diese Einheit der statisch Unbestimmten ist freilich eine Abstraktion, wie wir sie schon früher benutzt haben. Bei Arbeitsbetrachtungen etwa wird mit einem Körperelement der Größe 1 gerechnet, bei der Definition des Bogenmaßes eines Winkels wird mit einem Radius der Länge 1 gearbeitet. Die Einführung der Größe „1" ist nicht zwingend (man könnte also auch jeden anderen Wert wählen). Durch die Wahl von „1" wird jedoch, wie wir noch sehen wenden, das System der Elastizitätsgleichungen betragsmäßig symmetrisch. Siehe in diesem Zusammenhang den Satz von Maxwell und Betti, Abschnitt 1.7.

„Gelenk-Querschnitte" (allgemein: ...), die wir $\delta_{11}$ nennen.[34] Infolge des noch unbekannten Stützmomentes, das wir $X_1$ nennen, ergibt sich dann die gegenseitige Verdrehung $X_1 \cdot \delta_{11}$. Die Größe dieses Stützmomentes $X_1$ ergibt sich aus der Forderung, dass die gegenseitige Verdrehung infolge der gleichzeitigen Wirkung von $X_1$ und der gegebenen Belastung verschwinden soll:

$$X_1 \cdot \delta_{11} + \delta_{10} = 0.$$

Diese Elastizitätsgleichung hat die Lösung $X_1 = -\delta_{10}/\delta_{11}$.

Damit sind alle auf das statisch bestimmte Hauptsystem wirkenden Kräfte bekannt. Das Ersatzsystem ist gefunden, jede gewünschte Kraft- und Verformungsgröße (des gegebenen Systems) kann an ihm berechnet werden.

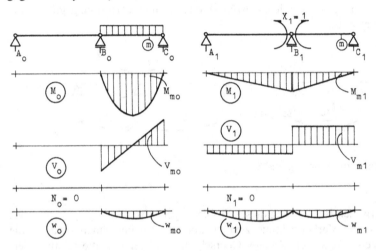

**Bild 105** Zur Ermittlung einer Kraft- oder Verformungsgröße am Ersatzsystem

Wie sieht die Berechnung einer solchen Kraft- oder Verformungsgröße aus? Zur Beantwortung dieser Frage nehmen wir an, es seien die Schnittgrößen sowie die Durchbiegung in Punkt m des gegebenen Tragwerks (siehe Bild 102) und dessen Stützkräfte zu berechnen. Mit den entsprechenden am Grundsystem berechneten Größen (Bild 105) ergibt sich, da das Superpositionsgesetz selbstverständlich Gültigkeit hat:

---

[34] Wollte man $\delta_{11}$ im Versuch bestimmen, dann würde man ein Moment beliebig gewählter Größe auf das Grundsystem aufbringen und die (unter dieser Last) gemessene gegenseitige Verdrehung der Gelenk-Querschnitte durch dieses Moment teilen. Deshalb der Ausdruck „bezogene" Verdrehung.

$$M_m = X_1 \cdot M_{m1} + M_{m0} \qquad A = X_1 \cdot A_1 + A_0$$
$$V_m = X_1 \cdot V_{m1} + V_{m0} \qquad B = X_1 \cdot B_1 + B_0$$
$$N_m = X_1 \cdot N_{m1} + N_{m0} \qquad C = X_1 \cdot C_1 + C_0$$
$$w_m = X_1 \cdot w_{m1} + w_{m0}.$$

Indem man diese Überlagerung (in Gedanken) für alle anderen Punkte der Stabachse durchführt, erhält man die Zustandslinien allgemein (Bild 106) in der Form

$$M = X_1 \cdot M_1 + M_0 \qquad V = X_1 \cdot V_1 + V_0$$
$$N = X_1 \cdot N_1 + N_0 \qquad w = X_1 \cdot w_1 + w_0.$$

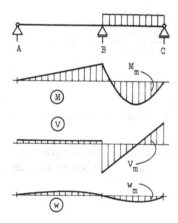

**Bild 106**
Zustandslinien des gegebenen Systems

Wir zeigen nun die zahlenmäßige Durchführung der Rechnung für $l_1 = 3{,}5$ m, $l_2 = 2{,}5$ m, und $p_2 = 8$ kN/m. Geschätzt worden sei ein Holzbalkenquerschnitt 8/18 mit $I_y = 3\,888$ cm$^4$ und $E = 1\,000$ kN/cm$^2$.

Die δ-Werte ermitteln wir mit Hilfe des Arbeitssatzes (siehe Abschnitt 1.2).

Mit $E \cdot I = 388{,}8$ kNm$^2$ ergibt sich

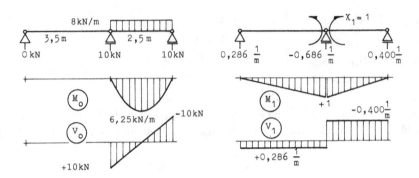

**Bild 107** Zahlenbeispiel

$$\delta_{10} = \frac{1}{388,8} \cdot \frac{1}{3} \cdot 2,50 \cdot 6,25 \cdot 1,0 = 0,0134 ;$$

$$\delta_{11} = \frac{1,0^2}{388,8} \cdot \frac{1}{3} \cdot (3,5 + 2,5) = 0,00514 \frac{1}{kNm} ;$$

$$X_1 = -\frac{0,0134}{0,00514} = -2,61 \text{ kNm} .$$

Nun können die Stützkräfte sowie die Zustandslinien für M und V nach der o. a. Vorschrift durch Überlagerung gewonnen werden.

Das Ergebnis ist in Bild 108 wiedergegeben. Für die Darstellung der Bilder genügt es, von der gestrichelten Linie in Feldmitte die Ordinate max $M_0 = 6{,}25$ kNm abzutragen.

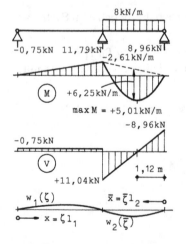

**Bild 108**
Zustandslinien

Für eine Bemessung wird man allerdings max $M_F$ benötigen. Es ergibt sich (siehe Abschnitt 3.6.3 von TM 1) in der Form max $M_2 = C^2/(2 \cdot q_2) = 0,8956^2/16 = +5,01$ kNm.

Die Ordinaten der Biegelinie gewinnt man am einfachsten mit Hilfe der $\omega$-Zahlen von Müller – Breslau (siehe Abschnitt 1.5). Im linken Feld ergibt sich

$$w_1(\zeta) = \frac{M_b \cdot l_1^2 \cdot \omega_D(\zeta)}{6 \cdot E \cdot I} = -0,0137 \cdot \omega_D[m] \ ,$$

im rechten Feld

$$w_2(\overline{\zeta}) = \frac{M_b \cdot l_2^2 \cdot \omega_D(\overline{\zeta})}{6 \cdot E \cdot I} + \frac{M_0 \cdot l_2^2 \cdot \omega_B(\overline{\zeta})}{3 \cdot E \cdot I} =$$

$$w_2(\overline{\zeta}) = -0,0070 \cdot \omega_D(\overline{\zeta}) + 0,0335 \cdot \omega_B(\overline{\zeta})[m] \ .$$

So ergibt sich etwa in der Mitte des linken Feldes $w_1(\zeta = 0,5) = -0,0051$ m $\triangleq -0,51$ cm und in der Mitte des rechten Feldes dann $w_2(\overline{\zeta} = 0,5) = +0,0078$ m $\triangleq 0,78$ cm.

Wir haben oben gesagt, dass es unendlich viele mögliche Grundsysteme gibt, und zeigen deshalb die Verwendung eines anderen naheliegenden Grundsystems: Durch das Lösen der zur mittleren Stützkraft gehörenden Bindung (also durch Entfernung des mittleren Auflagers) entsteht als Grundsystem ein Balken auf zwei Stützen, siehe Bild 109(a).[35]

Das zugehörige Ersatzsystem ist in Bild 109(b) dargestellt, die statisch Unbestimmte ist die Spreizkraft $X_1$.

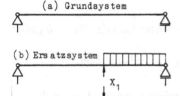

(a) Grundsystem

(b) Ersatzsystem

$X_1$

**Bild 109** Ein weiteres naheliegendes Grundsystem und das zugehörige Ersatzsystem

Für die Berechnung von $X_1$ ist die Angabe der Querkräfte nicht erforderlich, da ihr Einfluss auf die Verformung (d.h. auf die Größe der $\delta$-Werte) vernachlässigt werden kann. Deshalb geben wir, obwohl der Last- und Eigenspannungszustand tatsächlich nur durch Angabe aller Zustandslinien und Stützkräfte eindeutig beschrieben ist, nur die Momentenlinien an, Bild 110. Da das $X_1 = 1$ genannte Kräfte- oder Momentenpaar eine Gleichgewichtsgruppe darstellt, sind auch die zugehörigen Stützgrößen

---

[35] Es ist für später folgende Betrachtungen günstig, wenn wir uns ein starres Auflager durch eine Pendelstütze mit $E \cdot A = \infty$ ersetzt denken.

unter sich im Gleichgewicht. Das System gibt also keine resultierende Kraft und kein resultierendes Moment nach außen ab. Daher der Name „Eigenspannungszustand". Mit Bild 110 lässt sich, nachdem $X_1$ berechnet ist, die endgültige Momentenlinie durch Überlagerung bestimmen: $M = X_1 \cdot M_1 + M_0$. Mit ihrer Hilfe lässt sich falls erforderlich die (endgültige) V-Linie ermitteln.

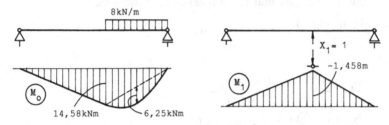

**Bild 110** Last- und Eigenspannungszustand

Zunächst die Berechnung der δ-Werte. Wegen $\quad \delta_{ik} = \int \dfrac{M_i \cdot M_k}{E \cdot I} \cdot ds$

scheint es so, als sei die Angabe von $E \cdot I$ erforderlich. Das ist nicht so; da nämlich anstelle der Elastizitätsgleichung

$$X_1 \cdot \delta_{11} + \delta_{10} = 0$$

ebenso gut die Elastizitätsgleichung

$$X_1 \cdot E \cdot I \cdot \delta_{11} + E \cdot I \cdot \delta_{10} = 0$$

gelöst werden kann, weil beide Gleichungen die gleiche Lösung $X_1 = -\delta_{10}/\delta_{11}$

haben), ist es ausreichend, $\delta_{ik}{}^* = E \cdot I \cdot \delta_{ik} = \int M_i \cdot M_k \cdot ds$ zu berechnen.

Dies bringt nicht nur eine Rechenerleichterung sondern ermöglicht es auch, die Bemessung des Stabwerkes dann durchzuführen, wenn die endgültige M-Linie bekannt ist; allgemein: wenn die endgültigen Zustandslinien bekannt sind.

Es  ist $\quad \delta_{10}^{*} = -\dfrac{1}{3} \cdot 14{,}58 \cdot 1{,}458 \cdot (3{,}50 + 2{,}50) - \dfrac{1}{3} \cdot 6{,}25 \cdot 1{,}458 \cdot 2{,}50 = -50{,}11 \, kNm^3$

und $\quad \delta_{11}^{*} = \dfrac{1}{3} \cdot (-1{,}458)^2 \cdot (3{,}50 + 2{,}50) = +4{,}25 \; m^3$. Damit ergibt sich

$X_1 = -\delta_{10}^{*}/\delta_{11}^{*} = 50{,}11 / 4{,}25 = 11{,}79 \, kN$. Nun kann die endgültige M-Linie angegeben werden, Bild 109. Es sollen nun die Formeln bereitgestellt werden, um aus dieser M-Linie und der Belastung die Querkräfte in einzelnen Punkten zu bestimmen, Bild 112.

$$\Sigma M_{②} = 0 : V_1 \cdot l + M_1 - M_2 - q \cdot l^2/2 = 0 \text{ liefert}$$

$$V_1 = \frac{q \cdot l}{2} + \frac{M_2 - M_1}{l} = V_1^0 + \frac{M_2 - M_1}{l} \text{ und}$$

$$\Sigma M_{①} = 0 : V_2 \cdot l + M_1 - M_2 + q \cdot l^2/2 = 0 \text{ liefert}$$

$$V_2 = -\frac{q \cdot l}{2} + \frac{M_2 - M_1}{l} = V_2^0 + \frac{M_2 - M_1}{l}.$$

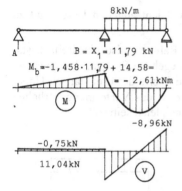

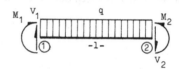

**Bild 111** Zustandslinien                    **Bild 112** Zur Ermittlung der Querkräfte aus der M-Linie und der Belastung

Dabei sind $V_1^0$ und $V_2^0$ die Querkraftanteile infolge der Feldbelastung; sie sind von der Untersuchung des normalen Einfeldbalkens her bekannt. Alle Größen sind mit ihren Vorzeichen einzusetzen.

Im vorliegenden Fall ergibt sich $V_A = -2,61/3,50 = -0,75$ kN , $V_{Bl} = -2,61/$ $3,50 = -0,75$ kN $V_{Br} = 10,00 + 2,61/2,50 = 11,04$ kN und $V_{Cl} = -10,00 +$ $2,61/2,50 = -8,96$ kN . Damit kann auch die V-Linie gezeichnet werden, siehe Bild 109. Schließlich ergeben sich die Auflagerkräfte zu $A = V_A = -0,75$ kN; C $= -V_C = +8,96$ kN und $B = -V_{Bl} + V_{Br} = +0,75 + 11,04 = 11,79$ kN . Vergleichen wir diese letzte Untersuchung mit der vorhergegangenen, dann stellen wir fest, dass die Verwendung des Grundsystems von Bild 110 die Berechnung der δ-Werte (d.h. die Überlagerung der Spannungszustände) etwas erschwerte im Vergleich zur vorhergegangenen Berechnung: Es waren mehr M-Flächen zu überlagern. So wäre dies denn auch ein Gesichtspunkt bei der Wahl des Grundsystems (nicht der einzi-

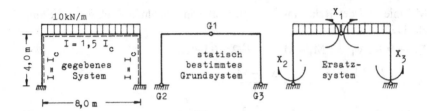

**Bild 113** Eingespannter Rahmen

ge): Last- und Eigenspannungszustände sollen sich leicht angeben lassen und zu einfachen Überlagerungen führen.

Als nächstes untersuchen wir einen eingespannten Rahmen, also ein dreifach statisch unbestimmtes Tragwerk. Bild 113 zeigt das gegebene System, das gewählte Grundsystem und das zugehörige Ersatzsystem. Die Werte der drei statisch Unbestimmten ergeben sich wieder aus der Forderung, dass das Verformungsverhalten des Ersatzsystems demjenigen des gegebenen Systems gleich sein soll.

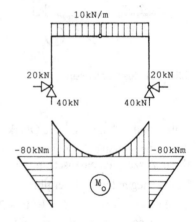

Das bedeutet hier: Die Biegelinie des Ersatzsystems soll unter der gleichzeitigen Wirkung der gegebenen Belastung und der statisch Unbestimmten $X_1$ bis $X_3$ in den drei Gelenken $G_1$ bis $G_3$ keinen Knick haben. Mit anderen Worten: Die Summe der gegenseitigen Verdrehungen der Gelenk-Querschnitte infolge q sowie $X_1$ bis $X_3$ soll in allen Gelenken verschwinden. Mathematisch ausgedrückt heißt das

**Bild 114** Lastspannungszustand

$$\delta 1 = 0: \quad \delta 11 \cdot X1 + \delta 12 \cdot X2 + \delta 13 \cdot X3 + \delta 10 = 0$$

$$\delta 2 = 0: \quad \delta 21 \cdot X1 + \delta 22 \cdot X2 + \delta 23 \cdot X3 + \delta 20 = 0$$

$$\delta 3 = 0: \quad \delta 31 \cdot X1 + \delta 32 \cdot X2 + \delta 33 \cdot X3 + \delta 30 = 0$$

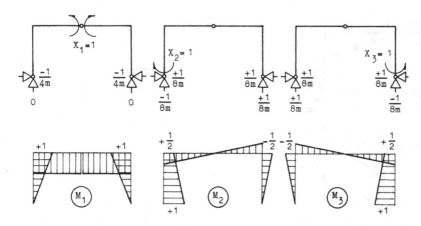

**Bild 115** Eigenspannungszustände

Diese drei Elastizitätsgleichungen sind die Bestimmungsgleichungen für die Unbekannten $X_1$ bis $X_3$. Wir bringen die Absolut-Glieder $\delta_{i0}$ auf die rechte Seite und erhalten

$$\delta_{11} \cdot X_1 + \delta_{12} \cdot X_2 + \delta_{13} \cdot X_3 = -\delta_{10}$$
$$\delta_{21} \cdot X_1 + \delta_{22} \cdot X_2 + \delta_{23} \cdot X_3 = -\delta_{20}$$
$$\delta_{31} \cdot X_1 + \delta_{32} \cdot X_2 + \delta_{33} \cdot X_3 = -\delta_{30}.$$

Allgemein können wir schreiben für $i = 1$ bis 3

$$\delta_{i1} \cdot X_1 + \delta_{i2} \cdot X_2 + \delta_{i3} \cdot X_3 = -\delta_{i0}$$

oder noch kürzer

$$\sum_{k=1}^{3} \delta_{ik} \cdot X_k = -\delta_{i\,0} \quad \text{bzw.} \quad \sum_{k=1}^{n} \delta_{i\,k} \cdot X_k = -\delta_{i\,0} \quad \text{wobei} \quad n \quad \text{den Grad der statischen}$$

Unbestimmtheit angibt.

Die $\delta$-Werte der linken Seite sind, wie man auch bei ihrer Berechnung sieht (also bei der Überlagerung der M-Flächen), von der Belastung unabhängig und beschreiben nur das System. Die von ihnen gebildete Matrix nennt man deshalb auch System-Matrix. Die $\delta$-Werte der rechten Seite hingegen sind lastabhängig, man nennt sie deshalb auch Lastwerte.

Für die Berechnung der $\delta$-Werte haben wir in den Bildern 114 und 115 die Last- und Eigenspannungszustände angegeben.

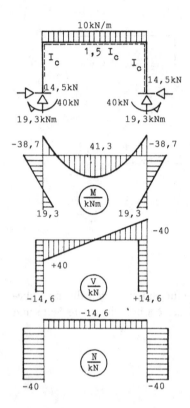

**Bild 116** Zustandslinien

Bei der Ermittlung der Eigenspannungszustände berechnet man zweckmäßig die Stützkräfte des Grundsystems infolge der $X_i$. Man findet sie unmittelbar aus den Bedingungen $\Sigma M_{g1,\ links} = 0;\ \Sigma M_{g1,\ rechts} = 0$

$\Sigma M_{g2,\ rechts} = 0$ und $\Sigma M_{g3,\ links} = 0$.

Bei der Berechnung der δ-Werte ist zu berücksichtigen, dass Stiele und Riegel unterschiedliche Querschnitte und damit unterschiedliche Trägheitsmomente haben, siehe Bild 111. So ergibt sich z.B.

$$\delta_{11} = \frac{\frac{1}{3} \cdot 1,0^2 \cdot 4,00}{E \cdot I_{Stiel}} \cdot 2 + \frac{1,0 \cdot 1,0^2 \cdot 8,00}{E \cdot I_{Riegel}} =$$

$$= \frac{\frac{1}{3} \cdot 1,0^2 \cdot 4,00}{E \cdot I_c} \cdot 2 + \frac{1,0 \cdot 1,0^2 \cdot 8,00}{1,5 \cdot E \cdot I_c}$$

Man kann nun $E \cdot I_c{}^{36)}$ auf die linke Seite bringen und erhält

$$E \cdot I_c \cdot \delta_{11} = \frac{\frac{1}{3} \cdot 1,0^2 \cdot 4,00}{1,0} \cdot 2 + \frac{1,0 \cdot 1,0^2 \cdot 8,00}{1,5}$$

bzw. allgemein

$$E \cdot I_c \cdot \delta_{11} = \delta_{11}^* = \sum \frac{\cdots}{I/I_c}$$

$1,0 = I_{Stiel} / I_c \qquad 1,5 = I_{Riegel} / I_c$

Im Einzelnen ergibt sich:[37)]

$$\delta_{11}^* = \frac{1}{3} \cdot 1,0^2 \cdot 4,00 \cdot 2 + \frac{1,0 \cdot 1,0^2 \cdot 8,00}{1,5} = 8,00 \text{ m}$$

$$\delta_{12}^* = \left( \frac{1}{3} \cdot \frac{1}{2} \cdot 1 + \frac{1}{6} \cdot 1^2 - \frac{1}{3} \cdot \frac{1}{2} \cdot 1 \right) \cdot 4,00 = +0,67 \text{ m}$$

$$\delta_{13}^* = +0,67 \text{ m}$$

$$\delta_{22}^*$$

$$= 4,00 \cdot \left\{ \frac{1}{3} \cdot 1^2 + \frac{2}{6} \cdot 1 \cdot \frac{1}{2} + \frac{1}{3} \cdot \left( \frac{1}{2} \right)^2 \right\} + \frac{4,00}{3} \cdot \left( -\frac{1}{2} \right)^2 + \frac{4,00}{3 \cdot 1,5} \cdot \left( \frac{1}{2} \right)^2 \cdot 2 = 3,11 \text{ m}$$

$$\delta_{23}^* = 4,00 \cdot \left( -\frac{1}{2} \right) \cdot \left\{ \frac{1}{3} \cdot \frac{1}{2} + \frac{1}{6} \cdot 1 \right\} \cdot 2 + \frac{4,00}{3 \cdot 1,5} \cdot \frac{1}{2} \cdot \left( -\frac{1}{2} \right) \cdot 2 = -1,78 \text{ m}$$

$$\delta_{33}^* = \delta_{22}^*$$

$$\delta_{10}^* = \frac{4,00}{3} \cdot (-80) \cdot 2 + \left[ \frac{4,00}{3 \cdot 1,5} \cdot (-80) \cdot 1 \cdot 2 \right] = -355,6 \text{ kNm}^2$$

$$\delta_{20}^* = \frac{4,00}{6} \cdot 1 \cdot (-80) = -53,3 \text{ kNm}^2$$

$$\delta_{30}^* = \delta_{20}^*$$

Nun lässt sich das System der Elastizitätsgleichungen anschreiben:

$$8,00 \cdot X_1 + 0,67 \cdot X_2 + 0,67 \cdot X_3 = +355,6$$
$$0,67 \cdot X_1 + 3,11 \cdot X_2 - 1,78 \cdot X_3 = +53,3$$
$$0,67 \cdot X_1 - 1,78 \cdot X_2 + 3,11 \cdot X_3 = +53,3$$

---

[36)] $I_c$ nennt man Vergleichsträgheitsmoment; comparare, lat. = vergleichen. Es kann jedes I zum $I_c$ erklärt werden.

[37)] In der folgenden Rechnung geben wir die $\delta^*$-Werte ohne Einheiten an, um das Schriftbild nicht unnötig mit Dimensionen zu belasten. $\delta_{i0}^* = \left[ \text{kNm}^2 \right]$ und $\delta_{ik}^* = [\text{m}]$.

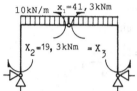

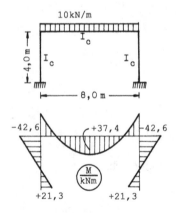

**Bild 117** Ersatzsystem                    **Bild 118**

Es hat die Lösung $X_1 = +41,3$ kNm, $X_2 = +19,3$ kNm, $X_3 = +19,3$ kNm.

Damit kann die M-Linie des gegebenen Systems gezeichnet werden, Bild 116. Aus ihr werden die Querkraftlinie und daraus die Normalkraftlinie entwickelt. Schließlich geben wir die Stützgrößen an. Dazu eine kleine Anmerkung: Will man $M_A$ nach der Vorschrift $M_A = M_{A1} \cdot X_1 + M_{A2} \cdot X_2 + M_{A3} \cdot X_3 + M_{A0}$ berechnen, so scheint sich $M_A = 0$ zu ergeben, da für die $M_{Ai}$ ($i = 0, 1, 2, 3$) keine Werte angegeben sind. Das jedoch liegt an der Darstellung des Grund- und Ersatzsystems, wie ein Vergleich der Bilder 117 und 118 zeigt: Das Gelenk $G_2$ liegt tatsächlich oberhalb des Auflagers im Stiel, sodass beide Teile des Moment(enpaar) es $X_2 = 1$ auftreten und somit auch ein $M_{A1} = 1$ entsteht.

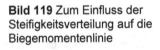

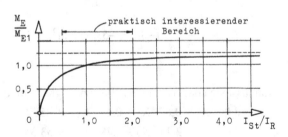

**Bild 119** Zum Einfluss der Steifigkeitsverteilung auf die Biegemomentenlinie

**Bild 120** Abhängigkeit des Eckmomentes in Bild 119 von $I_{Stiel}/I_{Riegel}$

Abschließend noch ein Wort zur Bemessung. Da in Stielen und Riegel fast gleichgroße Biegemomente auftreten, ist man geneigt, für Stiele und Riegel ein und denselben Querschnitt zu wählen.

Das ist nicht erlaubt, da sich für die dann vorliegenden Steifigkeitsverhältnisse andere Zustandslinien und Stützgrößen ergeben.[38] Bild 119 z.B. zeigt die M-Linie für $I_{St} = I_R$. Das bedeutet, dass der Riegel hier wohl „überbemessen" werden muss (sein Trägheitsmoment muss größer sein als dasjenige der Stiele), wenn man nicht eine neue statisch unbestimmte Rechnung durchführen will. In diesem Sinne ist die Bemessung eines statisch unbestimmten Systems streng genommen stets ein Iterationsprozess. Mit einer gewissen Erfahrung kann man allerdings in den meisten Fällen den Einfluss der Steifigkeit auf die M-Linie abschätzen und so eine Neuberechnung vermeiden.

Ein weiteres praktisch wichtiges Tragwerk ist das Kehlbalkendach. Bild 121 zeigt eine solche 1-fach statisch unbestimmte Konstruktion, beansprucht durch eine (einseitig wirkende) Einzellast am Kehlriegelanschluss. Als statisch bestimmtes Grundsystem bietet sich der Dreigelenk-Rahmen an, Bild 122 zeigt das zugehörige Ersatzsystem. Wir ermitteln den Last- und den Eigenspannungszustand (Bilder 123 und 124) und berechnen dann die Koeffizienten $\delta_{10}^*$ und $\delta_{11}^*$.

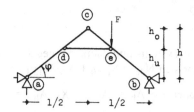

**Bild 121** Kehlbalkendach

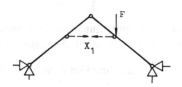

**Bild 122** Ersatzsystem

Dabei können wir den Einfluss der Normalkräfte nicht nur in den Sparren sondern auch im Kehlriegel auf die Verformung (bei den üblichen Querschnittsabmessungen) vernachlässigen, wie am Schluss der Untersuchung noch gezeigt werden soll. Es ergibt sich

$$\delta_{10}^* = \frac{1}{3} \cdot \frac{h_0 \cdot h_u}{h} \cdot \frac{F}{h \cdot \tan\varphi} \cdot h_0 \cdot h_u \frac{h}{\sin\varphi} = \frac{F \cdot h_0^2 \cdot h_u^2 \cdot \cos\varphi}{3 \cdot h \cdot \sin^2\varphi} \quad \text{und}$$

---

[38] Als Steifigkeit bezeichnet man den Ausdruck $E \cdot I/l$. Wie wir noch sehen werden, hat eine Vergrößerung von $I_{Stiel}$ gegenüber $I_{Riegel}$ auf das Eckmoment die gleiche Wirkung wie eine Verkleinerung der Stiellänge. Man erkennt auf diese Weise klar die Bedeutung des Quotienten $I/I_c$.

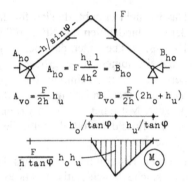

$$\delta_{11}^* = \frac{2}{3} \cdot \frac{h_0^2 \cdot h_u^2}{h^2} \cdot \frac{h}{\sin\varphi} = \frac{2}{3} \cdot \frac{h_0^2 \cdot h_u^2}{h \cdot \sin\varphi} \,,$$

wenn man beachtet, dass (selbstverständlich) entlang der Stabachse zu integrieren ist.

Damit ergibt sich

**Bild 123**
Lastspannungszustand

$$X_1 = -\frac{\delta_{10}^*}{\delta_{11}^*} = -\frac{\dfrac{F \cdot h_0^2 \cdot h_u^2 \cdot \cos\varphi}{3 \cdot h \cdot \sin^2\varphi}}{\dfrac{2 \cdot h_0^2 \cdot h_u^2}{3 \cdot h \cdot \sin\varphi}} = -\frac{F}{2 \cdot \tan\varphi}.$$

Nun können die Schnitt- und Stützgrößen des Ersatzsystems und damit des gegebenen Systems ermittelt werden. Zum Beispiel ergibt sich $N_{de} = N_{de\,0} + X_1 \cdot N_{de\,1} =$

$-\dfrac{F}{2 \cdot \tan\varphi}$, also eine Druckkraft im Kehlriegel oder für $A_h = A_{h0} + X_1 \cdot A_{h1} =$

$$\frac{F \cdot h_u \cdot 1}{4 \cdot h^2} + \frac{F \cdot h_0}{2 \cdot h \cdot \tan\varphi} = \frac{F \cdot h_u + F \cdot h_0}{2 \cdot h \cdot \tan\varphi} = \frac{F}{2 \cdot \tan\varphi} \; ; \text{das bedeutet:}$$

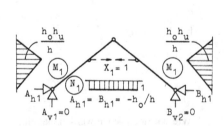

**Bild 124** Eigenspannungszustand

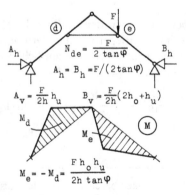

**Bild 125** Kehlriegellängskraft, Biegemomente und Stützkräfte

Die horizontalen Stützkräfte eines Kehlbalkendaches sind größer als diejenigen eines gleichbeanspruchten Dreigelenkrahmens.

Bild 125 zeigt das Ergebnis. Man erkennt, dass der Kehlriegel für den belasteten Sparren ein elastisches (Zwischen-) Auflager darstellt, und dass die vertikalen Stützkräfte des Kehlbalkendaches (immer) übereinstimmen mit denjenigen des gleichbelasteten Dreigelenkrahmens.

Die Ergebnisse der Untersuchung weiterer Lastfälle ist in Tabellenwerken angegeben,

z.B. im Wendehorst „Bautechnische Zahlentafeln". Wir überprüfen abschließend, ob

es gerechtfertigt war, den Einfluss der Kehlriegellängskraft auf die Verformung zu

vernachlässigen. Für einen Sparren 8/14, einen Kehlbalken 2 × 4/12 und der Dachbrei-

te $l$ = 10,00 m sowie $h_0/h_u$ = 1,60 m/2,20 m ergibt sich mit dem Emodul E = 1000

$$\text{kN/cm}^2: \quad \delta_{11} = \frac{\int M_1^2 \cdot ds}{E \cdot I} + \frac{\int N_1^2 \cdot ds}{E \cdot A} = 0,01964 + 0,00007 = 0,01971 \; \frac{m}{kN}; \quad \text{der N-}$$

Anteil ist also tatsächlich vernachlässigbar!

Als nächstes untersuchen wir ein statisch unbestimmtes Fachwerk. Hierbei treten nur Normalkräfte und keine Biegemomente auf. Bild 126 zeigt ein 1-fach statisch unbestimmtes Fachwerksystem. Das zum gewählten Grundsystem gehörende Ersatzsystem ist in Bild 127 dargestellt. Den Gang der Rechnung, die zweckmäßig in Tabellenform durchgeführt wird, kennen wir: Zunächst wird der Lastspannungszustand bestimmt (Spalte 2) und der Eigenspannungszustand, siehe Spalte 3.

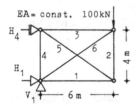

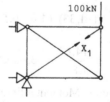

**Bild 126** 1-fach statisch unbestimmtes Fachwerk

**Bild 127** Ersatzsystem

Dann wird $E \cdot A \cdot \delta_{10} = \Sigma S_0 \cdot S_1$ und $\delta_{11} = \Sigma S_1^2 \cdot l$ berechnet (Spalten 5 und 6).

| 1 | 2 | 3 | 4 | 5 | 6 | | 7 | 8 |
|---|---|---|---|---|---|---|---|---|
| i | $S_{i0}$ | $S_{11}$ | $l_i$ | $S_{i\,0} \cdot S_{i\,1} \cdot l_i$ | $S_{i\,1} \cdot S_{i\,1} \cdot l_i$ | | $X_1 \cdot S_{i\,1}$ | $S_i$ |
| | [kN] | [./.] | [m] | [kNm] | [m] | | [kN] | [kN] |
| 1 | − 150 | − 0,83 | 6,00 | + 747 | 4,13 | | + 82,2 | − 67,8 |
| 2 | − 100 | − 0,56 | 4,00 | + 224 | 1,25 | | + 55,4 | − 44,6 |
| 3 | 0 | − 0,83 | 6,00 | 0 | 4,13 | | + 82,2 | + 82,2 |
| 4 | − 100 | − 0,56 | 4,00 | + 224 | 1,25 | | + 55,4 | − 44,6 |
| 5 | + 180 | + 1,00 | 7,21 | + 1298 | 7,21 | | − 99,0 | + 81,0 |
| 6 | 0 | + 1,00 | 7,21 | 0 | 7,21 | | − 99,0 | − 99,0 |
| | | | $E \cdot A \cdot \delta_{10} =$ | + 2493 | 25,18 | | $= E \cdot A \cdot \delta_{11}.$ | |

Danach wird $X_1 = -\dfrac{E \cdot A \cdot \delta_{10}}{E \cdot A \cdot \delta_{11}} = -\dfrac{2493}{25,18} = -99,0$ kN ermittelt

Schließlich werden die endgültigen Stabkräfte $S = S_0 + X_1 \cdot S_1$ berechnet (Spalten 2; 7 und 8). Die Stützkräfte können nach der gleichen Vorschrift bestimmt werden.

Die bisher untersuchten Tragwerke waren unnachgiebig gestützt. Wir zeigen nun die Berechnung eines elastisch gelagerten Systems und berechnen den Spannungszustand der in Bild 128 perspektivisch dargestellten Balken.[39]

Der Träger a-b wird durch den Träger c-d elastisch gestützt. Als Grundsystem wählen wir zwei entkoppelte Einfeldbalken, das Ersatzsystem ist in Bild 129 dargestellt.

Mit dem Last- und dem Eigenspannungszustand der Bilder 130 und 131 ergibt sich

$$\delta_{11}^* = \tfrac{1}{3} \cdot [(-1,33)^2 \cdot 6,00 + 1^2 \cdot 4,00] = 4,87 \text{ m}^3 \text{ und}$$

$$\delta_{10}^* = \frac{2,00}{3} \cdot (-1,33) \cdot (4,0+0,5) + \frac{4,00}{3} \cdot (-1,33) \cdot (4,0+2,0) = -14,63 \text{ kNm}^3.$$

Damit wird $X_1 = -\dfrac{-14,63}{4,87} = +3,00$ kN .

Die sich so ergebende Momentenlinie ist in Bild 132 dargestellt. Bei unnachgiebiger Lagerung ergeben sich die in Bild 133 a zum Vergleich angegebenen Werte.

---

[39] Eine solche Situation tritt auf z.B. bei Pfettendächern, wo die Sparren durch die Mittelpfette mehr oder weniger elastisch gestützt werden. Sie tritt auch auf, wenn Stahlbetondurchlaufdecken teilweise auf Wänden und teilweise auf Unterzügen ruhen. In beiden Fällen wird in der Baupraxis (noch) mit starrer Lagerung gerechnet.

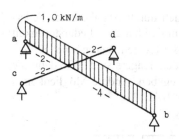

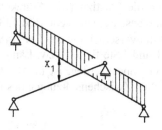

**Bild 128** EI = const. Träger a – b wird durch Träger c – d elastisch gestützt

**Bild 129** Ersatzsystem

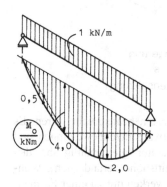

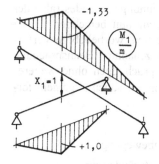

**Bild 130** Lastspannungszustand

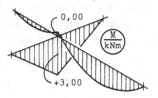

**Bild 131** Eigenspannungszustand

**Bild 132** Momentenlinie zu Bild 128

Wir können die Elastizität der Stützkonstruktion auch durch Angabe einer Feder-konstanten c beschreiben, siehe Bild 133b. In unserem Fall hätte die Federsteifigkeit mit der Mittenverschiebung $\delta = F \cdot l^3/(48 \cdot E \cdot I)$ und $\delta = F/c$ den Wert $c = 48 \cdot E \cdot I/l^3$, wobei $E \cdot I$ und $l$ Steifigkeit bzw. Länge des stützenden Trägers sind. Wie dann die $\delta$-Werte berechnet werden, ist in Abschnitt 1.2 angegeben. Andere Möglichkeiten der elastischen Zwischenstützung eines Balkens zeigt Bild 133c.

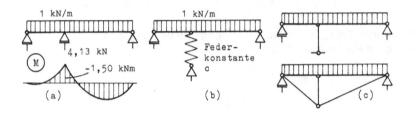

**Bild 133**
(a)   Stützmoment und Stützkraft bei unnachgiebiger Lagerung
(b)   Vereinfachte Darstellung eines elastischen Auflagers
(c)   Zwei weitere Möglichkeiten der elastischen Zwischenstützung

Bisher haben wir Tragwerke untersucht, die durch Lasten beansprucht waren. Es gibt jedoch noch andere Arten der Beanspruchung, etwa Stützenbewegungen und Temperaturänderungen gegenüber der Montage-Temperatur (gleichmäßig über den Stabquerschnitt verteilt oder linear über die Querschnittshöhe veränderlich). Wäh-rend diese Erscheinungen bei statisch bestimmten Tragwerken nur zu einer Formän-derung führen, und den Spannungszustand nicht verändern, bewirken sie bei statisch unbestimmten Tragwerken eine Änderung auch des Spannungszustandes (also der Schnitt- und Stützgrößen). Diese Änderungen wollen wir nun berechnen. Dabei kommen uns die Überlegungen von Abschnitt 1.2 zustatten, wo beliebige Verfor-mungen statisch bestimmter Systeme infolge der oben genannten Beanspruchung ermittelt wurden. Es ist nämlich so, dass diese Beanspruchungen ohne weiteres durch das Lastglied $\delta_{i0}$ mit erfasst werden können, wenn wir sagen allgemein for-mulieren $\delta_{i0} = \delta_{iL} + \delta_{is} + \delta_{it}$ und verabreden:

$\delta_{i0}$ = Verformung infolge einer gegebenen Last

$\delta_{is}$ = Verformung infolge einer gegebenen Stützenbewegung

$\delta_{it}$ = Verformung infolge einer gegebenen Temperaturänderung.

Dann gilt nach Abschnitt 1.2

$$\delta_{is} = -\overline{A} \cdot \Delta \quad \text{und} \quad \delta_{it} = \int \overline{N} \cdot \alpha_t \cdot t \cdot dx + \int \frac{\overline{M}}{h} \cdot \alpha_t \cdot \Delta t \cdot dx \; ;$$

dabei ist $\Delta$ die Stützenbewegung (positiv in Richtung von $\overline{A}$ ), t die mittlere Temperaturänderung (genauer: die Temperaturänderung in der Schwerlinie) und $\Delta t = t_u -$ $t_0$ die Differenz zwischen der Temperaturänderung an der Stabunterseite und derjenigen an der Staboberseite. $\overline{A}$ , $\overline{N}$ und $\overline{M}$ beschreiben den Eigenspannungszustand.

Zunächst einige Beispiele zur Stützenbewegung. In Bild 134 ist ein Zweifeldbalken dargestellt, bei dem sich ein (End-) Auflager um $\Delta$ = 5 cm gesenkt hat. Bild 135 zeigt die Berechnung der $\delta_{1s}$-Werte, und zwar für zwei verschiedene Grund- bzw. Ersatzsysteme.

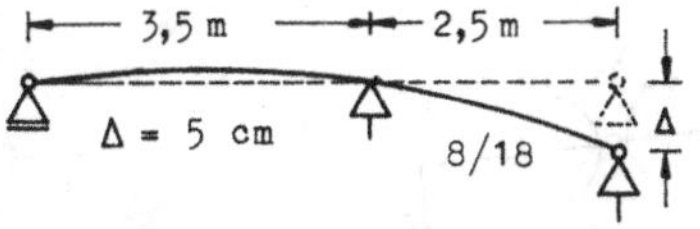

**Bild 134** Gegebenes System

Dabei wurden die früher ermittelten und in den Bildern 107 und 110 dargestellten Eigenspannungszustände benutzt. Es werden nun diese Werte und die Werte von Bild 135 für die weitere Betrachtung benutzt. Dann ergibt sich für

das erste Ersatzsystem:

$$\delta_{11} = 0{,}00514 \ (kNm)^{-1} \quad \text{und dann} \quad X_1 = -\frac{\delta_{1s}}{\delta_{11}} = -\frac{0{,}020}{0{,}00514} = -3{,}89 \ kNm$$

und für das zweite Ersatzsystem:

$$\delta_{11}^* = \frac{1{,}0}{3} \cdot 6{,}00 \cdot (-1{,}46)^2 = 4{,}26 \ m^3$$

$$\delta_{11} = \frac{\delta_{11}^*}{E \cdot I} = \frac{4{,}26}{388{,}8} = 0{,}01096 \ \frac{m}{kN} \quad \text{und hier} \quad X_1 = -\frac{\delta_{1s}}{\delta_{11}} = -\frac{-0{,}0292}{0{,}01096} = +2{,}66 \ kN$$

Mit beiden Werten ergibt sich freilich der gleiche Spannungszustand. Er ist in Bild 136 dargestellt. Da zu $\delta_{1s}$ keine Spannungen gehören (Lastspannungszustand $\equiv$ 0), ergibt sich M = $X_1 \cdot M_1$ usw.

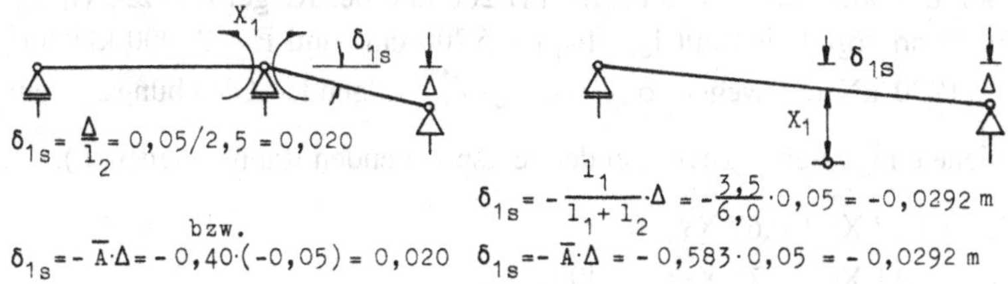

$$\delta_{1s} = \frac{\Delta}{l_2} = 0{,}05/2{,}5 = 0{,}020$$

$$\delta_{1s} = -\frac{l_1}{l_1 + l_2} \cdot \Delta = -\frac{3{,}5}{6{,}0} \cdot 0{,}05 = -0{,}0292 \ m$$

bzw.

$$\delta_{1s} = -\overline{A} \cdot \Delta = -0{,}40 \cdot (-0{,}05) = 0{,}020 \qquad \delta_{1s} = -\overline{A} \cdot \Delta = -0{,}583 \cdot 0{,}05 = -0{,}0292 \ m$$

**Bild 135** Berechnung von $\delta_{1s}$ für zwei verschiedene Grund- bzw. Ersatzsysteme

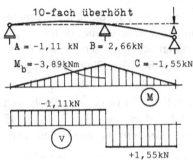

Bild 136 Spannungszustand

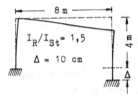

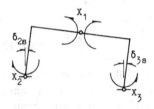

**Bild 137** Gegebenes System                    **Bild 138** Ersatzsystem

Als nächstes bestimmen wir die Stütz- und Schnittgrößen des in Bild 137 dargestellten Systems. Bild 138 zeigt das gewählte Ersatzsystem. Mit den Eigenspannungszuständen nach Bild 115 ergibt sich $\delta_{1s} = 0$; $\delta_{2s} = \dfrac{\Delta}{l} = \dfrac{0,10}{8,00} = 0,0125$ beziehungsweise $\delta_{2s} = -\overline{A} \cdot \Delta = -\dfrac{1,0}{8,00} \cdot (-0,10) = +0,0125$ und $\delta_{3s} = -\dfrac{\Delta}{l} = -\dfrac{0,10}{8,00} = -0,0125$

bzw. $\delta_{3s} = -\overline{A} \cdot \Delta = -\dfrac{1,0}{8,00} \cdot 0,10 = -0,0125$ .

Nehmen wir an, die Stiele haben das Profil IPB 200 und der Riegel IPB 220 ($I_R/I_{St}$ = 1,42 ≈ 1,5). Dann ergibt sich mit $I_c = I_{Stiel} = 5700$ cm$^4$ und E = 21000 kN/cm$^2$ (also $E \cdot I_c = 11970$ kNm$^2$) wegen $\delta_{is}^* = E \cdot I_c \cdot \delta_{is}^*$ folgendes Gleichungssystem ($\delta_{ik}^*$ -Werte siehe einige Seiten zuvor bei dem entsprechenden Rahmenbeispiel.):

$$8,00\,X_1 + 0,67\,X_2 + 0,67\,X_3 = 0$$
$$0,67\,X_1 + 3,11\,X_2 - 1,78\,X_3 = -149,6$$
$$0,67\,X_1 - 1,78\,X_2 + 3,11\,X_3 = +149,6$$

Es hat die Lösung $X_1 = 0$,   $X_2 = -30,6$ kNm, $X_3 = +30,6$ kNm. Wir können nun die M-Linie angeben und damit auch die V- und N-Linie sowie schließlich die Stützgrößen (Bild 139).

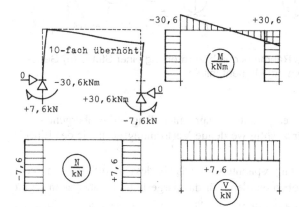

**Bild 139** Stützgrößen + Zustandslinien

Wir fragen nun: Welcher Spannungszustand stellt sich in dem soeben betrachteten Rahmen ein, wenn die linke Stütze um sagen wir $\tau = 1°$ (Bogenmaß: $\pi/180 = 0,01745$) verdreht wird (Bild 140a)? Mit dem in Bild 140b dargestellten Ersatzsystem ergibt sich $\delta_{1s} = 0$, $\delta_{2s} = 0,01745$ und $\delta_{3s} = 0$.

**Achtung!** Bei diesem Beispiel wird nun die im Ersatzsystem gelöste Momentenbindung für $X_2$ mit der Verdrehung von $\tau = 1°$ versehen, die auch endgültig bleiben soll! Dann lautet die zugehörige Gleichung **nicht** $\sum \delta_{ik}^* \cdot X_k + \delta_{i0}^* = 0$ sondern nun

$\sum \delta_{ik}^* \cdot X_k = \delta_{i0}^*$ . Mit $\delta_{2s}^* = E \cdot I_c \cdot \delta_{2s} = 388,8 \cdot 0,01745 = 209$ kNm$^2$ ergibt sich so das Gleichungssystem

$$8,00 \cdot X_1 + 0,67 \cdot X_2 + 0,67 \cdot X_3 = 0$$
$$0,67 \cdot X_1 + 3,11 \cdot X_2 - 1,78 \cdot X_3 = +209$$
$$0,67 \cdot X_1 - 1,78 \cdot X_2 + 3,11 \cdot X_3 = 0.$$

Es hat die Lösung $X_1 = -14,4$ kNm, $X_2 = +107,2$ kNm, $X_3 = +64,4$ kNm. Damit kann die Momentenlinie gezeichnet werden, Bild 140c. Die übrigen Zustandslinien wurden aus Platzgründen nicht dargestellt. Der Leser möge sie angeben.

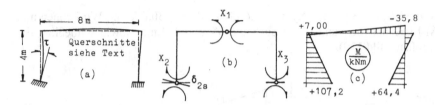

**Bild 140** Beanspruchung eines Rahmens durch Verdrehung einer Stütze (a) Gegebenes System; (b) Ersatzsystem; (c) Momentenlinie

Bevor wir zur Untersuchung temperaturbeanspruchter Tragwerke übergehen, behandeln wir noch einige später wichtig werdende Verformungszustände des Einzelstabes.

Bild 141 zeigt einen einseitig eingespannten Einzelstab, dessen Auflager senkrecht zur Stabrichtung um $\Delta$ verschoben wurden. Für das dargestellte Ersatzsystem ergibt

$\delta_{11} = \frac{l}{3 \cdot E \cdot I}$ und $\delta_{1s} = +\frac{\Delta}{l}$ und damit $X_1 = -\frac{\delta_{1s}}{\delta_{11}} = -\frac{3 \cdot E \cdot I}{l^2} \cdot \Delta$. Damit lässt sich die

Momentenlinie zeichnen; sie ist links unten in Bild 141 dargestellt.

Als nächstes berechnen wir die M-Linie des gleichen Tragwerks bei einer Verdrehung der Einspannung um den Winkel $\varphi$, Bild 142. Für das dargestellte Ersatzsystem ergibt sich $\delta_{1s} = -\varphi$ und $\delta_{11} = \frac{l}{3 \cdot E \cdot I}$ (siehe oben) und $X_1 = \frac{3 \cdot E \cdot I}{l} \cdot \varphi$.

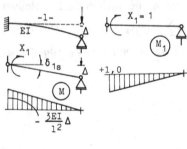

**Bild 141** Stützenverschiebung eines einseitig eingespannten Einzelstabes

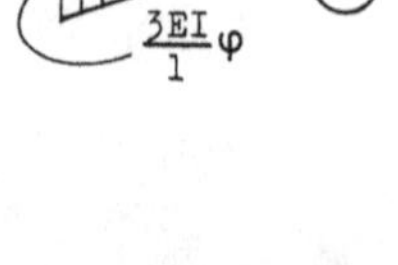

**Bild 142**

Bild 142 zeigt die entsprechende Momentenlinie. Schließlich betrachten wir einen beidseitig eingespannten Einzelstab, dessen Einspannungen sich ebenfalls verdrehen und gegeneinander verschieben sollen. In Bild 143 wird eine Verdrehung der linken Einspannung untersucht. Mit

$\delta_{1s} = \varphi_a$, $\delta_{2s} = 0$, $\delta_{11} = \frac{l}{3 \cdot E \cdot I}$, $\delta_{12} = \frac{l}{6 \cdot E \cdot I}$ und $\delta_{22} = \frac{l}{3 \cdot E \cdot I}$ ergibt sich das Gleichungs-

system (Achtung: Rechte Seite positiv!)

$$\frac{l}{3 \cdot E \cdot I} \cdot X_1 + \frac{l}{6 \cdot E \cdot I} \cdot X_2 = + \varphi_a$$

$$\frac{l}{6 \cdot E \cdot I} \cdot X_1 + \frac{l}{3 \cdot E \cdot I} \cdot X_2 = 0 .$$

Es hat die Lösung $X_1 = \frac{4 \cdot E \cdot I}{l} \cdot \varphi_a$ ; $\qquad X_2 = -\frac{2 \cdot E \cdot I}{l} \cdot \varphi_a$ .

Die sich damit ergebende Momentenlinie ist in Bild 143 gezeichnet.

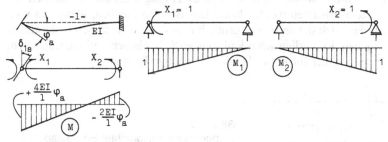

**Bild 143** Beanspruchung eines eingespannten Einzelstabes durch Verdrehung einer Einspannung

Schließlich wird in Bild 144 die gegenseitige Verschiebung der Einspannungen behandelt. Mit $\delta_{1s} = -\frac{\Delta}{l}$, $\delta_{2s} = +\frac{\Delta}{l}$ und den oben ermittelten $\delta_{ik}$-Werten ergibt sich dies Gleichungssystem:

$$\frac{l}{3 \cdot E \cdot I} \cdot X_1 + \frac{l}{6 \cdot E \cdot I} \cdot X_2 = -\frac{\Delta}{l} \qquad \text{Es hat die Lösung} \quad X_1 = -\frac{6 \cdot E \cdot I}{l^2} \cdot \Delta$$

$$\frac{l}{6 \cdot E \cdot I} \cdot X_1 + \frac{l}{3 \cdot E \cdot I} \cdot X_2 = +\frac{\Delta}{l} \qquad \text{und} \qquad X_2 = +\frac{6 \cdot E \cdot I}{l^2} \cdot \Delta$$

Nun kann die Biegemomentenlinie in Bild 144 gezeichnet werden.

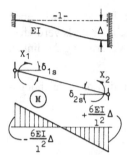

**Bild 144**

Wir kommen nun zur Behandlung temperaturbeanspruchter Tragwerke und untersuchen zunächst einen beidseitig eingespannten Einzelstab, dessen Temperatur um t °C gegenüber dem Montagezustand erhöht worden sei, Bild 145. Es gilt $\delta_{1t} = +\alpha_t \cdot t \cdot l$ und $\delta_{11} = \dfrac{l}{E \cdot A}$ , dann damit $X_1 = -\alpha_t \cdot t \cdot E \cdot A$. Nun kann die Normalkraftlinie gezeichnet werden. Mancher Leser wird (besonders) bei dieser Rechnung fragen, wieso ein dreifach statisch unbestimmtes Tragwerk als einfach statisch unbestimmtes System behandelt werden kann. Das ist dann möglich, wenn von vorn herein klar ist, dass sich die anderen eigentlich anzusetzenden statisch Unbestimmten zu Null ergeben. Im vorliegenden Fall (wie auch in einigen vorhergegangenen) ist das so. Wir zeigen hier zur Kontrolle die vollständige Rechnung.

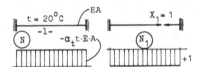

**Bild 145**
Temperaturbeanspruchter Einzelstab

Mit den Eigenspannungszuständen von Bild 146 ergibt sich neben den o.a. Werten $\delta_{2t} = \delta_{3t} = 0$, $\delta_{22} = \dfrac{l}{E \cdot I}$, $\delta_{33} = \dfrac{l^3}{3 \cdot E \cdot I}$, $\delta_{23} = \dfrac{l^2}{2 \cdot E \cdot I}$, $\delta_{12} = \delta_{13} = 0$. Es genügt im Koeffizientenschema des sich so ergebenden Gleichungssystems die besetzten Plätze mit x zu kennzeichnen (und die nicht besetzten mit o), um zu zeigen, dass sich ergibt $X_2 = X_3 = 0$:

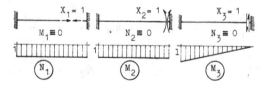

| $X_1$ | $X_2$ | $X_3$ | r.S. |
|-------|-------|-------|------|
| x | 0 | 0 | x |
| 0 | x | x | 0 |
| 0 | x | x | 0 |

**Bild 146** Eigenspannungszustände

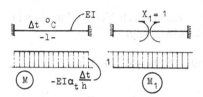

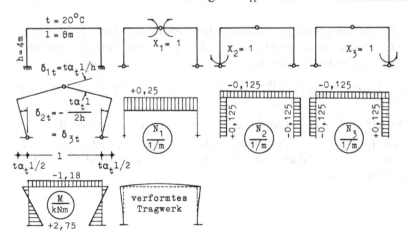

**Bild 147** Antimetrische Temperatur-belastung (h = Trägerhöhe)

Als nächstes möge sich der gleiche Stab antimetrisch um $\Delta t$ °C erwärmen. Da N und V bei dieser Beanspruchung (wie wir gleich sehen werden) identisch Null sind, braucht nur der in Bild 147 gezeigte Eigenspannungszustand berücksichtigt zu werden. Mit $\delta_{1t} = \dfrac{l}{h} \cdot \alpha_t \cdot \Delta t$ und $\delta_{11} = \dfrac{l}{E \cdot I}$ ergibt sich $X_1 = -E \cdot I \cdot \alpha_t \cdot \dfrac{\Delta t}{h}$. Die entsprechende Momentenlinie ist in Bild 147 dargestellt.

In Verbindung mit diesem Beispiel (wie überhaupt bei lastfreier Beanspruchung) führt die Frage nach der Verformung manchmal zu Verwirrung. Bedenkt man, dass gilt $w = w_0 + X_1 \cdot w_1$ sowie $M = M_1 \cdot X_1$, dann erkennt man, dass eine Verwendung (nur) von M etwa im Arbeitssatz nur den Verschiebungsanteil $X_1 \cdot w_1$ liefert. Der Anteil $w_0$ wird dabei nicht erfasst und muss deshalb der so (also mit $M = M_1 \cdot X_1$) gefundenen Verformung noch überlagert werden. Eine Betrachtung des Ersatzsystems zeigt dieses unmittelbar. Wir kommen jedoch auch später noch auf dieses Problem zurück.

Als nächstes betrachten wir den uns schon bekannten eingespannten Rahmen, dessen Riegel nun um t = 20°C gleichmäßig erwärmt worden sein soll. Welche Momente treten dabei auf? Zur Bestimmung der $\delta_{it}$ werden die Normalkraft-Linien der

**Bild 148** Zur Berechnung eines eingespannten Rahmens, dessen Riegel um t = 20°C erwärmt wird gegenüber der Montagetemperatur. Querschnitte von Bild 137

Zustände $X_i = 1$ gebraucht. Sie werden leicht gefunden durch Verwendung der in Bild 115 angegebenen Stützkräfte und sind in Bild 148 gezeigt.

Mit ihnen ergibt sich $\delta_{1t} = \dfrac{t}{h} \cdot \alpha_t \cdot l = \dfrac{20}{4,00} \cdot 0,000012 \cdot 8,00 = 48 \cdot 10^{-5}$ und

$\delta_{2t} = \delta_{3t} = -\dfrac{t}{2 \cdot h} \cdot \alpha_t \cdot l = -24 \cdot 10^{-5}$, was auch auf geometrischem Wege gefunden

werden kann. Mit $E \cdot I_c = 11970$ kNm² ergibt sich $\delta_{1t}^* = +5,75$ kNm² und auch

$\delta_{2t}^* = \delta_{3t}^* = -2,87$ kNm². Mit den zuvor errechneten $\delta_{ik}^*$-Werten kann das Gleichungssystem angeschrieben werden.

Es hat die Lösung $X_1 = -1,18$ kNm, $X_2 = X_3 = +2,75$ kNm. Die sich ergebende Momentenlinie ist in Bild 148 dargestellt.

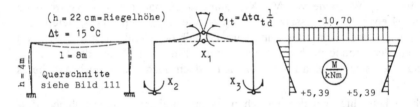

**Bild 149** Antimetrische Temperaturbeanspruchung des Riegels

Wie sieht die Momentenlinie bei antimetrischer Temperaturbelastung des Riegels aus, Bild 149? Durch eine geometrische Betrachtung oder mit Hilfe der Eigenspannungszustände von Bild 115 ergibt sich

$$\delta_{1t} = \Delta t \cdot \alpha_t \cdot \dfrac{l}{h} = 15 \cdot 0,000012 \cdot \dfrac{8,00}{0,22} = 655 \cdot 10^{-5}, \qquad \delta_{2t} = \delta_{3t} = 0. \quad \text{Mit}$$

$\delta_{1t}^* = 11970 \cdot 655 \cdot 10^{-5} = 78,35$ kNm² und $\delta_{2t}^* = \delta_{3t}^* = 0$ kann wieder das Gleichungssystem für die statisch Unbestimmten $X_1$ bis $X_3$ angeschrieben werden. Es hat die Lösung $X_1 = -10,70$ kNm und $X_2 = X_3 = +5,39$ kNm. Bild 149 zeigt die zugehörige Momentenlinie.

Zahlenbeispiel für einen unterspannten Stahlträger

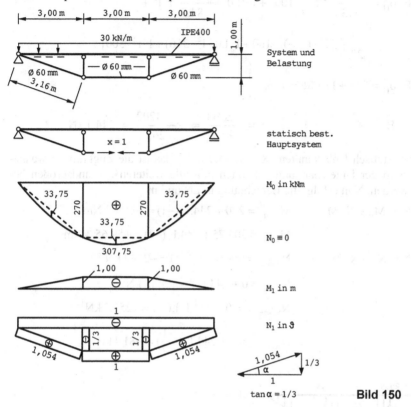

**Bild 150**

Vorwerte    Stahl S235

Stahlträger IPE400 mit $I_y = 23.130\,cm^4$   und   $A = 84,5\,cm^2$

Unterspannung aus Rundstahl $D = 6\,cm$   mit   $A = 6^2 \cdot \dfrac{\pi}{4} = 28,3\,cm^2$

Die Berechnung erfolgt in den Einheiten **kN** und in **cm**.

$$E \cdot \delta_{10} = -\frac{300 \cdot 100}{23130} \cdot (2 \cdot \frac{1}{3} \cdot (3375 + 27000) + \frac{2}{3} \cdot 3375 + 1 \cdot 27000) = \frac{-1485 \cdot 10^6}{23130}$$

$$E \cdot \delta_{10} = -64202\,\frac{kN}{cm}$$

$$E \cdot \delta_{11} = \frac{300}{23130} \cdot (2 \cdot \frac{1}{3} \cdot 100^2 + 1 \cdot 100^2) + \frac{900}{84,5} \cdot 1 \cdot 1^2 +$$

$$+ \frac{1}{28,3} \cdot [2 \cdot (1 \cdot (\frac{1}{3})^2 \cdot 100 + 1 \cdot 1,054^2 \cdot 316) + 1 \cdot 1^2 \cdot 300]$$

$$E \cdot \delta_{11} = 216 + 11 + 36 = +263 \frac{1}{cm}$$

$$X \cdot E \cdot \delta_{11} + E \cdot \delta_{10} = 0 \quad \rightarrow \quad X = -\frac{E \cdot \delta_{10}}{E \cdot \delta_{11}} = -\frac{-64202}{263} = 244,1 \, kN$$

Mit dieser statisch Unbekannten X = +244,1 kN – das ist die Zugkraft im waage-
rechten Stab der Unterspannung – können nun alle weiteren Zustandsgrößen berechnet werden. Nun erfolgt die Berechnung in **kN** und **m**.

$$M = M_0 + X \cdot M_1 \qquad M_{x=3m} = 270 + 244,1 \cdot (-1) = +25,9 \, kNm$$

$$M_{Mitte} = 303,75 + 244,1 \cdot (-1) = +59,65 \, kNm$$

$$N = N_0 + X \cdot N_1 \qquad N_{Träger} = 0 + 244,1 \cdot (-1) = -244,1 \, kN$$

$$N_{unten} = 0 + 244,1 \cdot 1 = +244,1 \, kN$$

$$N_{Schrägstab} = 0 + 244,1 \cdot 1,054 = +257,3 \, kN$$

$$N_{senkr.\,Stab} = 0 + 244,1 \cdot (-\frac{1}{3}) = -81,4 \, kN$$

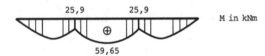

25,9          25,9          M in kNm

59,65

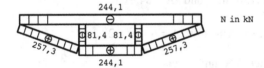

244,1          N in kN

81,4  81,4

257,3          257,3

244,1                                    **Bild 151**

## 4.1.2 Betrachtungen zur Berechnung des Durchlaufträgers

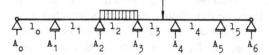

**Bild 152** Gegebener Durchlaufträger

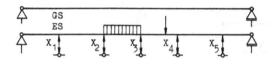

**Bild 153** Ungeschickt gewähltes Grundsystem

Das wohl am häufigsten im Alltag des Bauingenieurs auftretende statisch unbestimmte Tragwerk ist der Durchlaufträger. Wir wollen ihn deshalb etwas ausführlicher behandeln und betrachten dazu den in Bild 152 dargestelltem 6-Feld-Träger.

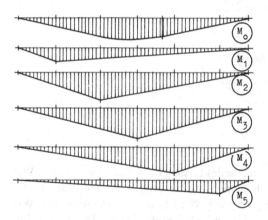

**Bild 154** Zugehörige Spannungszustände

Er ist fünffach statisch unbestimmt. Wir erhalten ein statisch bestimmtes Ersatzsystem (ES), indem wir fünf Bindungen lösen und stattdessen die entsprechenden (Schnitt-) Größen anbringen. Die Wahl dieser fünf Bindungen ist, wie wir wissen, beliebig. Wir treffen zunächst eine ungeschickte Wahl und wählen als überzählige

Größen die fünf Stützkräfte $A_1$ bis $A_5$ (genauer: die Spreizkräfte zwischen Träger und Auflager), Bild 153. Diese Wahl führt zu den in Bild 154 skizzierten Last- und Eigenspannungszuständen. Wir brauchen die Berechnung der ausgezeichneten Werte dieser Momentenlinien nicht erst zu zeigen um sagen zu können, dass dies mühsam ist. Dazu kommt, dass weder einige der $\delta_{ik}$-Werte noch der $\delta_{i0}$-Werte verschwinden. Alle fünf Gleichungen haben die unten stehende Form:

$$\delta_{i\,1} \cdot X_1 + \delta_{i\,2} \cdot X_2 + \delta_{i\,3} \cdot X_3 + \delta_{i\,4} \cdot X_4 + \delta_{i\,5} \cdot X_5 = -\,\delta_{i\,0},$$

wobei sämtliche Koeffizienten von Null verschiedene Werte haben.

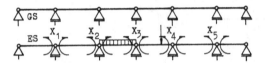

**Bild 155** Geschickter gewähltes Grundsystem

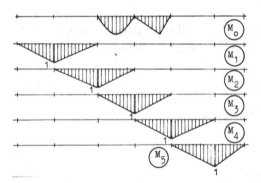

**Bild 156** Spannungszustände

Entsprechend unangenehm wird die (manuelle) Lösung des Gleichungssystems. Wir verfolgen deshalb den Rechengang hier nicht weiter sondern treffen eine zweite, diesmal geschicktere Wahl der überzähligen Größen bzw. des Grundsystems: Wir wählen die fünf Stützmomente $M_1$ bis $M_5$ und erhalten das in Bild 155 dargestellte statisch bestimmte Grund- bzw. Ersatzsystem. Die entsprechenden Spannungszustände sind in Bild 156 dargestellt. Zunächst fällt angenehm auf, dass sich die Momentenlinien mühelos angeben lassen. Den entscheidenden Vorteil des hier gewählten Grundsystems zeigt jedoch die sich nun anschließende Berechnung der $\delta$-Werte.

Da sich die Momentenlinien der Eigenspannungszustände nur über jeweils zwei Felder erstrecken, bewirken die Eigenspannungszustände Verformungen nur an drei Stützpunkten. Nehmen wir etwa die Stütze 3. Da $\delta_{31}$ und $\delta_{35}$ den Wert Null haben, ergibt sich die Elastizitätsbed. $\delta_3 = 0$ in der Form

$$\delta_{32} \cdot X_2 + \delta_{33} \cdot X_3 + \delta_{34} \cdot X_4 = -\delta_{30}$$

Für die Stütze 4 ergibt sich entsprechend

$$\delta_{43} \cdot X_3 + \delta_{44} \cdot X_4 + \delta_{45} \cdot X_5 = -\delta_{40}$$

So enthält jede Elastizitätsgleichung im Regelfall drei Unbekannte, im Sonderfall der ersten und letzten Innenstütze (bei frei drehbaren Endauflagern) nur zwei. Da die Unbekannten hier stets mit den Stützmomenten identisch sind, schreibt man $M_i$ statt $X_i$ und erhält allgemein

$$\delta_{i,i-1} \cdot M_{i-1} + \delta_{ii} \cdot M_i + \delta_{i,i+1} \cdot M_{i+1} = -\delta_{i\,0}.$$

Man nennt diese Gleichung „Dreimomentengleichung". Die zugehörige Koeffizientenmatrix des Gleichungssystems stellt sich als sogenannte Bandmatrix dar, für deren Lösung spezielle Rechenzeit sparende Verfahren vorliegen. Werden in dieser Gleichung die Koeffizienten mit Hilfe der Mohrschen Analogie ermittelt, kommt man zur sogenannten CLAPEYRONschen Gleichung.[40]

| $M_1$ | $M_2$ | $M_3$ | $M_4$ | $M_5$ | r. Seite |
|---|---|---|---|---|---|
| $\delta_{11}$ | $\delta_{12}$ | 0 | 0 | 0 | $-\delta_{10}$ |
| $\delta_{21}$ | $\delta_{22}$ | $\delta_{23}$ | 0 | 0 | $-\delta_{20}$ |
| 0 | $\delta_{32}$ | $\delta_{33}$ | $\delta_{34}$ | 0 | $-\delta_{30}$ |
| 0 | 0 | $\delta_{43}$ | $\delta_{44}$ | $\delta_{45}$ | $-\delta_{40}$ |
| 0 | 0 | 0 | $\delta_{54}$ | $\delta_{55}$ | $-\delta_{50}$ |

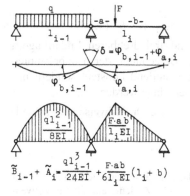

**Bild 157** Gegenseitige Verdrehung der Gelenk-Querschnitte

---

[40] P.B.E. Clapeyron (1799–1864); französischer Physiker.

Die Mohrsche Analogie (siehe Abschnitt 1.4) besagt, dass sich die Durchbiegung in einem Punkt „m" eines Einfeldträgers ergibt als Biegemoment in diesem Punkt, wenn der Träger durch die mit $E \cdot I$ dividierte Momentenfläche (erzeugt durch die gegebene Last) beansprucht wird. Entsprechend ergibt sich die Verdrehung des Querschnittes in Punkt „m" als zugehörige Querkraft in diesem Punkt. So erhält man die gegenseitige Verdrehung $\delta_{i\,0} = \delta_{B,i-1} + \delta_{A,i}$ der Stabquerschnitte links und rechts eines Auflagers infolge der gegebenen Belastung als Summe der Stützkräfte

der mit der $\dfrac{M}{E \cdot I}$ – Fläche belasteten Träger: $\delta_{i\,0} = \tilde{B}_{i-1} + \tilde{A}_i$. Bild 157 zeigt dies

für ein willkürlich gewähltes Beispiel. Für die Eigenspannungszustände lassen sich diese Stützkräfte ein für alle Male angeben, wie Bild 158 zeigt. Die dort für $E \cdot I =$ const. angeschriebenen Ausdrücke führen wir in die Dreimomentengleichung ein und erhalten

$$\frac{l_{i-1}}{6 \cdot E \cdot I} \cdot M_{i-1} + \frac{l_{i-1} + l_i}{3 \cdot E \cdot I} \cdot M_i + \frac{l_i}{6 \cdot E \cdot I} \cdot M_{i+1} = -\tilde{A}_i - \tilde{B}_{i-1}$$

Die Anwendung dieser Formel wird einfacher, wenn man zuvor beide Seiten mit $6 \cdot E \cdot I$ multipliziert:

$$l_{i-1} \cdot M_{i-1} + 2 \cdot (l_{i-1} + l_i) \cdot M_i + l_i \cdot M_{i+1} = -6 \cdot E \cdot I \cdot \tilde{A}_i - 6 \cdot E \cdot I \cdot \tilde{B}_{i-1}.$$

Da die Größen $\tilde{A}_i$ und $\tilde{B}_{i-1}$ ihrerseits den Faktor $\frac{1,0}{E \cdot I}$ enthalten, wie ein Blick auf

Bild 157 zeigt, ist es naheliegend, die Produkte $E \cdot I \cdot \tilde{A}$ bzw. $E \cdot I \cdot \tilde{B}$ zu tabellieren.

Tatsächlich hat man die Größen $\frac{6 \cdot E \cdot I}{l} \cdot \tilde{A} = L$ und $\frac{6 \cdot E \cdot I}{l} \cdot \tilde{B} = R$ tabelliert, die man

Belastungsglieder nennt.[41]

Mit ihnen ergibt sich die Clapeyronsche Gleichung für konstant durchlaufendes $E \cdot I$ in der Form

$$l_{i-1} \cdot M_{i-1} + 2 \cdot (l_{i-1} + l_i) \cdot M_i + l_i \cdot M_{i+1} = -l_{i-1} \cdot R - l_i \cdot L.$$

Bei einem Durchlaufträger mit n Innenstützen und frei drehbaren Endauflagern lassen sich n solche Gleichungen formulieren zur Berechnung der n unbekannten Stützmomente. Ist das Trägheitsmoment nicht durchlaufend konstant sondern nur feldweise, dann kann mit reduzierten Stützweiten gerechnet werden.

Im nachfolgenden Rechenbeispiel ist die Vorgehensweise für feldweise unterschiedliche Trägheitsmomente gezeigt.

---

[41] Siehe Abschnitt 1.4, Tafel 6. Für viele Fälle sind Belastungsglieder angegeben in den üblichen Tabellenbüchern, z.B. im Wendehorst Bautechnische Zahlentafeln. Durch Verwendung der auf die Stützweite bezogenen Größen wird in der endgültigen Formel deutlich, dass R (= rechts) zu Feld i–1 gehört und L zu Feld i.

Berechnung eines Trägers mit der Dreimomentengleichung:

System

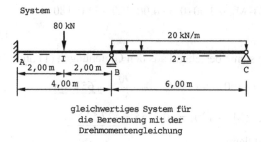

gleichwertiges System für
die Berechnung mit der
Drehmomentengleichung

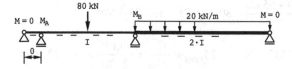

| 4,00 m | 6,00 m | Stützweiten |
|---|---|---|
| 4,00 m | $6,00 \text{ m} \cdot \dfrac{I}{2 \cdot I} = 3,00 \text{ m}$ | reduzierte Stützweiten |
| $\dfrac{3}{8} \cdot 80 \cdot 4,00 = 120 \text{ kNm}$ | $20 \cdot \dfrac{6,00^2}{4} = 180 \text{ kNm}$ | Belastungsglieder R = L |

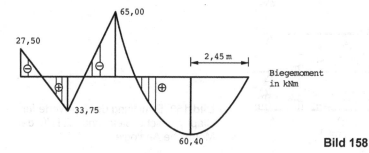

**Bild 158**

Die Belastungsglieder sind mit den tatsächlichen Stützweiten zu berechnen. Die Aufstellung der Gleichungen erfolgt aber mit den reduzierten Stützweiten!

Die Berechnung erfolgt hier in **kN** und **m**.

Dreimomentengleichung für das Auflager A in der Mitte:

$$0,00 \cdot 0 + 2 \cdot (0,00 + 4,00) \cdot M_A + 4,00 \cdot M_B = -0,00 \cdot 0 - 4,00 \cdot 120$$

$$2 \cdot M_A + 1 \cdot M_B = -120 \qquad (1)$$

Dreimomentengleichung für das Auflager B in der Mitte:

$$4,00 \cdot M_A + 2 \cdot (4,00 + 3,00) \cdot M_B + 3,00 \cdot 0 = -4,00 \cdot 120 - 3,00 \cdot 180$$

$$2 \cdot M_A + 7 \cdot M_B = -510 \tag{2}$$

Lösung des linearen Gleichungssystems bestehend aus den Gleichungen (1) und (2):

$$(1) - (2) \qquad -6 \cdot M_B = +390 \quad \rightarrow \quad M_B = -\frac{390}{6} = \underline{-65\,kNm}$$

$$\text{Aus (1)} \qquad M_A = -0,5 \cdot (M_B + 120) = -0,5 \cdot 55 = \underline{-27,5\,kNm}$$

Die maximalen Feldmomente sind dann

$$M_{Feld1} = 80 \cdot \frac{4,00}{4} - \frac{27,50 + 65,00}{2} = 80 - 46,25 = +33,75\ kNm$$

$$C = 20 \cdot \frac{6,00}{2} - \frac{65,00}{6} = 49,17\ kN \qquad M_{Feld2} = \frac{C^2}{2 \cdot q} = \frac{49,17^2}{2 \cdot 20} = +60,40\ kNm$$

Abstand des Feldmomentes vom rechten Rand: $\qquad x = \dfrac{C}{q} = \dfrac{49,17}{20} = 2,45\,m$

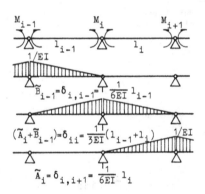

**Bild 159** Ermittlung der $\delta_{i\,k}$-Werte für die Clapeyronsche Gleichung mit Hilfe der Mohrsche Analogie

Wir haben in Bild 133 einen teilweise elastisch gestützten Zweifeldträger gezeigt. Natürlich gibt es auch elastisch gestützte Mehrfeldträger; Bild 160 zeigt einen solchen Achtfeldträger. Die Frage ist: Führt die Wahl eines Koppelträgers als Grundsystem (Bild 161) auch in diesem Fall auf eine Dreimomentengleichung? Die Antwort lautet „nein". Während bei unnachgiebiger Stützung die Überlagerung der Eigenspannungszustände nur bei unmittelbar benachbarten Zuständen von Null verschiedene Werte lieferte, ergeben sich hier wegen des Beitrages der Auflagerkräfte auch bei mittelbar benachbarten Zuständen wesentliche Werte.

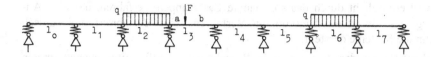

**Bild 160** Elastisch gestützter Durchlaufträger

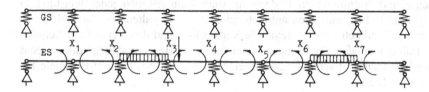

**Bild 161** Gewähltes Grundsystem und zugehöriges Ersatzsystem

### 4.1.3 Ausnutzung von Symmetrie, Lastgruppen

Zuvor haben wir etliche Systeme behandelt, bei denen Tragwerk und Belastung symmetrisch sind. Eine Betrachtung der dort vorgeführten Untersuchungen lässt die entscheidenden Rechenvorteile, die das Vorhandensein von Symmetrie (oder Antimetrie) bei statisch bestimmten Systemen mit sich bringt (siehe auch Abschnitt 3.6 von TM 1), nicht erkennen. Sie gingen verloren, da die statisch Unbestimmten (jedenfalls die meisten) unsymmetrisch angeordnet werden.

Die Rechenvorteile würden vermutlich erhalten bleiben, wenn es gelänge, ausschließlich symmetrische bzw. antimetrische Eigenspannungszustände zu finden.

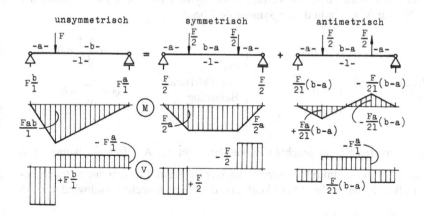

**Bild 162** Belastungs-Umordnung

Dies wird ermöglicht durch das sogenannte Lastgruppen-Verfahren, das eine Anwendung des Belastungs-Umordnungs-Verfahrens (BU-Verfahren) auf statisch unbestimmte Systeme darstellt.

Im Hinblick darauf, dass heute statische Berechnungen häufig mit Rechenautomaten erstellt werden und so die Kontrolle fertig vorliegender Ergebnisse zu den Standard-Aufgaben des konstruktiven Ingenieurs gehören wird, gewinnt das Arbeiten mit Symmetrie und Antimetrie an Bedeutung. Man kann nämlich jede Belastung in einen symmetrischen und einen antimetrischen Teil aufspalten und für viele symmetrische und antimetrische Systeme die Stützgrößen und den Verlauf der Schnittgrößen (allgemein: den Spannungszustand bzw. die Beanspruchung) durch recht einfache Überlegungen schnell bestimmen. Wir zeigen deshalb zwei Beispiele für das BU- Verfahren.

In Bild 162 ist ein unsymmetrisch durch eine Einzellast F beanspruchter Balken dargestellt. Wir untersuchen stattdessen den symmetrisch durch $F/2$ und den antimetrisch durch $F/2$ belasteter Balken. Dabei beachten wir diese Sätze (Abschnitt 3.6 von TM 1):

(1) Wird ein symmetrisches Tragwerk symmetrisch belastet[42], so stellt sich ein symmetrischer Spannungs- und Formänderungszustand ein. Das bedeutet, der Normalkraft- und der Biegemomentenverlauf sowie die Biegelinie sind symmetrisch, der Querkraftverlauf ist antimetrisch.

(2) Wird ein symmetrisches Tragwerk antimetrisch belastet, so stellt sich ein antimetrischer Spannungs- und Formänderungszustand ein. Das bedeutet, der Normalkraft- und der Biegemomentenverlauf sowie die Biegelinie sind antimetrisch, der Querkraftverlauf ist symmetrisch.

(3) Da bei einem antimetrischen Verlauf in der Symmetrie-Ebene zwangsläufig der Wert Null auftritt, gilt in dieser Symmetrie-Ebene

| bei antimetrischer Belastung | $M = 0$ $w = 0$ $N = 0$ | bei symmetrischer Belastung | $V = \dfrac{dM}{dx} = 0$ $\varphi = \dfrac{dw}{dx} = 0$ $u = 0$ |
|---|---|---|---|

Für den symmetrisch beanspruchten Balken bedeutet das $A = B = \frac{F}{2}$, womit auch die M- und V-Linie unmittelbar gezeichnet werden kann. Für den antimetrisch belasteten Balken bedeutet das: Da in Feldmitte das Biegemoment verschwindet, kann

---

[42] Zur Belastung gehören die Aktionskräfte und die Reaktionskräfte.

man sich dort ein Gelenk angeordnet denken: $\Sigma M_{gl} = 0$ liefert $A \cdot \dfrac{l}{2} - \dfrac{F \cdot (b-a)}{4} = 0$

bzw. $A = \dfrac{F}{2 \cdot l} \cdot (b-a)$. Antimetrie verlangt $B = -A$. Damit lassen sich die M- und V-Linie unmittelbar zeichnen.

Als nächstes untersuchen wir einen unsymmetrisch belasteten (symmetrisch gebauten) Dreigelenk-Rahmen, Bild 163. Dabei spalten wir die Last wieder in einen symmetrischen und einen antimetrischen Anteil auf. Zunächst die symmetrische Beanspruchung. Da die Stützkräfte ebenfalls symmetrisch sein müssen, können nur Horizontalkomponenten auftreten.[43]

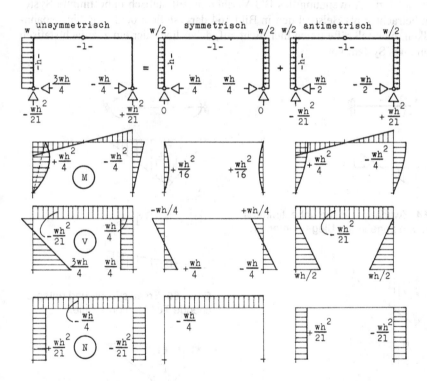

**Bild 163** Zur Aufspaltung einer unsymmetrischen Belastung in einen symmetrischen und einen antimetrischen Anteil

[43] Mit von Null verschiedenen Vertikalkomponenten $A_v$ und $B_v = A_v$ kann in senkrechter Richtung kein Gleichgewicht hergestellt werden.

$\Sigma M_{gl} = 0$  bzw.  $A_h \cdot h - w \cdot h^2/4 = 0$  liefert  $A_h = + \dfrac{w \cdot h}{2}$ .

Mit $B_h = A_h$ (und $A_v = B_v = 0$) lassen sich die Zustandslinien unmittelbar angeben. Nun die antimetrische Beanspruchung. Da im Riegel $N \equiv 0$ sein muss, geht die links bzw. rechts wirkende Horizontalbelastung ganz in das linke bzw. rechte Auflager:

$A_h = + \dfrac{w \cdot h}{2}$  und  $B_h = - \dfrac{w \cdot h}{2}$ . Die Stützkraft $A_v$ ergibt sich dann am einfachsten

aus $\Sigma M_b = 0$: $A_v \cdot l + w \cdot h^2/2 = 0$ liefert $A_v = -w \cdot h^2/(2 \cdot l)$. Antimetrie verlangt

$B_v = +w \cdot h^2/(2 \cdot l)$ . Damit können die Zustandslinien gezeichnet werden. Wir kommen jetzt zur Anwendung des BU-Verfahrens auf statisch unbestimmte Systeme und betrachten als Beispiel den in Bild 164 dargestellten beidseitig eingespannten Balken. Normalkräfte treten hier nicht auf, daher liegt hier ein zweifach statisch unbestimmtes System vor.

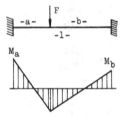

**Bild 164** Zweifach statisch unbestimmtes System und zugehörige Biegemomentenlinie

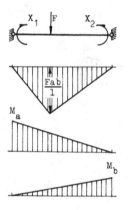

**Bild 165** Ersatzsystem und entsprechende Teil-Momentenlinien

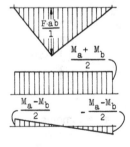

**Bild 167** Symmetrischer und antimetrischer Anteil

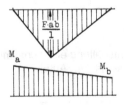

**Bild 166** Andere Aufteilung

Die angegebene M-Linie sei bekannt. Man kann sie sich entsprechend dem in Bild 165 dargestellten Ersatzsystem aus den drei dort skizzierten Anteilen zusammengesetzt denken. Sie kann jedoch auch zusammengesetzt werden aus den Anteilen des Bildes 166 oder denen des Bildes 167. Im letzteren Fall haben wir neben der $M_0$-Fläche eine symmetrische M-Fläche und eine antimetrische M-Fläche entsprechend den in Bild 168 dargestellten Gruppenlasten. Zu diesen Gruppenlasten kommt man, wenn mit Eigenspannungszuständen nach Bild 169 gearbeitet wird. Bezugnehmend auf Bild 170 sieht die Rechnung dann so aus:

$$\delta_{11}^* = l, \ \delta_{12}^* = 0, \ \delta_{22}^* = \frac{l}{3},$$

$$\delta_{10}^* = \frac{F \cdot a \cdot b}{2}, \ \delta_{20}^* = \frac{F \cdot a \cdot b}{6 \cdot l} \cdot (b-a).$$

Damit ergeben sich die Elastizitätsgleichungen

$$1 \cdot Y_1 + 0 \cdot Y_2 = -\frac{F \cdot a \cdot b}{2}$$

$$0 \cdot Y_1 + \frac{1}{3} \cdot Y_2 = -\frac{F \cdot a \cdot b}{6 \cdot 1} \cdot (b-a)$$

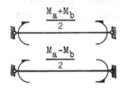

**Bild 168** Gruppenlasten

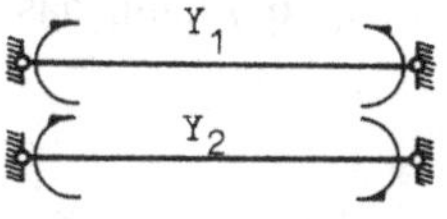

**Bild 169** Symmetrischer und antimetrischer Eigenspannungszustand

mit der Lösung $Y_1 = -\dfrac{F \cdot a \cdot b}{2 \cdot l}; \quad Y_2 = -\dfrac{F \cdot a \cdot b}{2 \cdot l^2} \cdot (b-a).$

Die gesuchte Momentenlinie ergibt sich, indem man die mit $Y_1$ vervielfachten $M_1$-Ordinaten und die mit $Y_2$ vervielfachten $M_2$-Ordinaten und die $M_0$-Ordinaten addiert. Insbesondere ergibt sich

$$M_a = Y_1 + Y_2 = -\frac{F \cdot a \cdot b}{2 \cdot l}(1 + \frac{b-a}{l}) = -\frac{F \cdot a \cdot b^2}{l^2}$$

und $\quad M_b = Y_1 - Y_2 = -\dfrac{F \cdot a \cdot b}{2 \cdot l} \cdot (1 - \dfrac{b-a}{l}) = -\dfrac{F \cdot a^2 \cdot b}{l^2}.$

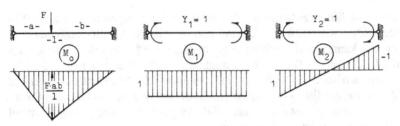

**Bild 170** Spannungszustände beim Rechnen mit Lastgruppen

Zwei Vorteile dieses Verfahrens zeigen sich hier deutlich:

(1) Die Berechnung der δ-Werte vereinfacht sich, weil viele Tafeln den antimetrischen Lastfall enthalten.

(2) Die Überlagerung eines symmetrischen und eines antimetrischen Spannungszustandes ergibt Null. Dies führt i. A. zu einer schwächerem Kopplung des Gleichungssystems, hier zu seiner Entkopplung. Diese Vorteile werden noch gewichtiger, wenn die äußere Belastung entweder symmetrisch oder antimetrisch ist, da dann auch manche Lastglieder zu Null werden.

In Bild 171 ist ein symmetrisch belasteter Rahmen dargestellt, den wir unter Verwendung der in Bild 172 angegebenen Lastgruppen berechnen. Nach Ermittlung der $\delta^*$-Werte ($\delta^* = E \cdot I_c \cdot \delta$) kann das folgende Gleichungssystem angeschrieben werden:

```
   10  kN/m
  ┌──────────┐
  │ 1,5 I_c  │
4 m│ I_c   I_c│
  └──────────┘
    8 m           Bild 171
```

$$8{,}00 \cdot Y_1 + 1{,}33 \cdot Y_2 + 0{,}00 \cdot Y_3 = +355{,}6$$
$$1{,}33 \cdot Y_1 + 2{,}67 \cdot Y_2 + 0{,}00 \cdot Y_3 = +106{,}7$$
$$0{,}00 \cdot Y_1 + 0{,}00 \cdot Y_2 + 9{,}78 \cdot Y_3 = 0$$

Es hat die Lösung

$$Y_1 = +41{,}3 \text{ kNm}; \quad Y_2 = +19{,}3 \text{ kNm}; \quad Y_3 = 0 \text{ kNm}.$$

Nun kann die gesuchte Momentenlinie wie oben geschildert gezeichnet werden (Bild 173). Ein Vergleich dieser Rechnung mit der in Bild 116 durchgeführten Untersuchung zeigt, wie sehr die Rechnung durch den Einsatz symmetrischer und antimetrischer Eigenspannungszustände vereinfacht wird.

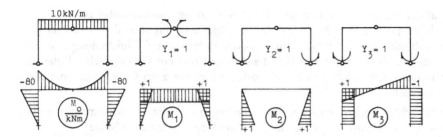

**Bild 172** Spannungszustände

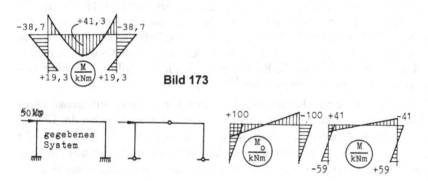

**Bild 173**

**Bild 174** Antimetrische Belastung

Das wird noch deutlicher bei der in Bild 174 gezeigten quasi-antimetrischen Belastung. Verwendung der Eigenspannungszustände von Bild 172 führt auf das folgende Gleichungssystem:

$$8,00 \cdot Y_1 + 1,33 \cdot Y_2 + 0,00 \cdot Y_3 = 0$$
$$1,33 \cdot Y_1 + 2,67 \cdot Y_2 + 0,00 \cdot Y_3 = 0$$
$$0,00 \cdot Y_1 + 0,00 \cdot Y_2 + 9,78 \cdot Y_3 = -577,8$$

Es hat die Lösung
$$Y_1 = Y_2 = 0 \text{ kNm}; \; Y_3 = -59 \text{ kNm}.$$

Nun kann die M-Linie gezeichnet werden.

Im vorliegenden Fall führt also die Verwendung von symmetrischen und antimetrischen Eigenspannungszuständen auch zu einer vollständigen Entkopplung des Gleichungssystems. Bei symmetrischer Belastung ist ein System von nur zwei Gleichungen mit zwei Unbekannten zu lösen, bei antimetrischer Belastung ein solches von nur einer Gleichung mit einer Unbekannten.

Auf ähnliche Weise wird übrigens die Untersuchung von beidseitig eingespannten Wendeltreppen vereinfacht. Während das allgemeine Problem dort sechsfach statisch unbestimmt ist, tritt bei antimetrischer Belastung ein Gleichungssystem von nur vier Gleichungen mit vier Unbekannten auf und bei symmetrischer Belastung (der in der Praxis wichtige Fall) ein solches von nur zwei Gleichungen mit zwei Unbekannten.

Wir betrachten noch einen Augenblick die Ergebnisse der Rahmenberechnung. Bei symmetrischer Belastung gilt für die Fuß- und Kopfmomente der Stiele

$$M_{Fuß} = -\frac{1}{2}\,M_{Kopf}.$$

Der Momentenverlauf in den Stielen entspricht demjenigen in Bild 116, da die Rahmenecken bei dieser Belastung nur verdreht und nicht verschoben werden. Bei antimetrischer Belastung (Bild 174) sind die Kopf- und Fußmomente in den Stielen nahezu entgegengesetzt gleich groß. Der Momentenverlauf in den Stielen ist dem in Bild 144 gezeigten ähnlich, da die Rahmenecken in diesem Fall hauptsächlich verschoben (und nur kaum verdreht) werden.[44]

Spannungszustände, deren Überlagerung $\delta = 0$ ergibt, nennt man orthogonal. Diese Bezeichnung wird verständlich, wenn man sich daran erinnert, dass bei der Überlagerung tatsächlich Arbeiten berechnet werden (nämlich $1{,}0 \cdot \delta$): Die Arbeit der (generalisierten) Kraft 1,0 auf dem (generalisierten) Weg $\delta$ ergibt sich dann zu Null, wenn Kraft 1,0 und Weg $\delta$ orthogonal (= senkrecht zueinander) angeordnet sind.

Da, wie wir gesehen haben, orthogonale Eigenspannungszustände zu einer Entkopplung des Systems der Elastizitätsgleichungen führen, hat man Überlegungen angestellt darüber, wie solche Zustände systematisch gefunden werden können.

Man hat sozusagen den Arbeitsaufwand von der Aufstellung und Lösung des Gleichungssystems nach vorn verlegt zur Ermittlung geeigneter Eigenspannungszustände. Dies ist heute im Computer-Zeitalter unklug, weil (zumindest) die Lösung eines Gleichungssystems einem Rechenautomaten übertragen werden kann, (noch) nicht aber die Suche nach geeigneten Spannungszuständen. In diesem Zusammenhang ist das Verfahren des elastischen Schwerpunktes zu nennen. Den hieran interessierten Leser verweisen wir auf das Schrifttum (etwa W. Kaufmann: Statik der Tragwerke).

### 4.1.4 Statisch unbestimmte Grundsysteme

Bislang haben wir beim n-fach statisch unbestimmten System n Bindungen gelöst, um weiter zu rechnen. Natürlich stellt n für die Anzahl der zu lösenden Bindungen keine Begrenzung nach unten dar: Man kann auch weniger als n Bindungen lösen.

---

[44] Natürlich hängt die Größe der (zusätzlichen) Verdrehung der Rahmenecken von den Abmessungen und dem Querschnittsverhältnis $I_R/I_{St}$ ab.

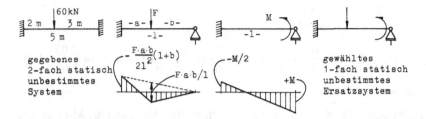

**Bild 175** Zur Verwendung eines statisch unbestimmten Grundsystems

Das führt dann auf ein statisch unbestimmtes Grundsystem. Voraussetzung für ein solches Vorgehen ist freilich, dass die Spannungszustände für alle Lastfälle des dann statisch unbestimmten Ersatzsystems bekannt sind.[45]

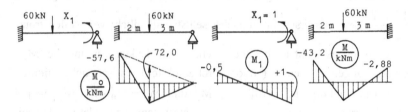

**Bild 176** Spannungszustände

Wir zeigen hier nur ein kleines Beispiel, verwenden jedoch im nächsten Abschnitt im Rahmen einer etwas umfangreicheren Untersuchung nochmals ein statisch unbestimmtes Grundsystem.

Es soll die Momentenlinie des in Bild 175 dargestellten Systems ermittelt werden.[46] Mittels Tabellen oder aus früheren Berechnungen liegen die M-Linien der dort dargestellten 1-fach statisch unbestimmten Systeme vor. Es kann deshalb mit dem in Bild 175 rechts gezeigten Ersatzsystem gearbeitet werden. Mit den in Bild 176 angegebenen Spannungszuständen ergeben sich die Koeffizienten

---

[45] Das wird nicht sehr oft der Fall sein.
[46] Dieses System haben wir bereits schon zuvor untersucht.

$$\delta_{11}^* = +\frac{5,00}{4} \cdot 1^2 = +1,25 \text{ m ;}$$

$$\delta_{10}^* = 5,00 \cdot (-57,6) \cdot [\frac{-0,5}{3} + \frac{1,0}{6}] + 5,00 \cdot \frac{72}{6} \cdot [(1+\frac{3,00}{5,00}) \cdot (-0,5) + (1+\frac{2,00}{5,00}) \cdot 1,0]$$

$$\delta^* \mathrm{\overline{T0}}0 + 36 = +36 \text{ kNm}^2$$

Damit ergibt sich $1,25 \cdot X_1 = -36$ und $X_1 = -28,8$ kNm. Nun kann die M-Linie wie in Bild 176 rechts gezeichnet werden.

## 4.1.5 Der Reduktionssatz

Im letzten Beispiel haben wir sowohl den Lastspannungszustand als auch den Eigenspannungszustand des statisch unbestimmten Grundsystems bei der Berechnung der δ-Werte verwendet. Wenn wir die Momentenlinien $M_0$ und $M_1$ des unbestimmten Grundsystems mit einem hochgestellten u markieren, dann haben wir gebildet

$$\delta_{10} = \int \frac{M_0^u \cdot M_1^u}{E \cdot I} \cdot dx \text{ .}$$ Das erscheint zunächst selbstverständlich; wir wollen trotzdem untersuchen, ob es nicht auch anders geht. Dazu denken wir uns die $M_i^u$-Linien hervorgegangen aus einer (zuvor durchgeführten) statisch unbestimmten Rechnung etwa in der Form $M_1^u = M_1^0 + X_a \cdot M_a^0$ und $M_0^u = M_0^0 + X_a \cdot M_a^0$, wobei das in Bild 177 dargestellte statisch bestimmte Ersatzsystem verwendet worden sei. Wir setzen oben etwa für $M_1^u$ den hier angeschriebenen Ausdruck ein und erhalten

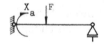

**Bild 177** Statisch bestimmtes Ersatzsystem

$$\delta_{10} = \int \frac{M_0^u}{E \cdot I} \cdot (M_1^0 + X_a \cdot M_a^0) \cdot dx = \int \frac{M_0^u \cdot M_1^0}{E \cdot I} \cdot dx + X_a \cdot \int \frac{M_0^u \cdot M_a^0}{E \cdot I} \cdot dx \text{ .}$$

Im zweiten Term setzen wir nun auch für $M_0^u$ den obigen Ausdruck ein und erhalten $\delta_{10} = \int \frac{M_0^u \cdot M_1^0}{E \cdot I} \cdot dx + X_a \cdot \left[ \int \frac{M_0^0 \cdot M_a^0}{E \cdot I} \cdot dx + X_a \cdot \int \frac{M_a^0 \cdot M_a^0}{E \cdot I} \cdot dx \right],$

wofür wir schreiben können

$$\delta_{10} = \int \frac{M_0^u \cdot M_1^0}{E \cdot I} \cdot dx + X_a \cdot \left[ \delta_{a0}^0 + X_a \cdot \delta_{aa}^0 \right] = \int \frac{M_0^u \cdot M_1^0}{E \cdot I} \cdot dx,$$ da der Klammeraus-

druck voraussetzungsgemäß Null ergibt: In der Klammer steht nämlich die linke Seite der Elastizitätsgleichung, aus der ursprünglich $X_a$ berechnet wurde. Hätten wir oben zunächst für $M_0^u$ eingesetzt und danach für $M_1^u$, dann wären wir auf den ent-

sprechenden Ausdruck $\delta_{10} = \int \dfrac{M_0^0 \cdot M_1^u}{E \cdot I} \cdot dx$ gekommen. In jedem Fall können wir

sagen:

Wird an einem statisch unbestimmten (Grund-) System eine Verformung mit Hilfe des Arbeitssatzes ermittelt, so braucht nur einer der beiden dazu verwendeten Spannungszustände am statisch unbestimmten System ermittelt zu werden, während der andere an einem beliebigen (im unbestimmten System enthaltenen) statisch bestimmten System ermittelt werden kann.[47]

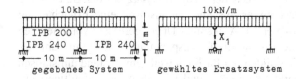

**Bild 178** Zur Anwendung des Reduktionssatzes

Diese Aussage nennt man den Reduktionssatz. Wir zeigen seine Anwendung bei der Untersuchung des in Bild 178 dargestellten Systems. Für das im gleichen Bild dargestellte Ersatzsystem ergeben sich mit den Spannungszuständen des Bildes 179 die folgenden Koeffizienten:

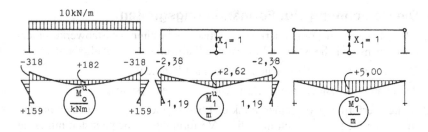

**Bild 179** Spannungszustände

---

[47] Wir haben diesen Satz nur für $\delta_{10}$ bewiesen. Der Leser möge den Beweis analog für $\delta_{ik}$ führen.

$$E \cdot I_R \cdot \delta_{10} = \delta_{10}^* = \int M_0^u \cdot M_1^0 \cdot dx = -\frac{20,00 \cdot 318 \cdot 5,0}{2} + \frac{5}{12} \cdot 20,00 \cdot 500 \cdot 5,0 = +4933 \text{ kNm}^3$$

$$\delta_{11}^* = \int M_1^u \cdot M_1^0 \cdot dx = -\frac{20,00 \cdot 2,38 \cdot 5,0}{2} + \frac{20,00 \cdot 5,00 \cdot 5,0}{3} = +47,7 \text{ m}^3 \,.$$

Damit ergibt sich $47,7 \cdot X_1 = -4933$ und also $X_1 = -103,4$ kN .

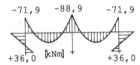

$-71,9 \qquad -88,9 \qquad -71,9$

$+36,0$ [kNm] $+36,0$     **Bild 180** Endgültige Momentenlinie

Die gesuchte Momentenlinie ergibt sich in der Form $M = M_0^u + X_1 \cdot M_1^u$ und ist in Bild 180 dargestellt. Wir stellen fest, dass der Reduktionssatz bei der Berechnung der Schnittgrößen statisch unbestimmter Systeme nur insoweit eine Erleichterung bringt, als bei der Bildung der δ-Werte i. A. weniger Überlagerungen vorzunehmen sind. Seine Anwendung ermöglicht nicht, die Eigenspannungszustände nur am statisch bestimmten Grundsystem zu bilden, da für $\delta_{ik}$ jeweils ein Zustand am statisch unbestimmten Grundsystem gebildet sein muss und vor allem die endgültigen Zustandslinien sich nur in der Form $M = M_0^u + \Sigma X_i \cdot M_i^u$ ergeben und nicht in der Form $M = M_0^u + \Sigma X_i \cdot M_i^0$ . Anders liegen die Dinge bei der Berechnung von Formänderungen statisch unbestimmter Systeme, wo der Reduktionssatz große Vorteile bringt.

### 4.1.6 Die Berechnung von Formänderungsgrößen

Bei der Berechnung von Formänderungen statisch unbestimmter Stabwerke unterscheiden wir ebenso wie bei statisch bestimmten Stabwerken zwei Aufgaben:

(a) Die Berechnung von Verformungen in einzelnen Punkten;

(b) die Berechnung der Biegelinie (= elastische Linie) des Systems.

Zunächst die Verformung einzelner Punkte. Ebenso wie bei statisch bestimmten Systemen (Abschnitt 1.2) ermittelt man diese Verformung am bequemsten mit Hilfe des Arbeitssatzes, indem man die virtuelle Kraft 1 (bzw. das virtuelle Moment 1) an der Stelle und in Richtung der gesuchten Verformung ansetzt:

$$\delta = \int \frac{M \cdot \overline{M}}{E \cdot I} \cdot dx + \chi_V \cdot \int \frac{V \cdot \overline{V}}{G \cdot A} \cdot dx + \int \frac{N \cdot \overline{N}}{E \cdot A} \cdot dx + \int \frac{M_T \cdot \overline{M_T}}{G \cdot I_T} \cdot dx +$$

$$+\sum \frac{A \cdot \overline{A}}{c} + \int \overline{N} \cdot \alpha_t \cdot t \cdot dx + \int \overline{M} \cdot \frac{\alpha_t \cdot \Delta t}{h} \cdot dx - \sum \overline{A} \cdot \Delta$$

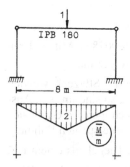

**Bild 181** Durchbiegung in Riegelmitte eines eingespannten Rahmens

Die Frage, an welchem System die Kraft 1 bzw. das Moment 1 anzusetzen ist, erscheint überflüssig: Natürlich an dem System, dessen Verformung gesucht ist. Nun, der Reduktionssatz erlaubt es, die Kraft 1 stattdessen auf ein beliebiges (im statisch unbestimmten System enthaltenes) statisch bestimmtes System aufzubringen und die (dabei entstehenden Zustandslinien mit denjenigen des unbestimmten Systems infolge der gegebenen Belastung zu kombinieren (bzw. ihnen zu überlagern). Durch geschickte Wahl des statisch bestimmten Systems kann man zu sehr einfachen Überlagerungen kommen, wie die folgenden Beispiele zeigen mögen.

Als erstes soll die senkrechte Verschiebung in Riegelmitte des in Bild 116 dargestellten Rahmens bestimmt werden. Wir wählen das in Bild 181 gezeigte statisch bestimmte System und erhalten durch Überlagerung der Momentenlinien der Bilder 181 und 116

$$E \cdot I_R \cdot \delta = 8,00 \cdot (\tfrac{5}{12} \cdot 2 \cdot 80,0 - \tfrac{1}{2} \cdot 2 \cdot 38,7) = 224 \text{ kNm}^3$$

Besteht der Riegel aus einem IPB 180 und die Stiele aus IPB 160 ( $I_R / I_S \approx 1,5$ ), mit $E \cdot I_R = 8043 \text{ kNm}^2$, dann ergibt sich der Wert für $\delta = 224 / 8043 = 0,0279 \text{ m} = 2,79 \text{ cm}$.

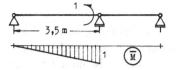

**Bild 182** Verdrehung des Stützquerschnittes eines Zweifeldträgers

Als nächstes soll die Verdrehung des Stützenquerschnittes des in Bild 108 dargestellten Zweifeldträgers ermittelt werden. Wir wählen das in dem Bild 182 gezeigte
statisch bestimmte Ersatzsystem und erhalten durch Überlagerung der Momentenlinien der Bilder 108 und 182

$$E \cdot I \cdot \delta = 3,50 \cdot (-2,61) \cdot 1,0 / 3 = -3,045 \text{ kNm}^2.$$

Mit $E \cdot I = 388,8$ kNm$^2$ ergibt sich $\delta = -3,045 / 388,8 = -0,00783$. Mit anderen
Worten: Der Stützquerschnitt verdreht sich um 0,45° im Uhrzeigersinn.

Ist die Formänderung eines durch Temperatur (Änderung) oder Stützenbewegung
beanspruchten statisch unbestimmten Tragwerkes zu ermitteln, so sind im o. a. Ausdruck die entsprechenden Terme (i. A. zusätzlich) zu berücksichtigen. So ergibt sich
die senkrechte Verschiebung der Riegelmitte des in Bild 148 untersuchten Rahmens
zu $E \cdot I_R \cdot \delta = 8,00 \cdot (-1,18) \cdot 2 / 2 = -9,44$ kNm$^3$. Besteht der Riegel aus einem IPB
220 mit $E \cdot I_R = 16989$ kNm$^2$, dann ergibt sich $\delta = -0,000556$ m. Mit anderen Worten: Die Riegelmitte verschiebt sich um 0,0556 cm nach oben.

Für den in Bild 149 untersuchten Rahmen ergibt sich die Durchbiegung des gleichen
Punktes wegen

$$\delta = \int \frac{M \cdot \overline{M}}{E \cdot I} \cdot dx + \int \frac{\overline{M}}{h} \cdot \alpha_t \cdot \Delta t \cdot dx = \frac{1}{2} \cdot 8,00 \cdot (-10,7) \cdot 2 + \frac{1}{2} \cdot 8,00 \cdot 2 \cdot \frac{0,000012 \cdot 15}{0,22}$$

$\delta = -0,00504 + 0,00655 = +0,00151$ m. Mit anderen Worten: Die Riegelmitte
verschiebt sich um 0,151 cm nach unten.

Für den in Bild 139 untersuchten Rahmen ergibt sich die Durchbiegung des gleichen

Punktes wegen $\delta = \int \frac{M \cdot \overline{M}}{E \cdot I} \cdot dx - \sum \overline{A} \cdot \Delta$ und $\overline{A} = \frac{1}{2}$ (in Bild 181 nicht angegeben)

zu $\delta = -\frac{1}{2}(-0,10) = +0,05$ m (ein in Richtung von $\overline{A}$ auftretendes $\Delta$ ist positiv).

Natürlich kann bei solchen Berechnungen auch das Superpositionsgesetz herange-
zogen werden: $\delta = \delta_0 + X_1 \cdot \delta_1 + X_2 \cdot \delta_2 + ... + X_n \cdot \delta_n$. Dieses Vorgehen ist allerdings bei der Bestimmung einzelner Formänderungen wesentlich umständlicher als
die o. a. Kombination Arbeitssatz/Reduktionssatz und deshalb nicht zu empfehlen.
Das wird anders bei der Bestimmung von Biegelinien, der wir uns jetzt zuwenden.
In diesem Fall lautet die entsprechende Beziehung

$\delta(x) = \delta_0(x) + X_1 \cdot \delta_1(x) + X_2 \cdot \delta_2(x) + ... + X_n \cdot \delta_n(x)$, wobei $\delta_0(x)$ die zum Lastspannungszustand und $\delta_i(x)$ die zum Eigenspannungszustand $X_i$ gehörende Biegeli-
nie ist. Hier leisten die $\omega$-Zahlen von Müller – Breslau (siehe Abschnitt 1.5) gute
Dienste. Wir verweisen auf die dortigen Untersuchung und verzichten auf ein (weiteres) Beispiel. Selbstverständlich kann die Biegelinie auch gewonnen werden durch

(wiederholte) Integration der Belastung, wie sie in Abschnitt 1.3 gezeigt wurde. Wenn es sich um einen Durchlaufträger handelt, kann auch mit der Mohrschen Analogie gearbeitet werden. Wie bereits in Abschnitt 1.4 erwähnt, ist das adjungierte System verschieblich, wenn das gegebene System statisch unbestimmt ist. Die Momentenflächen-Belastung stellt dann jedoch stets eine Gleichgewichtsgruppe dar, sodass das Tragwerk in Ruhe bleibt. Wir zeigen dazu kein Beispiel.

### 4.1.7 Die Untersuchung mehrerer Lastfälle, β-Zahlen

In allen vorangegangenen Untersuchungen statisch unbestimmter Systeme tauchen bei der Berechnung der statisch Unbestimmten stets Gleichungssysteme auf der Form

$$\delta_{11} \cdot X_1 + \delta_{12} \cdot X_2 + \ldots + \delta_{1n} \cdot X_n = -\delta_{10}$$
$$\delta_{21} \cdot X_1 + \delta_{22} \cdot X_2 + \ldots + \delta_{2n} \cdot X_n = -\delta_{20}$$

$$\ldots\ldots\ldots\ldots\ldots\ldots$$

$$\delta_{n1} \cdot X_1 + \delta_{n2} \cdot X_2 + \ldots + \delta_{nn} \cdot X_n = -\delta_{n0}.$$

| $X_1$ | $X_2$ | $X_3$ | $X_4$ | Rechte Seite für Lastfall | | |
|-------|-------|-------|-------|------|------|------|
| | | | | I | II | III |
| $\delta_{11}$ | $\delta_{12}$ | $\delta_{13}$ | $\delta_{14}$ | $-\delta_{10}$ | $-\delta_{10}$ | $-\delta_{10}$ |
| $\delta_{21}$ | $\delta_{22}$ | $\delta_{23}$ | $\delta_{24}$ | $-\delta_{20}$ | $-\delta_{20}$ | $-\delta_{20}$ |
| $\delta_{31}$ | $\delta_{32}$ | $\delta_{33}$ | $\delta_{34}$ | $-\delta_{30}$ | $-\delta_{30}$ | $-\delta_{30}$ |
| $\delta_{41}$ | $\delta_{42}$ | $\delta_{43}$ | $\delta_{44}$ | $-\delta_{40}$ | $-\delta_{40}$ | $-\delta_{40}$ |

Dabei sind die δ-Zahlen der linken Seite entstanden durch Kombination nur der Eigenspannungszustände miteinander, diejenigen der rechten Seite durch Kombination der Eigen- und Lastspannungszustände. Mit anderen Worten: Die linke Seite des Gleichungssystems ist lastunabhängig und beschreibt nur das (Ersatz-) System. Sie gilt deshalb für beliebige Lastfälle. Sind beispielsweise bei einem vierfach statisch unbestimmten System drei verschiedene Lastfälle zu untersuchen, so können wir das auf der folgenden Seite angegebene Koeffizientenschema anschreiben. Das Gleichungssystem müsste also dreimal nacheinander gelöst werden. Kämen etwa nachträglich weitere Lastfälle hinzu, so würden auch diese eine erneute Lösung des Gleichungssystems erforderlich machen, Es taucht deshalb die Frage auf: Könnte man das System nicht vielleicht für einen „allgemeinen" Lastfall lösen und danach die Lösung für alle anderen Lastfälle aus dieser allgemeinen Lösung ableiten?

Dies ist in der Tat möglich, wobei allerdings der „allgemeine Lastfall" aus n Einheitslastfällen besteht.

Der erste Lastfall besteht aus $\quad \delta_{10} = 1, \delta_{20} = 0, \delta_{30} = 0, \delta_{40} = 0;$

der zweite Lastfall besteht aus $\quad \delta_{10} = 0, \delta_{20} = 1, \delta_{30} = 0, \delta_{40} = 0;$

der dritte Lastfall besteht aus $\quad \delta_{10} = 0, \delta_{20} = 0, \delta_{30} = 1, \delta_{40} = 0;$

der vierte Lastfall besteht aus $\quad \delta_{10} = 0, \delta_{20} = 0, \delta_{30} = 0, \delta_{40} = 1.$

Die Lösung des Systems für den ersten Fall sei: $\beta_{11}, \beta_{21}, \beta_{31}, \beta_{41};$[48]

die Lösung des Systems für den zweiten Fall sei: $\beta_{12}, \beta_{22}, \beta_{32}, \beta_{42};$

die Lösung des Systems für den dritten Fall sei: $\beta_{13}, \beta_{23}, \beta_{33}, \beta_{43};$

die Lösung des Systems für den vierten Fall sei: $\beta_{14}, \beta_{24}, \beta_{34}, \beta_{44}.$

Mit diesen Werten können wir nun die Lösung für einen beliebigen Lastfall mit den Lastgliedern $\delta_{10}, \delta_{20}, \delta_{30}$ und $\delta_{40}$ angeben in der Form

$$X_1 = \delta_{10} \cdot \beta_{11} + \delta_{20} \cdot \beta_{12} + \delta_{30} \cdot \beta_{13} + \delta_{40} \cdot \beta_{14}$$

$$X_2 = \delta_{10} \cdot \beta_{21} + \delta_{20} \cdot \beta_{22} + \delta_{30} \cdot \beta_{23} + \delta_{40} \cdot \beta_{24}$$

$$X_3 = \delta_{10} \cdot \beta_{31} + \delta_{20} \cdot \beta_{32} + \delta_{30} \cdot \beta_{33} + \delta_{40} \cdot \beta_{34}$$

$$X_4 = \delta_{10} \cdot \beta_{41} + \delta_{20} \cdot \beta_{42} + \delta_{30} \cdot \beta_{43} + \delta_{40} \cdot \beta_{44},$$

da ja das Superpositionsgesetz gültig ist. Allgemein gilt also

$$X_i = \delta_{10} \cdot \beta_{i1} + \delta_{20} \cdot \beta_{i2} + \delta_{30} \cdot \beta_{i3} + \delta_{40} \cdot \beta_{i4} = \sum_{k=1}^{n} \delta_{k0} \cdot \beta_{ik} \ .$$

Die Berechnung der Unbestimmten für mehrere Lastfälle wird übersichtlich durchgeführt nach dem hier angegebenen Schema.[49],

Es muss nun gefragt werden: Bei wie viel Lastfällen lohnt sich „der Umweg" über die β-Zahlen? Da zur Ermittlung der β-Zahlen n Einheitslastfälle berechnet werden müssen, lohnt sich der Weg über β-Zahlen also bei mehr als n Lastfällen. Diese Antwort muss allerdings modifiziert werden im Hinblick auf die Verwendung von Rechenautomaten. Steht ein Computer zur Verfügung, so sollte man stets (gegebenenfalls zusätzlich) die β-Zahlen ermitteln lassen, um bei unvorhergesehenen und später hinzukommenden Lastfällen die Unbestimmten $X_i$ berechnen zu können, ohne erneut auf den Computer angewiesen zu sein. [50]

---

[48] Das allgemein eingeführte Symbol β soll nicht darüber hinweg täuschen, dass es sich hier um die statisch Unbestimmten $X_{11}, X_{21}, X_{31}$ und $X_{41}$ handelt, wobei der zweite Index auf den jeweiligen Einheits-Lastfall hinweist, hier auf den ersten Einheitslastfall.

[49] Für denjenigen, der sich in der Matrizenrechnung auskennt: Die X-Matrix ergibt sich als (Matrizen-) Produkt der β-Matrix und δ -Matrix.

[50] Die $\beta_{\iota\kappa}$-Zahlen entsprechen der negativen inversen Matrix der $\delta_{ik}$-Matrix. Wir vertiefen das hier nicht!

## 4.1.8 Kontrollen

Die Berechnung der statisch Unbestimmten ist i. A. mit einer mehr oder weniger umfangreichen Zahlenrechnung verbunden, in deren Verlauf etliche Fehler gemacht werden können. Insbesondere können sich Fehler einschleichen bei der Berechnung der δ-Zahlen, bei der Berechnung der β-Zahlen und bei der Berechnung der $X_i$-Werte. Im Folgenden werden die entsprechenden Kontrollen gezeigt.

### 4.1.8.1 Kontrolle der δ-Zahlen des Systems

Mit $\delta_{11} = \int \dfrac{M_1 \cdot M_1}{E \cdot I} \cdot dx$, $\delta_{12} = \int \dfrac{M_1 \cdot M_2}{E \cdot I} \cdot dx$, $\delta_{13} = \int \dfrac{M_1 \cdot M_3}{E \cdot I} \cdot dx$ usw. ergibt sich

$$\int \frac{M_1 \cdot M_1}{E \cdot I} \cdot dx + \int \frac{M_1 \cdot M_2}{E \cdot I} \cdot dx + \int \frac{M_1 \cdot M_3}{E \cdot I} \cdot dx + \dots$$

$$= \int \frac{M_1 \cdot (M_1 + M_2 + M_3 + \dots)}{E \cdot I} \cdot dx = \delta_{11} + \delta_{12} + \delta_{13} + \dots .$$ In Worten: Bildet man eine Momentenlinie $M_\Sigma$ als Summe der Momentenlinien aller Eigenspannungszustände und überlagert diese mit der Momentenlinie $M_1$ dann ist der sich dabei ergebende Wert gleich der Summe der entsprechenden δ-Zahlen $\delta_{11} + \delta_{12} + \delta_{13} + \dots$. Entsprechendes gilt selbstverständlich für alle anderen Zeilen des Gleichungssystems. Wie einfach die Kontrolle der Koeffizienten der System-Matrix auf diese Weise wird, ist in Bild 183 gezeigt. Dort wird die (horizontale) Summe der δ-Werte des Gleichungssystems des Rahmenbeispiels kontrolliert, wobei die Eigenspannungszustände von Bild 172 verwendet wurden.

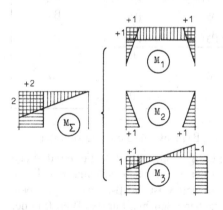

**Bild 183** Zur Kontrolle der Koeffizienten der System-Matrix

$$\int \frac{M_\Sigma \cdot M_1}{I/I_c} \cdot dx = \frac{2 \cdot 1 \cdot 4,00}{2} + \frac{2 \cdot 1 \cdot 8,00}{2 \cdot 1,5} = 9,33$$

$$\int \frac{M_\Sigma \cdot M_2}{I/I_c} \cdot dx = \frac{2 \cdot 1 \cdot 4,00}{2} = 4,00$$

$$\int \frac{M_\Sigma \cdot M_3}{I/I_c} \cdot dx = 2 \cdot 1 \cdot 4,00 + \frac{2 \cdot 1 \cdot 8,00}{3 \cdot 1,5} \cdot 0,5 = 9,78$$

Kontrollen:      8,00+1,33+0,00 = 9,33;

1,33+2,67+0,00 = 4,00;

0,00+0,00+9,78 = 9,78.

Die Lastglieder $\delta_{i0}$ lassen sich auf diese Weise nicht überprüfen. Diese werden bei den Formänderungsproben mit kontrolliert (siehe Abschnitt 4.1.8.3).

### 4.1.8.2 Kontrolle der β-Zahlen

$\beta_{11}$, $\beta_{12}$, $\beta_{13}$ usw. (= erste Zeile der β-Matrix) sind die Werte der statisch Unbestimmten $X_1$, $X_2$, $X_3$ usw. für den Fall $\delta_{10} = 1$, $\delta_{20} = \delta_{30} = \ldots = 0$. Entsprechendes gilt für die $\beta_{ik}$ der folgenden Zeilen der β-Matrix. Einsetzen der Werte von $\beta_{11}$, $\beta_{12}$, $\beta_{13}$ usw. für die $X_1$, $X_2$, $X_3$ usw. in die Elastizitätsgleichungen muss deshalb liefern $\delta_{10} = 1$ und $\delta_{20} = \delta_{30} = \ldots = 0$ bzw. $B_1 = -1$ und $B_2 = B_3 = \ldots = 0$.

|              |              |              | $\beta_{11}$ $\beta_{21}$ $\beta_{31}$ | $\beta_{12}$ $\beta_{22}$ $\beta_{32}$ | $\beta_{13}$ $\beta_{23}$ $\beta_{33}$ |
|--------------|--------------|--------------|--------------|--------------|--------------|
| $\delta_{11}$ | $\delta_{12}$ | $\delta_{13}$ | −1           | 0            | 0            |
| $\delta_{21}$ | $\delta_{22}$ | $\delta_{23}$ | 0            | −1           | 0            |
| $\delta_{31}$ | $\delta_{32}$ | $\delta_{33}$ | 0            | 0            | −1           |

Setzt man entsprechend die Werte von $\beta_{21}$, $\beta_{22}$, $\beta_{23}$ usw. für die Unbestimmten ein, dann muss sich ergeben $\delta_{20} = 1$ und alle übrigen $\delta_{i0} = 0$ ($i \neq 2$). Für ein dreifach statisch unbestimmtes Tragwerk führt das zu dem o. a. Rechenschema. Für die zu den Bildern 137 bis 139 zugehörige System-Matrix ist die β-Matrix angegeben. Dann ergibt sich z.B. das nebenstehend angegebene Schema. Für den Wert 0 in der zweiten Zeile und dritten Spalte sieht die Rechnung ausgeschrieben so aus:

$$0,67 \cdot 0,0688 + 3,11 \cdot (-0,3083) + (-1,78) \cdot (-0,5128) = 0.$$

|  |  |  | $-0,1366$ | $+0,0688$ | $+0,0688$ |
|---|---|---|---|---|---|
|  |  |  | $+0,0688$ | $-0,5128$ | $-0,3083$ |
|  |  |  | $+0,0688$ | $-0,3083$ | $-0,5128$ |
| $+8,00$ | $+0,67$ | $+0,67$ | $-1$ | $0$ | $0$ |
| $+0,67$ | $+3,11$ | $-1,78$ | $0$ | $-1$ | $0$ |
| $+0,67$ | $-1,78$ | $+3,11$ | $0$ | $0$ | $-1$ |

Der Leser schreibe die Rechnung für einige andere Werte selbst übungshalber aus.
Diese Rechnung kann auch durch eine Matrizenmultiplikation erfolgen!

### 4.1.8.3 Kontrolle der Lastglieder bzw. der $X_i$-Werte

Wir haben früher festgestellt, dass bei einem statisch unbestimmten System Gleichgewicht hergestellt werden kann mit unendlich vielen Werten der Unbestimmten $X_i$.
Die gesuchten bzw. korrekten Werte der Unbestimmten $X_i$ unterscheiden sich von
den übrigen dadurch, dass sie zusätzlich die Verformungsbedingungen des Systems
erfüllen. Eine Kontrolle der $X_i$ kann deshalb nur durch Formänderungsproben erfolgen. Dies wird i. A. mit den Elastizitätsgleichungen in ihrer unentwickelten Form
geschehen:

$$X_1 \cdot \delta_{k1} + X_2 \cdot \delta_{k2} + X_3 \cdot \delta_{k3} + X_n \cdot \delta_{kn} + \delta_{k0} = 0 \qquad (k = 1, 2, \dots, n)$$

Die erste Gleichung dieses Systems lautet für sagen wir $n = 3$

$$X_1 \cdot \delta_{11} + X_2 \cdot \delta_{12} + X_3 \cdot \delta_{13} + \delta_{10} = 0$$

$$X_1 \cdot \int \frac{M_1 \cdot M_1}{E \cdot I} \cdot dx + X_2 \cdot \int \frac{M_1 \cdot M_2}{E \cdot I} \cdot dx + X_3 \cdot \int \frac{M_1 \cdot M_3}{E \cdot I} \cdot dx + \int \frac{M_1 \cdot M_0}{E \cdot I} \cdot dx = 0$$

$$\int \frac{M_1(X_1 M_1 + X_2 M_2 + X_3 M_3 + M_0)}{EI} \cdot dx = \int \frac{M_1 \cdot M}{E \cdot I} \cdot dx = 0.$$

Entsprechend liefert die zweite Gleichung $\int \dfrac{M_2 \cdot M}{E \cdot I} \cdot dx = 0$ und die dritte

$\int \dfrac{M_3 \cdot M}{E \cdot I} \cdot dx = 0$. In Worten: Überlagert man nacheinander die einzelnen Eigenspannungszustände mit dem endgültig errechneten Spannungszustand, so muss sich
dabei jedes Mal der Null ergeben. In Bild 184 wird die Momentenlinie von Bild 173
kontrolliert mit Hilfe der Eigenspannungszustände von Bild 172. Es ergibt sich bei
der Rechnung nicht genau 0, weil die Rechnung mit gerundeten Werten erfolgt.

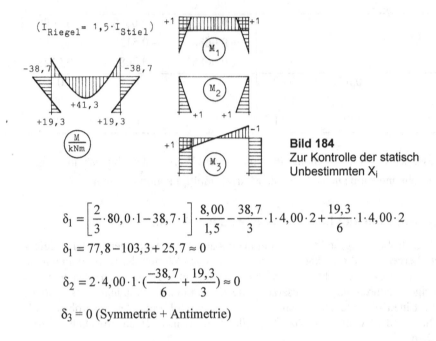

**Bild 184**
Zur Kontrolle der statisch
Unbestimmten $X_i$

$$\delta_1 = \left[ \frac{2}{3} \cdot 80,0 \cdot 1 - 38,7 \cdot 1 \right] \cdot \frac{8,00}{1,5} - \frac{38,7}{3} \cdot 1 \cdot 4,00 \cdot 2 + \frac{19,3}{6} \cdot 1 \cdot 4,00 \cdot 2$$

$$\delta_1 = 77,8 - 103,3 + 25,7 \approx 0$$

$$\delta_2 = 2 \cdot 4,00 \cdot 1 \cdot \left( \frac{-38,7}{6} + \frac{19,3}{3} \right) \approx 0$$

$$\delta_3 = 0 \ (\text{Symmetrie} + \text{Antimetrie})$$

Natürlich können auch die zu jedem anderen Grundsystem gehörenden Eigenspannungszustände benutzt werden. Es müssen aber in jedem Fall n (hier 3) Formänderungsproben durchgeführt werden, wenn man Gewissheit darüber haben will, ob der gefundene Spannungszustand richtig oder falsch ist.

Abschließend erwähnen wir, dass keine der hier genannten Kontrollen die Last- und Eigenspannungszustände mit überprüft. Diese müssen durch Gleichgewichtskontrollen geprüft werden.

## 4.1.9 Ergänzungen

Bevor wir die Ermittlung von Zustandslinien abschließen, betrachten wir noch drei Systeme, die später bei dem Iterationsverfahren von Cross Bedeutung gewinnen. Als erstes untersuchen wir einen an beiden Enden eingespannten Zweifeldträger, der durch ein Moment wie in Bild 185 gezeigt belastet ist. Für das dort angegebene Ersatzsystem ergibt sich

$$\delta_{10} = 0, \quad \delta_{20} = \frac{M \cdot l_2}{3 \cdot E \cdot I_2}, \quad \delta_{30} = \frac{M \cdot l_2}{6 \cdot E \cdot I_2}.$$

$$\delta_{11} = \frac{l_1}{3 \cdot E \cdot I_1}, \quad \delta_{12} = \frac{l_1}{6 \cdot E \cdot I_1}, \quad \delta_{13} = 0,$$

$$\delta_{22} = \frac{l_1}{3 \cdot E \cdot I_1} + \frac{l_2}{3 \cdot E \cdot I_2}, \quad \delta_{23} = \frac{l_2}{6 \cdot E \cdot I_2}, \quad \delta_{33} = \frac{l_2}{3 \cdot E \cdot I_2}.$$

Wir führen abkürzend ein $k_1 = E \cdot I_1/l_1$ und $k_2 = E \cdot I_2/l_2$ und dann erhalten wir das folgende Gleichungssystem:

$$\frac{X_1}{3 \cdot k_1} + \frac{X_2}{6 \cdot k_1} = 0$$

$$\frac{X_1}{6 \cdot k_1} + \frac{1}{3} \cdot \left( \frac{1}{k_1} + \frac{1}{k_2} \right) \cdot X_2 + \frac{X_3}{6 \cdot k_2} = -\frac{M}{3 \cdot k_2}$$

$$\frac{X_2}{6 \cdot k_2} + \frac{X_3}{3 \cdot k_2} = -\frac{M}{6 \cdot k_2}.$$

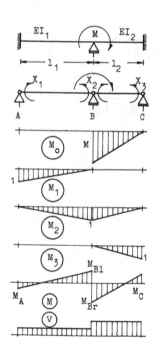

**Bild 185** Der an beiden Enden eingespannte Zweifeldträger wird durch ein Moment über der Mittelstütze belastet

Es hat diese Lösung:

$$X_1 = \frac{k_1}{2 \cdot (k_1 + k_2)} \cdot M, \quad X_2 = -\frac{k_1}{k_1 + k_2} \cdot M,$$

$$X_3 = -\frac{k_2}{2\cdot(k_1+k_2)}\cdot M.$$

Mit $M = M_0 + X_1\cdot M_1 + X_2\cdot M_2 + X_3\cdot M_3$ ergibt sich: $M_A = X_1$, $M_{Bl} = X_2$, $M_{Br} = M + X_2$ und $M_C = X_3$. Die entsprechende Momentenlinie (und die Querkraftlinie) sind in Bild 185 dargestellt. Es ergibt sich $\dfrac{M_{Bl}}{M_{Br}} = -\dfrac{k_1}{k_2}$.

Als nächstes untersuchen wir den an einem Ende eingespannten Zweifeldträger, Bild 186. Mit den dort dargestellten Spannungszuständen lassen sich die δ-Zahlen wie oben ermitteln. Es ergibt sich dieses Gleichungssystems:

$$\frac{X_1}{3\cdot k_1} + \frac{X_2}{6\cdot k_1} = 0 \qquad \frac{X_1}{6\cdot k_1} + \frac{1}{3}\cdot(\frac{1}{k_1}+\frac{1}{k_2})\cdot X_2 = -\frac{M}{3\cdot k_2}.$$

Es hat diese Lösung:

$$X_1 = \frac{k_1}{2\cdot(k_1+0,75\cdot k_2)}\cdot M \quad \text{und} \quad X_2 = -\frac{k_1}{k_1+0,75\cdot k_2}\cdot M.$$

Damit ergeben sich die Momente:

$$M_A = X_1, \quad M_{Bl} = -\frac{k_1}{k_1+0,75\cdot k_2}\cdot M \quad \text{und} \quad M_{Br} = +\frac{0,75\cdot k_2}{k_1+0,75\cdot k_2}\cdot M.$$

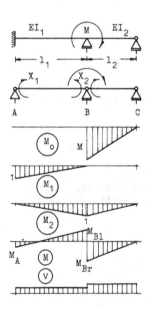

**Bild 186** Der an einem Ende eingespannte Zweifeldträger wird durch ein Moment über der Mittelstütze
belastet

Die entsprechende Momentenlinie und die Querkraftlinie sind in Bild 186 dargestellt. Es gilt hier $\dfrac{M_{Bl}}{M_{Br}} = -\dfrac{k_1}{0,75 \cdot k_2}$ .

Durch Vergleich mit dem oben gefundenen Ergebnis stellen wir fest: Die Steifigkeit eines abseitig gelenkig angeschlossenen Stabes gegen Verdrehen des Stützquerschnittes durch ein Moment M beträgt 75 Prozent der Steifigkeit eines abseitig starr eingespannten Stabes. Anschaulich würde das z.B. bedeuten: Die Verdrehungen der Stützquerschnitte der Stäbe (a) und (c) in Bild 187 sind gleich der Verdrehung des Stützquerschnittes von Stab (b).

Als letztes untersuchen wir den an einem Ende vertikal verschieblich angeschlossenen Zweifeldträger, Bild 188. Um die Zahlenrechnung zu vereinfachen, arbeiten wir mit einem (1-fach) statisch unbestimmten Grundsystem.

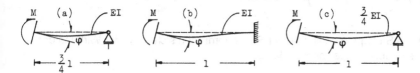

**Bild 187** Die Stützquerschnitte dieser drei Stäbe verdrehen sich unter der Wirkung des Momentes M um den gleichen Winkel φ

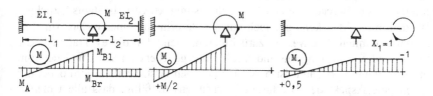

**Bild 183** Der an einem Ende vertikal verschieblich gelagerte Zweifeldträger wird durch ein Moment über der Mittelstütze belastet

Mit $\delta_{11} = \dfrac{l_1}{4 \cdot E \cdot I_1} + \dfrac{l_2}{E \cdot I_2} = \dfrac{1}{4 \cdot k_1} + \dfrac{1}{k_2}$ und $\delta_{10} = \dfrac{l_1}{4 \cdot E \cdot I_1} \cdot M = \dfrac{1}{4 \cdot k_1} \cdot M$

ergibt sich $X_1 = -\dfrac{\delta_{10}}{\delta_{11}} = \dfrac{0,25 \cdot k_2}{k_1 + 0,25 \cdot k_2} \cdot M$ .

Somit erhält man die Momente $M_A = \dfrac{k_1}{2 \cdot (k_1 + 0,25 \cdot k_2)} \cdot M$ ;

$M_{Bl} = \dfrac{k_1}{k_1 + 0,25 \cdot k_2} \cdot M$ ; $M_{Br} = +\dfrac{0,25 \cdot k_2}{k_1 + 0,25 \cdot k_2} \cdot M$ ; $M_C = M_{Br}$.

Insbesondere gilt $\dfrac{M_{Bl}}{M_{Br}} = -\dfrac{k_1}{0,25 \cdot k_2}$. Die Steifigkeit eines abseitig vertikal ver-

schieblich angeschlossenen Stabes gegen Verdrehen des Stützquerschnittes durch ein Moment M beträgt 25 Prozent der Steifigkeit des abseitig starr eingespannten Stabes, siehe auch Bild 189.[51]

**Bild 189** Die Stützquerschnitte beider Stäbe verdrehen sich unter der Wirkung des Momentes M um den gleichen Winkel φ

**Zusammenfassung von Kapitel 4**

Die Berechnung von Tragwerken nach dem Kraftgrößenverfahren hat sich als handlich und nahezu universell anwendbar erwiesen. Es hat sich gezeigt, dass dabei die Berechnung eines gegebenen n-fach statisch unbestimmten Tragwerkes durchaus nicht immer auf die Berechnung eines statisch bestimmten Grundsystems zurückgeführt werden muss. Man kann sie auch auf die Berechnung eines m-fach (m < n) statisch unbestimmten Tragwerkes zurückführen, wenn für dieses Tragwerk der Spannungs- und Verformungszustand infolge der gegebenen Lasten und der n-m statisch Unbestimmten bekannt ist bzw. sich angeben lässt. Freilich wird dabei der sehr angenehme Aspekt des Kraftgrößen-Verfahrens hinfällig, dass alle Untersuchungen an vertrauten statisch bestimmten Tragwerken durchgeführt werden.

Das Kraftgrößenverfahren ist ohne weiteres anwendbar auch auf torsionsbeanspruchte Tragwerke und erlaubt die Berücksichtigung des Einflusses auch der Normal- und Querkräfte auf die Verformung, oder besser: des Einflusses der Normal- und Querkraftverformungen. Auch temperaturbeanspruchte Tragwerke und elastisch gestützte Tragwerke können mit ihm untersucht werden. Ebenso kann der Einfluss

---

[51] Als Maß für die Steifigkeit ist also die Verdrehung des Stützquerschnittes eines Einzelstabes infolge eines von außen auf diesen Querschnitt wirkenden Momentes anzusehen.

unelastischer Stützenbewegungen auf den Spannungs- und Verformungszustand ohne Schwierigkeit ermittelt werden.

Die einzelnen Arbeitsgänge bei der Untersuchung eines Stabtragwerkes nach dem Kraftgrößenverfahren sind:

(1) Ermittlung des Grades n der statischen Unbestimmtheit. Dies geschieht nach dem Abzähl- oder Aufbaukriterium.

(2) Wahl eines statisch bestimmten oder m-fach unbestimmten Grund- bzw. Ersatzsystems (m < n).

(3) Ermittlung des Lastspannungszustandes $Z_0$ und der Eigenspannungszustände $Z_i$. Das bedeutet die Untersuchung des Grundsystems für $n+1$ bzw. $n-m+1$ Lastfälle. Bei Stabwerken wird man i. A. nicht sämtliche Zustandslinien und Stützgrößen angeben sondern nur diejenigen, die für die Ermittlung der $\delta$-Zahlen (also des Verformungszustandes) notwendig sind, meistens die Biegemomentenlinien.

(4) Berechnung der $\delta$-Zahlen und Aufstellung des Systems der Elastizitätsgleichungen.

(5) Lösung dieses Gleichungssystems, d. h. Auflösung dieses Systems nach den statisch Unbestimmten $X_i$.

(6) Bestimmung des endgültigen Spannungszustandes nach der Vorschrift

$Z = Z_0 + \Sigma X_i \cdot Z_i$. Falls unter (3) nur die Biegemomentenlinien angegeben wurden, kann natürlich zunächst nur die endgültige Momentenlinie

$M = M_0 + \Sigma X_i \cdot M_i$ ermittelt werden. Aus ihr wird (mit Hilfe des Lastbildes) die Querkraftlinie und daraus dann die Normalkraftlinie entwickelt. Schließlich können dann die Stützgrößen angegeben werden.

(7) Kontrollen.

Mühsam kann werden:

(a) Bei ungewöhnlichen bzw. ausgefallenen (Grund-) Systemen die Ermittlung der Last- und Eigenspannungszustände.

(b) Bei nicht ausreichend lokalisierten bzw. lokalisierbaren Eigenspannungszuständen die Ermittlung der $\delta$-Zahlen.

(c) Bei hochgradig statisch unbestimmten Tragwerken die Lösung des Systems der Elastizitätsgleichungen und die Superposition. Als Beispiel eines Tragwerkes, bei dem Schwierigkeiten nach (b) und (c) auftreten, nennen wir den mehrstöckigen Rahmen. Für die Untersuchung solcher Tragwerte sind andere Verfahren geeigneter (siehe die folgenden Kapitel).

Für die Programmierung von Rechenautomaten ist das Kraftgrößenverfahren nicht geeignet oder jedenfalls nicht so gut geeignet wie andere Verfahren. Dies gilt, wenn es um die Untersuchung beliebig strukturierter Tragwerke geht. Bei der Untersuchung spezieller Tragwerke mag das Kraftgrößenverfahren geeignet sein.

# 5 Das Formänderungsgrößenverfahren

Im vorigen Kapitel haben wir ein Berechnungsverfahren kennengelernt, mit dem grundsätzlich jedes Stabtragwerk untersucht werden kann: das Kraftgrößenverfahren. Gleichwohl gibt es Tragwerke, deren Berechnung mit Hilfe dieses Verfahrens mühsam wird, wie z.B. die mehrstöckigen Rahmen des Hochbaues. Ihre Berechnung wird mühsam nicht nur wegen der verhältnismäßig großen Zahl der dabei auftretenden statisch Unbestimmten, sondern und vor allem, weil die Eigenspannungszustände sich örtlich nicht ausreichend begrenzen lassen. Der Leser bestätige das durch den Versuch, für den in Bild 190(a) dargestellten Rahmen sechs (linear unabhängige) Eigenspannungszustände anzugeben.

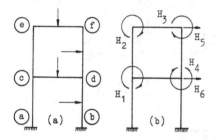

**Bild 190** Zum Gang des Formänderungsgrößenverfahrens
(a) gegebenes System
(b) Haltekräfte und -momente

Für die Berechnung solcher Stabtragwerke wurde ein zweites Verfahren entwickelt, das Formänderungsgrößenverfahren. Dieses Verfahren macht Gebrauch von der Tatsache, dass für den geraden Einzelstab allgemeingültige Beziehungen zwischen seiner Belastung, den Bewegungen bzw. Verrückungen (das sind Verschiebungen und Verdrehungen) seiner Enden bzw. Endquerschnitte und seinen Stützgrößen sich angeben lassen bzw. bekannt sind. Dementsprechend wird die Berechnung eines allgemeinen Stabtragwerkes zurückgeführt auf die Berechnung eines geometrisch bestimmten Tragwerkes, d.h. eines Tragwerkes mit bekannter Geometrie (mit vorgegebenen Knotenverrückungen).

Wir skizzieren den Gang des Formänderungsgrößenverfahrens an Hand des in Bild 190(a) gezeigten Tragwerkes. Dieses Tragwerk ist 6-fach geometrisch unbestimmt, weil sechs Knotenverrückungen unbekannt sind: die vier Knotenverdrehungen $\varphi_c$,

$\varphi_d$, $\varphi_e$ und $\varphi_f$ sowie die zwei Knotenverschiebungen $u_c$ ($= u_d$) und $u_e$ ($= u_f$).[52] Zunächst werden nun die Schnittgrößen $Z_0$ infolge der äußeren Belastung ermittelt für den Fall, dass sämtliche Knotenverrückungen gleich Null sind. Dazu gehören zwangsläufig sechs auf die Knoten wirkende Haltekräfte bzw. Haltemomente $H_{i0}$, deren Größe sich aus Gleichgewichtsbetrachtungen entsprechend herausgeschnittener Tragwerksteile ergibt.[53]

Diese Haltekräfte und -momente sind beim gegebenen System nicht vorhanden und müssen deshalb durch geeignete Maßnahmen (wieder zum Verschwinden gebracht werden. Geeignet hierfür ist eine Kombination passender Knotenverdrehungen und -verschiebungen, weil solche Verrückungen auch beim gegebenen System auftreten.

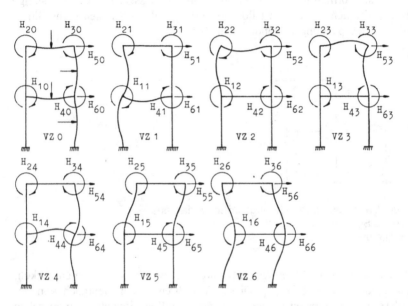

**Bild 191** Zu den einzelnen Verformungszuständen gehörende Haltekräfte und - momente (in positiver Richtung wirkend dargestellt)

---

[52] Die Horizontalverschiebungen der Knoten c und d bzw. e und f sind jeweils (einander) gleich, weil der Beitrag der Normalkräfte biegebeanspruchter Stäbe auf die Verformung vernachlässigt werden kann.

[53] In Bild 191 sind diese (Fest-) Haltekräfte und -momente angegeben. Manche von ihnen nehmen freilich negative Werte an, einige sind auch gleich Null.

Wie finden wir diese Kombination? Indem wir ebenso vorgehen wie schon beim Kraftgrößenverfahren. Wir weisen jeder der sechs bisher unterdrückten Verrückungen $\delta_i$ einzeln und nacheinander vorübergehend die Größe 1,0 zu und ermitteln für die zugehörigen Verformungszustände sämtliche Schnittgrößen $Z_i$ (i = 1, 2, ..., 6). Gleichgewichtsbetrachtungen entsprechend herausgeschnittener Tragwerksteile liefern (wieder) die zu jedem Verformungszustand gehörenden Haltekräfte bzw. -momente $H_{ij}$. (i, j = 1, 2, ..., 6). Die gesuchten Werte der sechs Verrückungen $\delta_i$ ergeben sich aus der Forderung, dass eine bestimmte Linearkombination der (zu den einzelnen Verformungszuständen gehörenden) Haltekräfte bzw. -momente sämtliche Haltegrößen $H_i$ zu Null machen muss:

$$H_1 = 0: H_{11} \cdot \delta_1 + H_{12} \cdot \delta_2 + H_{13} \cdot \delta_3 + H_{14} \cdot \delta_4 + H_{15} \cdot \delta_5 + H_{16} \cdot \delta_6 + H_{10} = 0$$

$$H_2 = 0: H_{21} \cdot \delta_1 + H_{22} \cdot \delta_2 + H_{23} \cdot \delta_3 + H_{24} \cdot \delta_4 + H_{25} \cdot \delta_5 + H_{26} \cdot \delta_6 + H_{20} = 0$$

$$H_3 = 0: H_{31} \cdot \delta_1 + H_{32} \cdot \delta_2 + H_{33} \cdot \delta_3 + H_{34} \cdot \delta_4 + H_{35} \cdot \delta_5 + H_{36} \cdot \delta_6 + H_{30} = 0$$

$$H_4 = 0: H_{41} \cdot \delta_1 + H_{42} \cdot \delta_2 + H_{43} \cdot \delta_3 + H_{44} \cdot \delta_4 + H_{45} \cdot \delta_5 + H_{46} \cdot \delta_6 + H_{40} = 0$$

$$H_5 = 0: H_{51} \cdot \delta_1 + H_{52} \cdot \delta_2 + H_{53} \cdot \delta_3 + H_{54} \cdot \delta_4 + H_{55} \cdot \delta_5 + H_{56} \cdot \delta_6 + H_{50} = 0$$

$$H_6 = 0: H_{61} \cdot \delta_1 + H_{62} \cdot \delta_2 + H_{63} \cdot \delta_3 + H_{64} \cdot \delta_4 + H_{65} \cdot \delta_5 + H_{66} \cdot \delta_6 + H_{60} = 0$$

Diese Gleichungen, die tatsächlich Gleichgewichtsbedingungen darstellen, nennt man auch Elastizitätsgleichungen zweiter Art.

Nachdem die (unbekannten) Formänderungsgrößen $\delta_i$ auf diese Weise gefunden sind, ergeben sich die Schnittgrößen durch Superposition allgemein in der Form

$$Z = Z_0 + \Sigma \, \delta_i \cdot Z_i.$$

Wie man sieht, ist die Argumentation beim Formänderungsgrößenverfahren die gleiche wie beim Kraftgrößenverfahren (man vergleiche die o. a. Gleichungen etwa mit dem beim Kraftgrößenverfahren angeschriebenen System).

Die Berechnung eines n-fach geometrisch unbestimmten Stabtragwerkes nach dem Formänderungsgrößenverfahren zerfällt damit in vier deutlich voneinander zu trennende Teilaufgaben:

(1) Ermittlung aller Schnitt- und (Fest-) Haltegrößen des geometrisch bestimmten Grundsystems infolge der gegebenen Lasten (also des Lastspannungszustandes).

(2) Ermittlung aller Schnitt- und Haltegrößen des Grundsystems infolge der n Verformungszustände $\delta_i = 1$ (i = 1, 2, ..., n). Mit anderen Worten: Ermittlung der n Eigenspannungszustände.

(3) Aufstellung des Systems der Elastizitätsgleichungen zweiter Art und Auflösung nach den unbekannten, den n Formänderungsgrößen $\delta_i$.

(4) Ermittlung des endgültigen Spannungszustandes durch Addition der mit $\delta_i$ vervielfachten Eigenspannungszustände zum Lastspannungszustand.

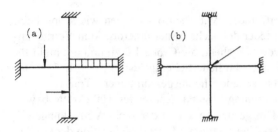

**Bild 192** Stab- und Fachwerk

Bei Fachwerken und unverschieblichen Stabwerken kommt man i. A. ohne die Angabe der einzelnen Verformungszustände aus, kann also die o. a. Gleichungen direkt anschreiben. Ein klassisches Beispiel für Stabwerke, die mit dem Formänderungsgrößenverfahren berechnet werden sollten (und nicht mit dem Kraftgrößenverfahren), ist in Bild 192(a) dargestellt. Dieses System ist 9-fach statisch und 1-fach geometrisch unbestimmt. Das entsprechende Fachwerk in Bild 192 (b) hingegen ist 2-fach statisch und 2-fach geometrisch unbestimmt und lässt sich deshalb mit dem Kraftgrößenverfahren ebenso gut berechnen wie mit dem Formänderungsgrößenverfahren.

## 5.1 Das Formänderungsgrößenverfahren für Fachwerke, das Weggrößenverfahren

Nehmen wir an, das in Bild 193 dargestellte 2-fach geometrisch unbestimmte Fachwerk sei mit dem Weggrößenverfahren zu berechnen. Dazu ist als erstes der Lastspannungszustand zu ermitteln, insbesondere also die Haltekräfte, die das Tragwerk bei Belastung im unverformten Zustand halten (positiv etwa nach rechts bzw. nach oben gerichtet). Ihre Werte erhalten wir, wenn wir Knoten 1 heraustrennen und für ihn $\Sigma H = 0$ und $\Sigma V = 0$ anschreiben.

Weil im unverformten Zustand hier in den Stäben keine Kräfte wirken, ergibt sich $S_{1i}^0 = 0$ (i = 2 bis 5). Dann folgt

$$\Sigma H = 0: \quad H_1^0 - 200 \cdot \cos(30°) = 0 \qquad H_1^0 = 173{,}2 \text{ kN.}$$

$$\Sigma V = 0: \quad H_2^0 - 200 \cdot \sin(30°) = 0 \qquad H_2^0 = 100{,}0 \text{ kN.}$$

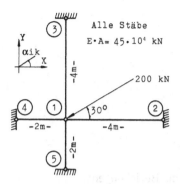

**Bild 193**
Zweifach geometrisch unbestimmtes Fachwerk

Als nächstes sind die Eigenspannungszustände zu bestimmen, insbesondere die Haltekräfte, die das Tragwerk im Verformungszustand $\delta_1 = 1$ beziehungsweise $\delta_2 = 1$ halten (Bild 195).

$$S_{ik} = \frac{E \cdot A_{ik}}{l_{ik}} \cdot \left[ (u_k - u_i) \cdot \cos \alpha_{ik} + (v_k - v_i) \cdot \sin \alpha_{ik} \right]$$ Diese allgemeine Formel gibt

in der eckigen Klammer die Stabverlängerung für einen unter dem Winkel $\alpha_{ik}$ schräg vom Knoten i zum Knoten k verlaufend Stab, siehe Bild 194. Division der Verlängerung durch die Stablänge $l_{ik}$ ergibt die Dehnung des Stabes. Wird diese Dehnung mit der Querschnittsfläche $A_{ik}$ multipliziert ergibt sich die Stabkraft $S_{ik}$.

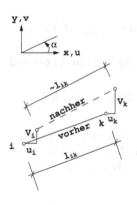

**Bild 194** Verformung eines Fachwerkstabes

Mit $u_2 = v_2 = u_3 = v_3 = u_4 = v_4 = u_5 = v_5 = 0$ und mit

$\sin \alpha_{12} = \sin 0° = 0, \quad \cos \alpha_{12} = + 1, \quad \sin \alpha_{13} = \sin 90° = + 1, \quad \cos \alpha_{13} = 0,$

$\sin \alpha_{14} = \sin 180° = 0, \quad \cos \alpha_{14} = - 1, \sin \alpha_{15} = \sin 270° = - 1, \cos \alpha_{15} = 0$

ergeben sich für $u_1 = 1$ die Stabkräfte

$$S_{12}^1 = -\frac{450}{4,00} \cdot 10^3 \frac{kN}{m}, \quad S_{14}^1 = \frac{450}{2,00} \cdot 10^3 \frac{kN}{m},$$

$$S_{13}^1 = S_{15}^1 = 0$$

und für $v_1 = 1$

$$S_{12}^2 = S_{14}^2 = 0$$

$$S_{13}^2 = -\frac{450}{4,00} \cdot 10^3 \frac{kN}{m}, \quad S_{15}^2 = \frac{450}{2,00} \cdot 10^3 \frac{kN}{m}.$$

Gleichgewichtsbetrachtungen des Knotens 1 liefern die Beziehungen

$$H_1^1 + S_{12}^1 - S_{14}^1 = 0 \text{ bzw. } H_1^1 = \frac{1350}{4,00} \cdot 10^3 \frac{kN}{m},$$

$$H_2^1 + S_{13}^1 - S_{15}^1 = 0 \text{ bzw. } H_2^1 = 0 \text{ sowie}$$

$$H_1^2 + S_{12}^2 - S_{14}^2 = 0 \text{ bzw. } H_1^2 = 0$$

$$H_2^2 + S_{13}^2 - S_{15}^2 = 0 \text{ bzw. } H_2^2 = \frac{1350}{2,00} \cdot 10^3 \frac{kN}{m}.$$

Damit können die Elastizitätsgleichungen zweiter Art angeschrieben werden:

$$\left| \begin{array}{l} H_1^1 \cdot u_1 + H_1^2 \cdot v_1 = -H_1^0 \\ H_2^1 \cdot u_1 + H_2^2 \cdot v_1 = -H_2^0 \end{array} \right| \quad \begin{array}{l} \dfrac{1350}{4,00} \cdot 10^3 \cdot u_1 = -173,2 \rightarrow u_1 = -0,513 \cdot 10^{-3} \text{ m} \\ \dfrac{1350}{4,00} \cdot 10^3 \cdot v_1 = -100,0 \rightarrow v_1 = -0,296 \cdot 10^{-3} \text{ m}. \end{array}$$

Diese Werte setzen wir nun in die o. a. allgemeine Gleichung S = f (u, v) ein und erhalten die im gegebenen Tragwerk wirkenden Stabkräfte

$$S_{12} = 57,7 \text{ kN}, \quad S_{13} = 33,3 \text{ kN}, \quad S_{14} = -115,5 \text{ kN und } S_{15} = -66,7 \text{ kN}.$$

Damit ist die gestellte Aufgabe gelöst.

Wir untersuchen das gleiche System jetzt nochmal und schreiben dabei die Elastizitätsgleichungen direkt an, ohne vorher die Koeffizienten einzeln zu ermitteln. Dabei arbeiten wir (um auch das zu zeigen) mit den E·A-fachen Verschiebungen u*=E·A·u und v*=E·A·v. Argumentiert wird nun so:

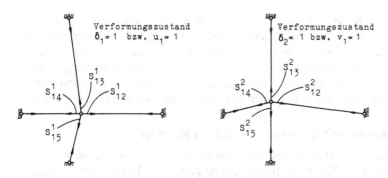

**Bild 195** Eigenspannungszustände

Wenn der Knoten 1 im endgültigen Zustand die $E \cdot A$-fachen Verschiebungen $u_1^*$ und $v_1^*$ erfährt, dann ergeben sich in den Anschlussstäben die Stabkräfte

$S_{12} = -u_1^*/4,00$ ; $S_{13} = -v_1^*/4,00$ ; $S_{14} = u_1^*/2,00$ und $S_{15} = v_1^*/2,00$ .

Wir trennen nun Knoten 1 aus dem Tragwerk heraus und schreiben für ihn die zwei Gleichgewichtsbedingungen an:

$\Sigma V = 0 : S_{13} - S_{15} - 100,0 = 0$

$\Sigma H = 0 : S_{12} - S_{14} - 173,2 = 0$

bzw.

$-v_1^*/4,00 - v_1^*/2,00 = +100,0$

$-u_1^*/4,00 - u_1^*/2,00 = +173,2$

Damit ergeben sich die $E \cdot A$-fachen Verschiebungen $u_1^* = -231,0$ kN m und auch $v_1^* = -133,3$ kN m. Das in die o. a. Beziehungen eingesetzt liefert $S_{12} = 57,7$ kN , $S_{13} = 33,3$, $S_{14} = -115,5$ kN und $S_{15} = -66,7$ kN. Diese Rechnung ist, wie man sieht, kürzer als die zuerst durchgeführte.

# 5.2 Das Formänderungsgrößenverfahren für Stabwerke, das Drehwinkelverfahren

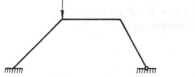

**Bild 196** Allg. Stabwerk

Definitionsgemäß fehlen bei den Knoten eines Stabwerkes die Gelenke der Fachwerke. Die einzelnen Stäbe sind in den Knoten in der Regel biegesteif miteinander verbunden, Bild 196. Dadurch erleiden die Knoten selbst nun nicht nur Verschiebungen, sondern auch Verdrehungen, wodurch die Zahl der Unbekannten je Knoten auf drei steigt.[54] Wir verfolgen die Untersuchung solcher allgemeinen Stabwerke im Augenblick nicht weiter, sondern wenden uns einer Gruppe besonderer Stabwerke zu.

## 5.2.1 Stabwerke mit unverschieblichen Knoten

Es gibt eine Reihe von Stabwerken, deren Knoten sich bei Belastung nur verdrehen und nicht verschieben. Neben den (unnachgiebig gestützten) Durchlaufträgern gehören dazu viele symmetrisch belastete symmetrische Rahmen, da die Längenänderung biegebeanspruchter Stäbe und somit auch die Formänderung von Stabwerken infolge von Normalkräften vernachlässigt werden kann. Ein weiteres Beispiel ist in Bild 197 dargestellt. Bei diesen Systemen reduziert sich die Zahl der unbekannten Formänderungsgrößen je Knoten auf eins.

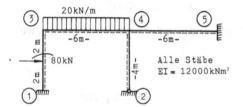

**Bild 197** Stabwerk mit unverschieblichen Knoten

Wir wollen dieses skizzierte System nun untersuchen. Es ist zweifach geometrisch unbestimmt, unbekannt sind die Knotendrehwinkel $\varphi_3$ und $\varphi_4$ (beide positiv gerichtet im Uhrzeigersinn). Zunächst berechnen wir den Lastspannungszustand. Um die Knoten 3 und 4 bei Belastung im unverdrehten (Null-) Zustand zu halten, sind die Haltemomente $H_a^0$ in Knoten 3 und $H_b^0$ in Knoten 4 erforderlich (beide nennen wir positiv, wenn sie im Uhrzeigersinn drehen). Sie ergeben sich aus Gleichgewichtsbe-

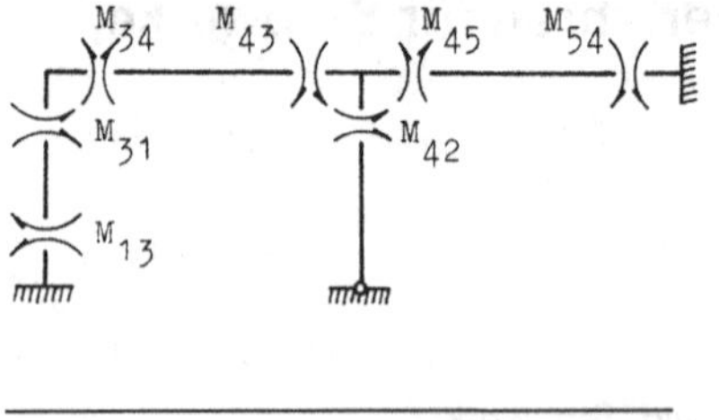

**Bild 198** Richtung positiver Stabendmomente

---

[54] Die Knoten eines (ideal-) Fachwerkes bestehen (in unserer Vorstellung) aus Bolzen, auf die alle ankommenden Stäbe frei drehbar aufgeschoben sind.

trachtungen der herausgeschnittenen Knoten 3 und 4, wenn zuvor die Grundmomente ermittelt werden, also die Endmomente für starre Einspannung aller Stäbe. Dabei verwenden wir hinsichtlich des Vorzeichens dieser Stabendmomente bzw. hinsichtlich der Richtung positiver Stabendmomente die Vereinbarung: Stabendmomente sind positiv, wenn ihr auf den Knoten wirkender Teil entgegengesetzt dem Uhrzeigersinn dreht.[55] Bild 198 zeigt die entsprechenden Momente im Einzelnen. Die Grundmomente für die an den Knoten eingespannten Stäbe entnehmen wir betragsmäßig etwa den Bautechnischen Zahlentafeln und fügen die Vorzeichen aus der Anschauung selbst hinzu:

$$M_{13}^0 = -80 \cdot 4,00/8 = -40,0 \text{ kNm}, \quad M_{31}^0 = +80 \cdot 4,00/8 = +40,0 \text{ kNm},$$

$$M_{34}^0 = -20 \cdot 6,00^2/12 = -60,0 \text{ kNm}, \quad M_{43}^0 = +60,0 \text{ kNm}, \quad M_{45}^0 = M_{54}^0 = M_{42}^0 = 0.$$

Zum Vorzeichen von $M_{34}^0$ etwa stellt man diese Überlegung an: Der frei drehbar gelagerte Einzelstab 3 – 4 verformt sich unter Gleichlast wie in Bild 199 (a) skizziert (BL = Biegelinie). Um die dabei auftretenden Drehungen der Endquerschnitte rückgängig zu machen, müssen die in Bild 199 (b) skizzierten Momente zusätzlich aufgebracht werden. In Knoten 3 ist das zusätzlich aufgebrachte Moment dem positiv angesetzten Stabendmoment entgegengerichtet, $M_{34}^0$ ist also negativ. Die im Lastspannungszustand erforderlichen Haltemomente ergeben sich damit wie folgt (Bild 200):

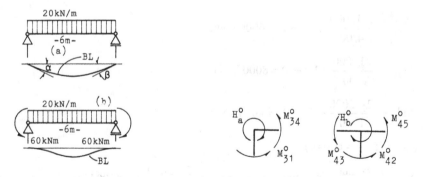

**Bild 199** Zum Vorzeichen von Grundmomenten    **Bild 200** Ermittlung der Haltemomente

---

[55] Durch diese Vereinbarung wird eine übersichtliche und allgemeingültige Formulierung der Gleichgewichtsbedingung $\Sigma M = 0$ für die Knoten ermöglicht (s. u.). Diese Übersichtlichkeit wird also erkauft mit der Notwendigkeit, beim Einstieg in das Drehwinkelverfahren und beim Verlassen einer solchen Rechnung die Vorzeichen der ermittelten Biegemomente zu überprüfen und gegebenenfalls zu wechseln.

$$\Sigma\, M_3 = 0: \qquad M_{31}^0 + M_{34}^0 - H_a^0 = 0 \rightarrow$$

$$H_a^0 = M_{31}^0 + M_{34}^0 = +40 - 60 = -20 \text{ kNm}$$

$$\Sigma\, M_4 = 0: \qquad M_{42}^0 + M_{43}^0 + M_{45}^0 - H_b^0 = 0 \rightarrow$$

$$H_b^0 = M_{42}^0 + M_{43}^0 + M_{45}^0 = 0 + 60 + 0 = +60 \text{ kNm}$$

Als nächstes sind die bei den Verformungszuständen $\delta_a = 1$ und $\delta_b = 1$ (also $\varphi_3 = 1$ und $\varphi_4 = 1$) auftretenden Stabendmomente zu berechnen. Allgemein besteht zwischen den Stabendmomenten und den Verdrehungen der Anschlussknoten bzw. Endquerschnitte folgender Zusammenhang:

$$M_{ik} = \frac{2 \cdot E \cdot I_{ik}}{l_{ik}} \cdot \left[ 2 \cdot \varphi_i + \varphi_k \right] \text{ für den beidseitig eingespannten Stab (siehe Bild 143)}$$

$$M_{ig} = \frac{3 \cdot E \cdot I_{ig}}{l_{ig}} \cdot \varphi_i \text{ für den einseitig gelenkig gelagerten Stab (siehe Bild 142).}$$

Damit ergeben sich die folgenden Werte ($\varphi_3 = 1$; $\varphi_1 = \varphi_4 = 0$)

$$M_{31}^a = \frac{2 \cdot 12000}{4,00} \cdot (2 \cdot 1 + 0) = 12000 \text{ kNm },$$

$$M_{13}^a = \frac{2 \cdot 12000}{4,00} \cdot (2 \cdot 0 + 1) = 6000 \text{ kNm },$$

$$M_{34}^a = \frac{2 \cdot 12000}{6,00} \cdot (2 \cdot 1 + 0) = 8000 \text{ kNm },$$

$$M_{43}^a = \frac{2 \cdot 12000}{6,00} \cdot (2 \cdot 0 + 1) = 4000 \text{ kNm }.$$

Sowie ($\varphi_4 = 1$; $\varphi_3 = \varphi_5 = 0$)

$$M_{43}^b = \frac{2 \cdot 12000}{6,00} \cdot 2 = 8000 \text{ kNm }, \quad M_{34}^b = \frac{2 \cdot 12000}{6,00} \cdot 1 = 4000 \text{ kNm },$$

$$M_{45}^b = \frac{2 \cdot 12000}{6,00} \cdot 2 = 8000 \text{ kNm }, \quad M_{54}^b = \frac{2 \cdot 12000}{6,00} \cdot 1 = 4000 \text{ kNm },$$

$$M_{42}^b = \frac{3 \cdot 12000}{4,00} \cdot 1 = 9000 \text{ kNm }.$$

Eine Gleichgewichtsbetrachtung der Knoten liefert die zur Herstellung der beiden Verformungszustände nötigen Haltemomente:

$$H_a^a = + M_{31}^a + M_{34}^a = + 20000 \text{ kNm}; \quad H_b^a = + M_{43}^a + M_{42}^a + M_{45}^a = + 4000 \text{ kNm}$$

$$H_a^b = + M_{31}^b + M_{34}^b = + 4000 \text{ kNm}; \quad H_b^b = + M_{43}^b + M_{42}^b + M_{45}^b = + 25000 \text{ kNm}$$

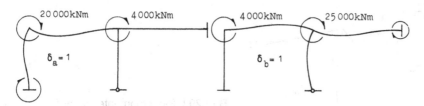

**Bild 201** Die hier angegebenen äußeren Momente sind nötig, um die jeweiligen Einheits-Verformungszustände $\delta_a = 1$ bzw. $\delta_b = 1$ zu erzeugen

Nun können wir die Elastizitätsgleichungen 2. Art anschreiben:

$$\begin{aligned} H_a^a \cdot \delta_a + H_a^b \cdot \delta_b + H_a^0 &= 0 \\ H_b^a \cdot \delta_a + H_b^b \cdot \delta_b + H_b^0 &= 0 \end{aligned} \quad \text{bzw.} \quad \begin{vmatrix} + 20.000 \cdot \delta_a + 4.000 \cdot \delta_b = + 20 \\ + 4.000 \cdot \delta_a + 25.000 \cdot \delta_b = - 60 \end{vmatrix}$$

Als Lösung ergibt sich $\delta_a = + 0,00153$ und $\delta_b = - 0,00264$.

Die endgültigen Stabendmomente finden wir durch Überlagerung der einzelnen entsprechend vervielfachten Anteile. So ergibt sich z.B.

$$M_{13} = M_{13}^0 + \delta_a \cdot M_{13}^a + \delta_b \cdot M_{13}^b = - 40 + 0,00153 \cdot 6000 = - 30,8 \text{ kNm}.$$

Analog finden wir $M_{31} = + 40 + 0,00153 \cdot 12000 = + 58,4 \text{ kNm}$;

$$M_{34} = - 60 + 0,00153 \cdot 8000 - 0,00264 \cdot 4000 \approx - 58,4 \text{ kNm};$$

$$M_{42} = - 0,00264 \cdot 9000 = - 23,8 \text{ kNm};$$

$$M_{43} = + 60 + 0,00153 \cdot 4000 - 0,00264 \cdot 8000 = + 45,0 \text{ kNm};$$

$$M_{45} = - 0,00264 \cdot 8000 \approx - 21,2 \text{ kNm};$$

$$M_{54} = - 0,00264 \cdot 4000 = - 10,6 \text{ kNm}.$$

Diese Stabendmomente sind noch mit den Vorzeichen des Drehwinkelverfahrens behaftet. Für die Zeichnung der Momentenlinie (Bild 202) müssen wir auf die „Dehnungs-Definition" zurückkehren: Positive Biegemomente erzeugen auf der gestrichelten Seite Zug. Dabei wird jedes Stabendmoment einzeln überprüft. Etwa so: Ein positives $M_{13}$ (Bild 198) erzeugt auf der gestrichelten Seite (Bild 197) Zug; sein Vorzeichen bleibt unverändert. Ein positives $M_{31}$ (Bild 198) erzeugt auf der gestrichelten Seite (Bild 197) Druck; sein Vorzeichen wird gewechselt. Nachdem auf diese Weise der Momentenverlauf entstanden ist, wird dann der Querkraftverlauf entwickelt. Aus Platzgründen zeigen wir das hier nicht. Der Querkraftverlauf liefert schließlich den Normalkraftverlauf, siehe etwa Abschnitt 3.6.6: von TM 1.

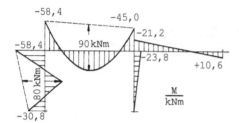

**Bild 202** Biegemomentenverlauf

Ebenso wie beim zuvor besprochenen Fachwerk bietet sich auch hier an, die Elastizitätsgleichungen (zweiter Art) direkt anzuschreiben. Wir untersuchen das gleiche Tragwerk dazu noch einmal und stellen die folgende Überlegung an: Im endgültigen Zustand gilt für jeden Stab der folgende Zusammenhang zwischen seiner Belastung, den Verdrehungen seiner Anschlussknoten und seinen Endmomenten (siehe Formeln bei Bild 200):

$$M_{ik} = \frac{2 \cdot E \cdot I_{ik}}{l_{ik}} \cdot \left[2 \cdot \varphi_i + \varphi_k\right] + M_{ik}^0 \quad \text{bei beidseitiger elastischer Einspannung}$$

$$M_{ig} = \frac{3 \cdot E \cdot I_{ig}}{l_{ig}} \cdot \varphi_i + M_{ig}^0 \quad \text{bei einseitig gelenkigem Anschluss.}$$

Diese Endmomente wirken natürlich (in entgegengesetzter Richtung, siehe Bild 198) auch auf die Anschlussknoten. In jedem Knoten müssen nun die so von den ankommenden Stäben an ihn abgegebenen Endmomente unter sich im Gleichgewicht sein, wobei gegebenenfalls noch äußere (direkt) auf den Knoten wirkende Momente zu berücksichtigen sind. Für den Knoten i sieht die entsprechende Gleichgewichtsbedingung so aus:

$$\sum_k \left[\frac{2 \cdot E \cdot I_{ik}}{l_{ik}} \cdot (2 \cdot \varphi_i + \varphi_k) + M_{ik}^0\right] + \sum_g \left[\frac{3 \cdot E \cdot I_{ig}}{l_{ig}} \cdot \varphi_i + M_{ig}^0\right] + M_i = 0$$

Von diesen Gleichungen lassen sich so viele anschreiben, wie Knoten und damit unbekannte Knotendrehwinkel vorhanden sind.[56]

---

[56] Sie sind identisch mit den Elastizitätsgleichungen zweiter Art.

Nach der Lösung des dabei entstehenden linearen Gleichungssystems sind die Knotendrehwinkel damit bekannt, die endgültigen Stabendmomente können nun berechnet werden.

Für das vorliegende Tragwerk sieht die Rechnung so aus:

Die einzelnen Stabendmomente als Funktion der Knotendrehwinkel lauten, wenn man $\varphi_1 = \varphi_5 = 0$ berücksichtigt:

$$M_{13} = \frac{24000}{4,00} \cdot \varphi_3 - 40; \quad M_{31} = \frac{24000}{4,00} \cdot 2 \cdot \varphi_3 + 40;$$

$$M_{34} = \frac{24000}{6,00} \cdot (2 \cdot \varphi_3 + \varphi_4) - 60; \quad M_{43} = \frac{24000}{6,00} \cdot (2 \cdot \varphi_4 + \varphi_3) + 60;$$

$$M_{42} = \frac{36000}{4,00} \cdot \varphi_4; \quad M_{45} = \frac{24000}{6,00} \cdot 2 \cdot \varphi_4; \quad M_{54} = \frac{24000}{6,00} \cdot \varphi_4.$$

Damit lauten die Gleichgewichtsbedingungen:

Zusammenfassung liefert das System $\left| \begin{array}{l} 20.000 \cdot \varphi_3 + 4.000 \cdot \varphi_4 = +20 \\ 4.000 \cdot \varphi_3 + 25.000 \cdot \varphi_4 = -60 \end{array} \right|$ bzw. $\begin{array}{l} \varphi_3 = +0{,}00153 \\ \varphi_4 = -0{,}00264. \end{array}$

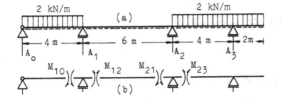

**Bild 203** Zur Untersuchung eines Durchlaufträgers mit dem Drehwinkelverfahren

Diese Werte werden oben eingesetzt und liefern die endgültigen Stabendmomente. Diese Rechnung ist wesentlich kürzer als die zuerst gezeigte.

Wir skizzieren als nächstes die Untersuchung eines Durchlaufträgers mit dem Drehwinkelverfahren. In Bild 203 (a) ist ein Dreifeldträger mit Kragarm und, sagen wir, konstantem Trägheitsmoment dargestellt. Er ist zweifach geometrisch unbestimmt, unbekannt sind die Knotendrehwinkel $\varphi_1$ und $\varphi_2$.

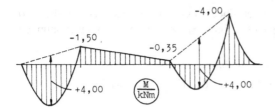

**Bild 204** Momentenlinie

Mit den Grundmomenten $M_{10}^0 = 2 \cdot 4{,}00^2/8 = +4{,}0$ kNm, $M_{12}^0 = M_{21}^0 = 0$; dem

Kragmoment $= 2 \cdot 2{,}00^2 / 2 = 4{,}0$ kNm und $M_{23}^0 = -4{,}0 + 4{,}0/2 = -2{,}0$ kNm erge-

ben sich die Stabendmomente mit $\varphi^* = E \cdot I \cdot \varphi$ zu

$$M_{10} = \frac{3}{4{,}00} \cdot \varphi_1^* + 4{,}0$$

$$M_{12} = \frac{2}{6{,}00} \cdot (2 \cdot \varphi_1^* + \varphi_2^*)$$

$$M_{21} = \frac{2}{6{,}00} \cdot (2 \cdot \varphi_2^* + \varphi_1^*) \quad \text{und} \quad M_{23} = \frac{3}{4{,}00} \cdot \varphi_2^* - 2{,}0 .$$

Nun schreiben wir die Gleichgewichtsbedingungen an:

$$\Sigma M_1 = 0 : M_{10} + M_{12} = 0$$
$$\Sigma M_2 = 0 : M_{21} + M_{23} = 0$$

Verwendung der o.a. Ausdrücke liefert das Gleichungssystem

$$\begin{vmatrix} 17 \cdot \varphi_1^* + 4 \cdot \varphi_2^* = -48 \\ 4 \cdot \varphi_1^* + 17 \cdot \varphi_2^* = +24 \end{vmatrix}$$

Es hat die Lösung $\varphi_1^* = -3{,}34$ und $\varphi_2^* = +2{,}20$.
Das sind die $E \cdot I$-fachen Knotendrehwinkel.

Damit ergeben sich die endgültigen Stabendmomente zu

$$M_{10} = \frac{3}{4{,}00} \cdot (-3{,}34) + 4{,}0 = 1{,}50 \text{ kNm}$$

$$M_{12} = \frac{2}{6{,}00} \cdot (2 \cdot (-3{,}34) + 2{,}20) = -1{,}50 \text{ kNm}$$

$$M_{21} = \frac{2}{6{,}00} \cdot (2 \cdot 2{,}20 + (-3{,}34)) = +0{,}35 \text{ kNm}$$

$$M_{23} = \frac{3}{4,00} \cdot 2,20 - 2,0 = -0,35 \, \text{kNm}.$$

Bevor die M-Linie gezeichnet werden kann, müssen die Drehwinkelverfahren-Vorzeichen der Stabendmomente noch überprüft und gegebenenfalls gewechselt werden, etwa an Hand von Bild 203(b).

Einen Rechenvorteil gegenüber dem Kraftgrößenverfahren bietet das Formänderungsgrößenverfahren hier nicht: Die statische Unbestimmtheit des Dreifeldträgers ist ebenfalls zwei. Das gilt bei Durchlaufträgern mit frei drehbar gelagerten Enden stets.

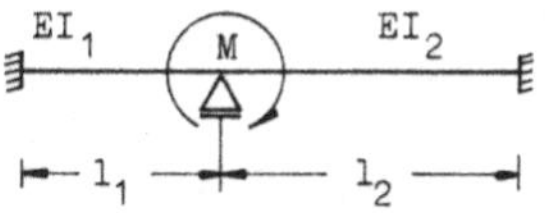

**Bild 205** Endeinspannungen

Sind die Enden starr eingespannt, dann ergibt sich ein leichter Vorteil des Formänderungsverfahrens gegenüber dem Kraftgrößenverfahren. So ist z.B. das in Bild 205 gezeigte System geometrisch 1-fach und statisch (für diese Belastung) 3-fach unbestimmt.

Die Berechnung von Mehrfeldträgern führt übrigens auch beim Formänderungsgrößenverfahren auf eine Bandmatrix: Es ergeben sich dreigliedrige Bestimmungsgleichungen für die Knotendrehwinkel; ein Analogen zu den Dreimomentengleichungen.

## 5.2.2 Stabwerke mit verschieblichen Knoten

Nehmen wir an, der in Bild 207 dargestellte Rahmen soll untersucht werden. Bei Belastung dieses Rahmens werden sich die Knoten 2 und 3 nicht nur verdrehen, sondern auch verschieben.

Zusätzlich zu der Belastung eines Stabes und den Verdrehungen der Stabenden wollen wir nun noch die Verschiebungen seiner Anschlussknoten quer zur Stabachse berücksichtigen. Mit den Ergebnissen der Bilder 141 (einseitig eingespannt) und 144 (beidseitig eingespannt), Bild 206 und den Stabendmomenten erhalten wir dann die folgenden Beziehungen:

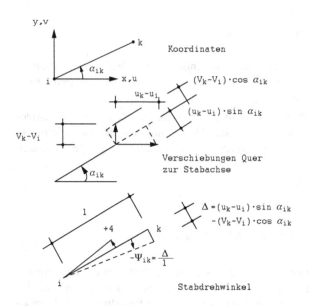

**Bild 206**  Stabdrehwinkel

$$M_{ik} = \frac{2 \cdot E \cdot I_{ik}}{l_{ik}} \cdot \left[ 2 \cdot \varphi_i + \varphi_k + 3 \cdot \frac{(v_k - v_i) \cdot \cos \alpha_{ik} - (u_k - u_i) \cdot \sin \alpha_{ik}}{l_{ik}} \right] + M_{ik}^0$$

$$M_{ig} = \frac{3 \cdot E \cdot I_{ig}}{l_{ig}} \cdot \left[ \varphi_i + \frac{(v_g - v_i) \cdot \cos \alpha_{ig} - (u_g - u_i) \cdot \sin \alpha_{ig}}{l_{ig}} \right] + M_{ig}^0$$

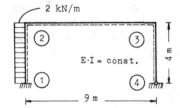

**Bild 207** Rahmen, dessen Knoten sich bei der gegebenen Belastung verschieben

Da nun gewöhnlich die Verschiebungskomponenten der Knoten (ebenso wie die Knotendrehungen) selbst nicht gesucht sind, sondern nur benötigt werden zur Berechnung der Stabendmomente, ist es sinnvoll, abkürzend die Größe

$$\psi_{ik} = \frac{(v_k - v_i) \cdot \cos\alpha_{ik} - (u_k - u_i) \cdot \sin\alpha_{ik}}{l_{ik}} \text{ einzuführen (Bild 206).}$$

Da die rechte Seite die Richtungsänderung bzw. Drehung des Stabes i-k beschreibt, hat die Große $\psi_{ik}$ den Namen Stabdrehwinkel bekommen. Er wird positiv gewählt entgegen dem Uhrzeigersinn (dann vergrößert sich nämlich die Neigung des Stabes gegenüber der x-Achse). Damit nehmen die o. a. Gleichungen die Form an

$$M_{ik} = \frac{2 \cdot E \cdot I_{ik}}{l_{ik}} \cdot [2 \cdot \varphi_i + \varphi_k + 3 \cdot \psi_{ik}] + M^0_{ik} \quad \text{beidseitig elastisch eingespannt}$$

$$M_{ig} = \frac{3 \cdot E \cdot I_{ig}}{l_{ig}} \cdot \left[\varphi_i + \psi_{ig}\right] + M^0_{ig} \qquad \begin{array}{l}\text{einseitig bzw. abseitig frei}\\ \text{drehbar gelagert.}\end{array}$$

Wir wenden uns nun der Frage nach der geometrischen Unbestimmtheit des oben gezeigten (verschieblichen) Tragwerkes zu. Wie früher bereits erwähnt, ergibt sich der Grad der geometrischen Unbestimmtheit als Anzahl der Haltekräfte und -momente, die zusätzlich aufgebracht werden müssen, um ein geometrisch bestimmtes Grundsystem herzustellen, also ein Tragwerk, dessen Knoten sich bei Beanspruchung durch die gegebene Belastung weder verdrehen noch verschieben.

Im vorliegenden Fall sind drei Haltegrößen erforderlich, um alle Knotenverrückungen zu unterbinden: Zwei Haltemomente und eine Haltekraft, etwa horizontal in Höhe des Riegels wirkend.

Das Tragwerk ist also dreifach geometrisch unbestimmt. Als dritte Unbestimmte neben den beiden Knotendrehwinkeln $\varphi_2$ und $\varphi_3$ wählen wir den Stabdrehwinkel $\psi_{34}$.

Wie finden wir die Werte dieser drei Formänderungsgrößen? Nun, wir verallgemeinern das im vorigen Abschnitt gezeigte Verfahren, berechnen also die Haltegrößen des Lastspannungszustandes und der drei Eigenspannungs- bzw. Verformungszustände $\delta_a = 1$, $\delta_b = 1$ und $\delta_c = 1$ und bestimmen die Werte von $\delta_a$, $\delta_b$ und $\delta_c$ dann auf Grund der Tatsache, dass im endgültigen Zustand keine Haltegrößen vorhanden sind. Es möge gelten:

$$\delta_a = E \cdot I \cdot \varphi_2 = \varphi^*_2, \quad \delta_b = E \cdot I \cdot \varphi_3 = \varphi^*_3 \text{ und } \delta_c = E \cdot I \cdot \psi_{12} = \psi^*_{12} = \psi^*_{34} .$$

Zunächst werden die Stabendmomente und -querkräfte der verschiedenen Zustände gebraucht. Die Grundmomente des Stabes 1–2 ergeben sich zu $\pm q \cdot l^2/12$ die Stabendmomente in den drei verschiedenen Verformungszuständen ergeben sich auf Grund der auf hinter Bild 207 angeschriebenen Beziehungen. Die Werte sind in Tafel 9 zusammengestellt. Aus ihnen werden die (in den Endquerschnitten) übertragenen) Querkräfte $V_{ik}$ (Bild 209) berechnet, die ebenfalls in Tafel 9 notiert sind. Schließlich werden die Haltegrößen wie in Tafel 9 angegeben berechnet.

**Tafel 9** Ermittlung der Haltegrößen

|  | VZ 0 | VZ 1 $(\delta_a = 1)$ | VZ 2 $(\delta_b = 1)$ | VZ 3 $(\delta_c = 1)$ |
|---|---|---|---|---|
| $M_{12}$ | − 8/3 | + 2/4 | 0 | + 6/4 |
| $M_{21}$ | + 8/3 | + 4/4 | 0 | + 6/4 |
| $M_{23}$ | 0 | + 4/9 | + 2/9 | 0 |
| $M_{32}$ | 0 | + 2/9 | + 4/9 | 0 |
| $M_{34}$ | 0 | 0 | + 3/4 | + 3/4 |
| $(M_{43})$ | − | − | − | − |
| $V_{12}$ | + 4 | − 6/16 | 0 | − 12/16 |
| $V_{21}$ | − 4 | − 6/16 | 0 | − 12/16 |
| $V_{23}$ | 0 | − 6/81 | − 6/61 | 0 |
| $V_{32}$ | 0 | − 6/81 | − 6/81 | 0 |
| $V_{34}$ | 0 | 0 | − 3/16 | − 3/16 |
| $V_{43}$ | 0 | 0 | − 3/16 | − 3/16 |
| $H_a^i = M_{21}^i + M_{23}^i$ | + 8/3 | + 13/9 | + 2/9 | + 6/4 |
| $H_b^i = M_{32}^i + M_{34}^i$ | 0 | + 2/9 | + 43/36 | + 3/4 |
| $H_c^i = -V_{21}^i - V_{34}^i$ | + 4 | + 6/16 | + 3/16 | + 15/16 |

Nun kann das System der Bestimmungsgleichungen angeschrieben werden:

$$
\left|
\begin{aligned}
H_a^a \cdot \delta_a + H_a^b \cdot \delta_b + H_a^c \cdot \delta_c &= -H_a^0 \\
H_b^a \cdot \delta_a + H_b^b \cdot \delta_b + H_b^c \cdot \delta_c &= -H_b^0 \\
H_c \cdot \delta_a + H_c \cdot \delta_b + H_c \cdot \delta_c &= -H_c
\end{aligned}
\right|
\quad \text{bzw.} \quad
\left|
\begin{aligned}
+\tfrac{13}{9} \cdot \delta_a + \tfrac{2}{9} \cdot \delta_b + \tfrac{6}{4} \cdot \delta_c &= -\tfrac{8}{3} \\
+\tfrac{2}{9} \cdot \delta_a + \tfrac{43}{36} \cdot \delta_b + \tfrac{3}{4} \cdot \delta_c &= 0 \\
+\tfrac{6}{16} \cdot \delta_a + \tfrac{3}{16} \cdot \delta_b + \tfrac{15}{16} \cdot \delta_c &= -4
\end{aligned}
\right|
$$

Es hat die Lösung

$$\delta_a = + 4{,}74$$

$$\delta_b = + 3{,}42$$

$$\delta_c = - 6{,}84.$$

Damit können die Stabendmomente und Stabendquerkräfte ermittelt werden.

Zum Beispiel ergibt sich

$$M_{12} = M_{12}^0 + \delta_a \cdot M_{12}^a + \delta_b \cdot M_{12}^b + \delta_c \cdot M_{12}^c$$

$$M_{12} = -\frac{8}{3} + \frac{2}{4} \cdot 4{,}74 + 0 \cdot 3{,}42 + \frac{6}{4} \cdot (-6{,}84)$$

$$M_{12} = -2,67 + 2,37 + 0 - 10,26$$

$$M_{12} = -10,56 \text{ kNm}$$

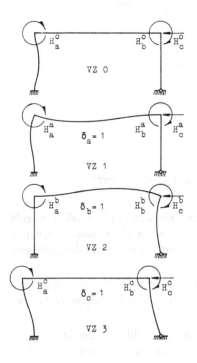

**Bild 208** Verformungszustände und zugehörige Haltegrößen

oder

$$V_{12} = V_{12}^0 + \delta_a \cdot V_{12}^a + \delta_b \cdot V_{12}^b + \delta_c \cdot V_{12}^c$$

$$V_{12} = 4 - \frac{6}{16} \cdot 4,74 + 0 \cdot 3,42 - \frac{12}{16} \cdot (-6,84)$$

$$V_{12} = 4 - 1,78 + 0 + 5,13$$

$$V_{12} = +7,35 \text{ kN}$$

Nach Berechnung aller $M_{in}$ und $V_{in}$ sowie Anpassung der Vorzeichen bei den Stabendmomenten können die M- und V-Linie gezeichnet werden. Wir zeigen hier nur die M-Linie, Bild 210. Im Allgemeinen werden schließlich noch die N-Linie und die Stützgrößen anzugeben sein.

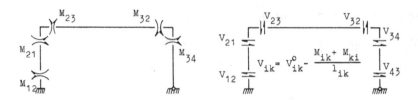

**Bild 209** Stabendmomente und -querkräfte

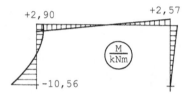

**Bild 210** M-Linie zu Bild 207

Das soeben gezeigte Vorgehen wird mühsam, wenn nicht mehr alle Stiele senkrecht verlaufen, wie etwa bei dem in Bild 211 gezeigten Rahmen. Dann nämlich gehen in die Berechnung der horizontalen Haltekraft auch die Normalkräfte der geneigten Stiele ein, hier diejenige von Stab 1–2.

In solchen Fällen ist es zweckmäßiger, die (nach Anschreiben der Knotengleichungen noch) fehlenden Gleichungen mit Hilfe des Prinzips der virtuellen Verrückungen zu formulieren.

Wir zeigen das an der Berechnung des Tragwerkes von Bild 211. Zunächst schreiben wir die Knotengleichung für die Knoten 2 und 3 an. Für den Knoten i lautet sie allgemein

$$\sum_k \left[ \frac{2 \cdot E \cdot I_{ik}}{l_{ik}} \cdot (2 \cdot \varphi_i + \varphi_k + 3 \cdot \psi_{ik}) + M_{ik}^0 \right] + \sum_g \left[ \frac{3 \cdot E \cdot I_{ig}}{l_{ig}} \cdot (\varphi_i + \psi_{ig}) + M_{ig}^0 \right] = 0$$

Für i = 2 und i = 3 lautet sie mit $M_{23}^0 = -1 \cdot \dfrac{6,00^2}{12} = -3$ kNm und $M_{32}^0 = +3$ kNm

Knoten 2:     $\dfrac{2}{5,00} \cdot (2 \cdot \varphi_2^* + 3 \cdot \psi_{12}^*) + \dfrac{2}{6,00} \cdot (2 \cdot \varphi_2^* + \varphi_3^* + 3 \cdot \psi_{23}^*) - 3 = 0$

Knoten 3:     $\dfrac{2}{6,00} \cdot (2 \cdot \varphi_3^* + \varphi_2^* + 3 \cdot \psi_{23}^*) + 3 + \dfrac{3}{4,00} \cdot (\varphi_3^* + \psi_{34}^*) = 0$

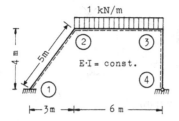

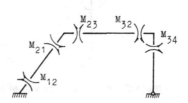

**Bild 211** Verschieblicher Rahmen

**Bild 212** Stabendmomente

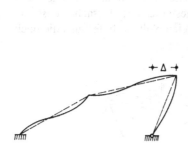

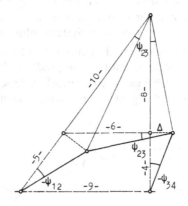

**Bild 213** Verformter Zustand

**Bild 214** Stabdrehwinkel

In diesen zwei Gleichungen treten fünf unbekannte Formänderungsgrößen auf: zwei Knotendrehwinkel und drei Stabdrehwinkel. Es werden somit noch weitere Beziehungen zwischen den Unbekannten gebraucht. Treten in ihnen keine neuen Unbekannten auf, dann sind drei solche Beziehungen erforderlich; treten neue Unbekannte auf, so sind entsprechend mehr Verknüpfungen nötig.

Bei der Suche nach geeigneten Beziehungen bemerken wir, dass die Drehwinkel der drei Stäbe nicht unabhängig voneinander sind. Nehmen wir an, Knoten 3 verschiebe sich um den Betrag $\Delta$ nach rechts, Bild 213. Dazu gehören natürlich ganz bestimmte Stabdrehwinkel. Um ihre Größe zu bestimmen, zeichnen wir für die entsprechende kinematische Kette den Polplan, Bild 214. An Hand dieser Figur ergibt sich $\psi_{34} = -\Delta/4,00$, $\psi_{23} = \Delta/8,00$ und $\psi_{12} = -2 \cdot \psi_{23} = -\Delta/4,00$.

**Bild 215** Kinematische Kette (a) und virtuelle Verrückung (b)

Da hier die neue Unbekannte $\Delta$ aufgetreten ist, wird eine weitere Verknüpfung gesucht. Diese wird nun durch Anwendung des Prinzips der virtuellen Verrückungen gefunden. Wie wir wissen, stimmt das Verhalten des in Bild 215(a) dargestellten Systems mit dem wirklichen System vollständig überein.

Diesem im Gleichgewicht befindlichen System erteilen wir nun eine geeignete virtuelle Verrückung, etwa die in Bild 215(b) dargestellte. Die Tatsache, dass die Summe der dabei geleisteten virtuellen Arbeiten gleich Null ist, liefert uns die noch gesuchte Beziehung zwischen den unbekannten Größen.

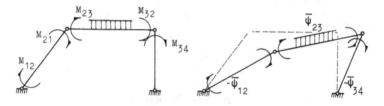

**Bild 216** Vereinfachte Darstellung

Bevor wir diese Beziehung anschreiben, betrachten wir den verrückten Zustand in Bild 215(b) näher. Wir stellen fest, dass die Knoten selbst keine Drehung erfahren, dass also die auf die Knoten wirkenden Teile der Stabendmomente keine (virtuelle) Arbeit leisten.[57] Wir brauchen sie deshalb gar nicht erst darzustellen. Da außerdem die zu den interessierenden Stabendmomenten gehörenden Stabquerschnitte unendlich dicht an den Knoten liegen, wählen wir für die weiteren Betrachtungen die vereinfachte Darstellung, Bild 216. Hier nun die bei der Verrückung geleistete Arbeit:

---

[57] Äußere direkt auf einen Knoten wirkende Momente gehen bei dieser Vereinbarung deshalb nur in die Knotengleichung (und nicht in die Arbeitsgleichung) ein. Übrigens stehen auch alle auf einen Knoten wirkende Momente unter sich im Gleichgewicht; ihre Summe liefert deshalb selbst bei einer Drehung des Knotens die virtuelle Arbeit Null.

$$(M_{12} + M_{21}) \cdot \left| \overline{\psi}_{12} \right| - (M_{23} + M_{32}) \cdot \left| \overline{\psi}_{23} \right| + M_{34} \cdot \left| \overline{\psi}_{34} \right| + 6,00 \cdot 1 \cdot \frac{6,00}{2} \cdot \left| \overline{\psi}_{23} \right| = 0.$$

In diese Gleichung gehen nur die Absolutbeträge der Stabdrehwinkel ein, weil ihre Richtung bereits durch das Vorzeichen der Arbeitsbeiträge berücksichtig wird. Die auf der vorigen Seite für die tatsächliche Verformung gefundenen Beziehungen zwischen den Stabdrehwinkeln und der Größe $\Delta$ gelten natürlich auch für unsere virtuelle Verrückung. Wir setzen sie deshalb hier ein und erhalten

$$(M_{12} + M_{21}) \cdot \frac{\overline{\Delta}}{4,00} - (M_{23} + M_{32}) \cdot \frac{\overline{\Delta}}{8,00} + M_{34} \cdot \frac{\overline{\Delta}}{4,00} + 18 \cdot \frac{\overline{\Delta}}{8,00} = 0.$$

Division durch $\overline{\Delta}$ liefert:

$$\frac{M_{12} + M_{21}}{4,00} - \frac{M_{23} + M_{32}}{8,00} + \frac{M_{34}}{4,00} + \frac{18}{8,00} = 0.$$

Wir drücken nun die Stabendmomente in den Verformungsgrößen und Grundmomenten aus. Das ergibt

$$\frac{2}{5,00} \cdot \frac{(3 \cdot \varphi_2^* + 6 \cdot \psi_{12}^*)}{4,00} - \frac{2}{6,00} \cdot \frac{(3 \cdot \varphi_2^* + 3 \cdot \varphi_3^* + 6 \cdot \psi_{23}^*)}{8,00} + \frac{3}{4,00} \cdot \frac{(\varphi_3^* + \psi_{34}^*)}{4,00} + \frac{18}{8,00} = 0$$

Dies ist die gesuchte Gleichung. Zusammen mit den Knotengleichungen ergibt sich nach einem Ordnen des Gleichungssystems:

$$1,47 \cdot \varphi_2^* + 0,33 \cdot \varphi_3^* + 1,20 \cdot \psi_{12}^* + 1,00 \cdot \psi_{23}^* \qquad - 3,00 = 0$$

$$0,33 \cdot \varphi_2^* + 1,42 \cdot \varphi_3^* \qquad + 1,00 \cdot \psi_{23}^* + 0,75 \cdot \psi_{34}^* + 3,00 = 0$$

$$0,18 \cdot \varphi_2^* + 0,07 \cdot \varphi_3^* + 0,60 \cdot \psi_{12}^* - 0,25 \cdot \psi_{23}^* + 0,19 \cdot \psi_{34}^* + 2,25 = 0$$

Mit der Verwendung der Beziehungen für $\Delta$ ergibt sich das Gleichungssystem:

$$1,47 \cdot \varphi_2^* + 0,33 \cdot \varphi_3^* - 0,18 \cdot \Delta^* = +3,00$$

$$0,33 \cdot \varphi_2^* + 1,42 \cdot \varphi_3^* - 0,06 \cdot \Delta^* = -3,00$$

$$-0,18 \cdot \varphi_2^* - 0,06 \cdot \varphi_3^* + 0,23 \cdot \Delta^* = -2,25$$

Dieses zur Hauptdiagonalen symmetrische Gleichungssystem hat die Lösung

$\varphi_2^* = + 4,12$; $\varphi_3^* = -2,55$; $\Delta^* = +12,35$. Damit ergeben sich die Stabdrehwinkel

$\psi_{12}^* = -3,09$; $\psi_{23}^* = +1,54$ und $\psi_{34}^* = -3,09$.

Nun können die Stabendmomente ermittelt werden. Wir verwenden die uns bekannten Formeln und erhalten:

$$M_{12} = \frac{2}{5,00} \cdot (4,12 - 3 \cdot 3,09) = -2,06 \text{ kNm}$$

$$M_{21} = \frac{2}{5,00} \cdot (2 \cdot 4,12 - 3 \cdot 3,09) \approx -0,42 \text{ kNm}$$

$$M_{23} = \frac{2}{6,00} \cdot (2 \cdot 4,12 - 2,55 + 3 \cdot 1,54) - 3 \approx +0,44 \text{ kNm}$$

$$M_{32} = \frac{2}{6,00} \cdot (2 \cdot (-2,55) + 4,12 + 3 \cdot 1,54) + 3 \approx +4,22 \text{ kNm}$$

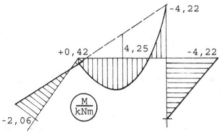

**Bild 217** M-Linie zu Bild 211

$$M_{34} = \frac{3}{4,00} \cdot (-2,55 - 3,09) \approx -4,22 \text{ kNm}$$

Nach Überprüfung der Vorzeichen kann die M-Linie gezeichnet werden, Bild 217.

Mancher Leser wird fragen, warum wir die Größe Δ zusätzlich eingeführt haben. Selbstverständlich wären wir ohne diese Größe ausgekommen. Ihre Verwendung macht jedoch die Rechnung durchsichtiger, insbesondere bei mehrfach verschieblichen Systemen.

In Bild 218 ist ein symmetrisches Tragwerk gezeigt, dessen Knoten sich auch bei symmetrischer Belastung verschieben. Seine Berechnung mit dem Formänderungs-

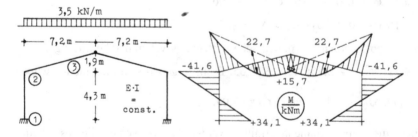

**Bild 218** Zur Berechnung eines verschieblichen symmetrischen Systems

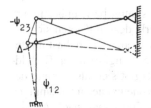

**Bild 219** Ausnutzung der Symmetrie

größenverfahren wird wesentlich vereinfacht, wenn man die Symmetrie des Systems ausnutzt, wie in Bild 219 angedeutet. Das System ist dann 2-fach geometrisch unbestimmt, unbekannt sind der Knotendrehwinkel $\varphi_2$ und, sagen wir, die Verschiebung $\Delta$. Der Leser führe die Berechnung durch und überprüfe sein Ergebnis an Hand der in Bild 218 angegebenen Momentenlinie.

Wir haben bisher 1-fach verschiebliche Systeme untersucht. Wie liegen die Dinge bei mehrfach verschieblichen Systemen? Zunächst: Wie stellt man den Grad der Verschieblichkeit fest? Am einfachsten, indem man in allen Knoten Gelenke anordnet und das so verschieblich gewordene Tragwerk durch Einbau von Pendelstäben wieder stabilisiert. Die Anzahl der dabei erforderlichen Pendelstäbe liefert den Grad der Verschieblichkeit.

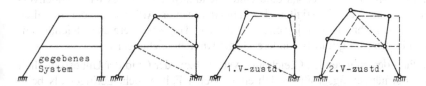

**Bild 220** Ein zweifach verschiebliches System

Während die Positionierung der Pendelstäbe für die Bestimmung des Verschieblichkeitsgrades unwichtig ist, so hat sie Konsequenzen im Hinblick auf die Verschiebungszustande, die bei der Formulierung der (virtuellen) Arbeitsgleichung benutzt werden. Deshalb sollte man die zur Stabilisierung erforderlichen Pendelstäbe so anordnen, dass sich zweckmäßige Verschiebungszustände ergeben, wenn sie einzeln und nacheinander vorübergehend gelöst werden. Wir wollen das aber hier nicht weiter verfolgen.

### Zusammenfassung von Kapitel 5

In diesem Kapitel wurden allgemeine Stabtragwerke mit Hilfe des Formänderungsgrößenverfahrens untersucht. Dabei mussten wir zunächst den Begriffen „statisch bestimmt bzw. unbestimmt" die Begriffe „geometrisch bestimmt bzw. unbestimmt" an die Seite stellen. Geometrisch bestimmt ist ein Tragwerk, dessen Knoten sich bei Beanspruchung weder verdrehen noch verschieben. Ein geometrisch bestimmtes Stabwerk besteht also aus mehreren ein- oder beidseitig starr eingespannten Einfeldträgern.[58] Der Grad der geometrischen Unbestimmtheit ergibt sich als Summe der Anzahl der drehbaren Knoten und der möglichen linear voneinander unabhängigen Verschiebungszustände. Den Grad der Verschieblichkeit findet man nach Art des Aufbaukriteriums (siehe Kapitel 4 von TM 1), indem man solange Hilfsstäbe mit $E \cdot A = \infty$ zusätzlich anordnet, bis das Stabwerk unverschieblich geworden ist; die kleinste hierzu erforderliche Stabanzahl ist gleich dem Grad der Verschieblichkeit.

Das Vorgehen beim Formänderungsgrößenverfahren ist ähnlich wie beim Kraftgrößenverfahren. Der Spannungszustand des geometrisch bestimmten Grundsystems weicht von demjenigen des gegebenen (n-fach geometrisch unbestimmten) Systems insofern ab, als beim Grundsystem in den Knoten resultierende Kräfte und Momente auftreten, die beim gegebenen System nicht vorhanden sind. Man überlagert dem Grundzustand deshalb eine solche Linearkombination von n (linear voneinander unabhängigen) Einheitsverformungszuständen, dass in summa keine Haltekräfte und -momente mehr auftreten.

Bei vielen Tragwerken ist eine Untersuchung mit Hilfe des Formänderungsgrößenverfahrens deshalb günstiger als eine Untersuchung mit Hilfe des Kraftgrößenverfahrens, weil sich die Elastizitätsgleichungen (zweiter Art) wegen der räumlich geringeren Ausdehnung des jeweils betroffenen Tragwerksbereiches leichter anschreiben lassen (das gilt insbesondere für die Knotengleichungen).

Der Umfang des zu lösenden Gleichungssystems bzw. der Grad der Unbestimmtheit ist beim Formänderungsgrößenverfahren in vielen Fällen nicht geringer als beim Kraftgrößenverfahren.

Die Knotenverschiebungen lassen sich beim Formänderungsgrößenverfahren schnell und einfach aus den Stabdrehwinkeln errechnen.

Das Formänderungsgrößenverfahren ermöglicht auch die Untersuchung temperaturbeanspruchter und elastisch gestützter Stabtragwerke; auch kann bei Stabwerken der Einfluss der Normalkräfte auf die Formänderung erfasst werden. Aus Platzmangel haben wir das nicht gezeigt. Besser ist dafür auch das Finite Element Verfahren, welches nur sinnvoll mit Computerprogrammen angewandt werden kann. Dieses Verfahren besprechen wir nicht in diesem Werk.

---

[58] Die Stabendmomente dieser (statisch unbestimmten) Einfeldträger infolge von Knotenverrückungen und den verschiedenen Lasten mögen mit Hilfe der Beziehung $w^{IV} = q/(E \cdot I)$ (Abschnitt 1.3) ermittelt worden sein.

# 6 Das Verfahren von Cross

Auch bei der Untersuchung von Stabwerken nach Cross[59] ist es sinnvoll, die Menge der Systeme zu unterteilen in solche mit Knotenwegen (= verschiebliche Systeme) und solche ohne Knotenwege (= unverschiebliche Systeme).

## 6.1 Systeme mit unverschieblichen Knoten

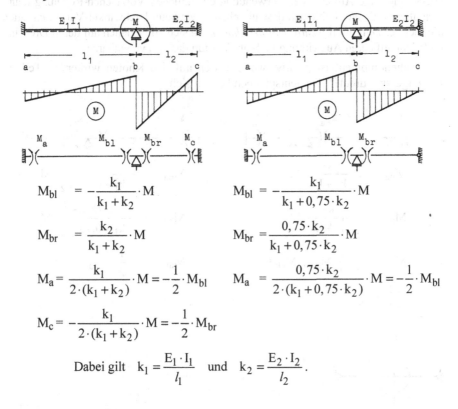

$$M_{bl} = -\frac{k_1}{k_1+k_2}\cdot M \qquad M_{bl} = -\frac{k_1}{k_1+0,75\cdot k_2}\cdot M$$

$$M_{br} = \frac{k_2}{k_1+k_2}\cdot M \qquad M_{br} = \frac{0,75\cdot k_2}{k_1+0,75\cdot k_2}\cdot M$$

$$M_a = \frac{k_1}{2\cdot(k_1+k_2)}\cdot M = -\frac{1}{2}\cdot M_{bl} \qquad M_a = \frac{0,75\cdot k_2}{2\cdot(k_1+0,75\cdot k_2)}\cdot M = -\frac{1}{2}\cdot M_{bl}$$

$$M_c = -\frac{k_1}{2\cdot(k_1+k_2)}\cdot M = -\frac{1}{2}\cdot M_{br}$$

$$\text{Dabei gilt} \quad k_1 = \frac{E_1\cdot I_1}{l_1} \quad \text{und} \quad k_2 = \frac{E_2\cdot I_2}{l_2}.$$

In Abschnitt 4.1.9 haben wir Folgendes festgestellt:

---

[59] Hardy Cross (1885–1959), amerikanischer Ingenieur. Er veröffentlichte das von ihm entwickelte Verfahren im Jahre 1930.

Beansprucht man einen der beiden hier gezeigten Zweifeldträger am Mittelauflager „b" durch ein äußeres Moment M, so ergeben sich in den Stabenden die folgenden Biegemomente:

Nennen wir k die Steifigkeit eines beidseitig eingespannten Stabes und $0,75 \cdot k$ die Steifigkeit eines an einem Ende gelenkig gelagerten (und am anderen Ende eingespannten) Stabes, so können wir sagen: Der auf jeden der beiden Stäbe entfallende Bruchteil des äußeren Momentes M ergibt sich betragsmäßig als Quotient aus seiner Steifigkeit und der Summe der Steifigkeiten beider Stäbe.

Was das Vorzeichen der einzelnen Momenten – Anteile betrifft, so lässt sich eine allgemeingültige Aussage bei Verwendung der üblichen Vorzeichen-Regelung kaum formulieren. Es empfiehlt sich deshalb, ebenso wie beim Drehwinkel-Verfahren auch hier bei der Definition *positiver Stabendmomente* sich zu beziehen auf deren Drehsinn und nicht auf deren Auswirkung im Stab. Wir tun das und vereinbaren:

Ein Stabendmoment ist positiv, wenn dessen auf den Knoten wirkender Teil im Uhrzeigersinn dreht.[60] Dementsprechend ergibt sich

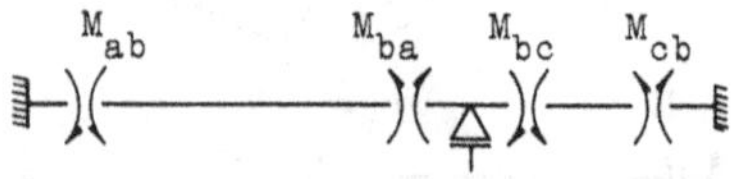

$$M_{ba} = -\frac{k_1}{k_1 + k_2} \cdot M \qquad\qquad M_{ba} = -\frac{k_1}{k_1 + 0,75 \cdot k_2} \cdot M$$

$$M_{bc} = -\frac{k_2}{k_1 + k_2} \cdot M \qquad\qquad M_{bc} = -\frac{0,75 \cdot k_2}{k_1 + 0,75 \cdot k_2} \cdot M$$

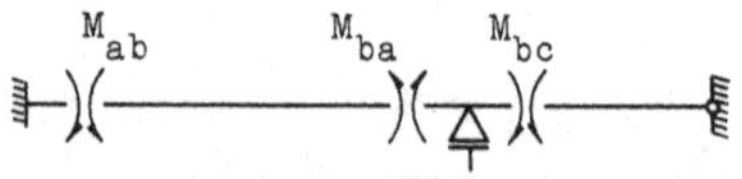

$$M_{ab} = +\frac{1}{2} \cdot M_{ba}, \ M_{cb} = \qquad\qquad M_{ab} = +\frac{1}{2} \cdot M_{ba}$$

$$+\frac{1}{2} \cdot M_{bc}$$

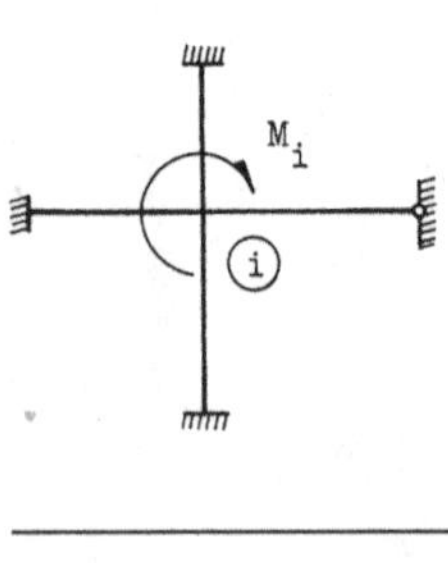

**Bild 221**

---

[60] Der Drehsinn eines positiven Stabendmomentes ist bei Cross also anders herum gerichtet als bei dem Drehwinkelverfahren. Das ist historisch bedingt und nur Zufall.

In dieser Form lässt sich die oben, gemachte Aussage verallgemeinern auf Fälle, in denen mehr als zwei Stäbe biegesteif in einem Knoten, sagen wir Knoten i, angeschlossen sind:

$$M_{ik} = -\frac{k_{ik}}{\sum k_{ik} + \sum k_{ig}} \cdot M_i \;;$$

$$M_{ig} = -\frac{k_{ig}}{\sum k_{ik} + \sum k_{ig}} \cdot M_i \;.$$

Allgemein $M_{in} = -\frac{k_{in}}{\sum k} \cdot M_i$ bzw. $M_{in}^a = -\mu_{in} \cdot M_i$ mit $\mu_{in} = k_{in}/\Sigma k$. Die Faktoren $\mu_{in}$ nennt man Verteilungszahlen, das sich so ergebende Moment wird Ausgleichsmoment genannt (deshalb das hochgestellte a).

Die Summe aller Verteilungszahlen an einem Knoten muss immer den Wert 1,0 ergeben!

Das am abliegenden Ende eines beidseitig eingespannten Stabes sich einstellende Moment nennt man Übertragungsmoment $M^ü$. Es ergibt sich, wie oben gezeigt, durch Multiplikation der „zugehörigen" Ausgleichsmomente mit der Fortleitungs- oder Übertragungszahl $\gamma = \frac{1}{2}$, also $M_{ki}^ü = \gamma \cdot M_{ik}^a$.

Diese zwei oder drei Formeln bilden die Grundlage des Crossschen Momentenausgleichverfahrens für unverschiebliche Systeme. Sie liefern für ein Knotennetz etwa nach Bild 222 alle Stabendmomente infolge eines (resultierenden) äußeren Momentes $M_i$ in Knoten i und sind freilich nur anwendbar, wenn die abliegenden Stabenden entweder starr eingespannt oder frei drehbar gelagert sind. Dieser Zustand wird deshalb zunächst für alle Knoten des zu untersuchenden Tragwerkes angenommen. Es entstehen dabei in den (biegesteif angeschlossenen) Enden aller belasteten Stäbe Volleinspannmomente bekannter Größe, die wir – mit Crossvorzeichen versehen – Grundmomente nennen. Diese Grundmomente werden sich i. A. in den Knoten nicht gegenseitig aufheben, sondern resultierende Momente (mit von Null verschiedener Größe) bilden. Die Näherungsrechnung beginnt nun damit, dass man einen einzelnen Knoten löst und sich unter der Wirkung des auf ihn wirkenden resultierenden Momentes verdrehen lässt. Dabei entstehen am gelösten Knoten Ausgleichsmomente $M^a$ und in den abliegenden biegesteif angeschlossenen Stabenden Übertragungsmomente $M^ü$.

**Tafel 12** Momentenausgleich nach Cross (Momente in kNm)

| | a | b | c | d | e | f | g | h | i | j | k | l | m | n | o | p |
|---|---|---|---|---|---|---|---|---|---|---|---|---|---|---|---|---|
| | 1 | | 3 | | | | 4 | | 5 | | 6 | | 7 | | 8 | |
| | $M_{13}$ | $M_{31}$ | $M_{34}$ | $M_{36}$ | $M_{43}$ | $M_{42}$ | $M_{45}$ | $M_{47}$ | $M_{54}$ | $M_{63}$ | $M_{67}$ | $M_{76}$ | $M_{74}$ | $M_{78}$ | $M_{87}$ | $M_{res}$ |
| | 0,345 | 0,345 | 0,310 | 0,345 | 0,264 | 0,221 | 0,221 | 0,294 | | 0,526 | 0,474 | 0,340 | 0,377 | 0,283 | | |
| 03 | | | +1,88 | | −1,88 | | +10,66 | | −10,66 | | +3,75 | −3,75 | | | | $M_4=+8,78$ |
| 04 | | | −1,16 | | −2,32 | −1,94 | −1,94 | −2,58 | −0,97 | | | | −1,29 | | | $M_7=-5,04$ |
| 05 | | | | | | | | +0,95 | | | +0,85 | +1,71 | +1,90 | +1,43 | +0,72 | $M_6=+4,60$ |
| 06 | | | | −1,21 | | | | | | −2,42 | −2,18 | −1,09 | | | | $M_3=-0,49$ |
| 07 | +0,08 | +0,17 | +0,15 | +0,17 | +0,07 | | | | | +0,08 | | | | | | $M_4=+1,02$ |
| 08 | | | −0,14 | | −0,28 | −0,22 | −0,22 | −0,30 | −0,11 | | | | −0,15 | | | $M_7=-1,24$ |
| 09 | | | | | | | | +0,23 | | | +0,21 | +0,42 | +0,47 | +0,35 | +0,17 | $M_6=+0,29$ |
| 10 | | | | −0,07 | | | | | | −0,15 | −0,14 | −0,07 | | | | $M_3=-0,21$ |
| 11 | +0,03 | +0,07 | +0,07 | +0,07 | +0,03 | | | | | +0,03 | | | | | | $M_4=+0,26$ |
| 12 | | | −0,03 | | −0,07 | −0,06 | −0,06 | −0,07 | −0,03 | | | | −0,03 | | | $M_7=-0,10$ |
| 13 | | | | | | | | +0,02 | | | +0,01 | +0,03 | +0,04 | +0,03 | +0,01 | |
| 14 | | | | | | | | | | | | | | | | |
| Σ= | +0,11 | +0,24 | +0,77 | −1,04 | −4,45 | −2,22 | +8,44 | −1,67 | −11,77 | −2,46 | +2,50 | −2,75 | +0,94 | +1,81 | +0,90 | $=\Sigma$ |

Momente mit den normalen Vorzeichen in kNm und eine Stelle hinter dem Komma:

$M_{13} = -0,1 \text{ kNm}$

$M_{31} = +0,2 \text{ kNm}$

$M_{34} = -0,8 \text{ kNm}$

$M_{36} = +1,0 \text{ kNm}$

$M_{43} = -4,5 \text{ kNm}$

$M_{42} = -2,2 \text{ kNm}$

$M_{45} = -8,4 \text{ kNm}$

$M_{47} = +1,7 \text{ kNm}$

$M_{54} = -11,8 \text{ kNm}$

$M_{63} = -2,5 \text{ kNm}$

$M_{67} = -2,5 \text{ kNm}$

$M_{76} = -2,8 \text{ kNm}$

$M_{74} = +0,90 \text{ kNm}$

$M_{78} = -1,8 \text{ kNm}$

$M_{87} = +0,9 \text{ kNm}$

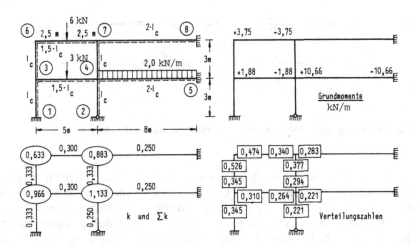

**Bild 222** Zahlenbeispiel

Jedes dieser Übertragungsmomente verändert (vergrößert oder verkleinert) natürlich das am jeweiligen (abliegenden) Knoten vorhandene resultierende Moment. Nun wird dieser ausgeglichene Knoten in seiner neuen (= verdrehten) Lage fixiert und ein anderer Knoten gelöst. Dabei entstehen wieder Ausgleichsmomente $M^a$ und Übertragungsmomente $M^ü$. Dieser zweite Knoten wird nun in seiner neuen Lage ebenfalls wieder fixiert und ein dritter Knoten gelöst. In dieser Weise wird nacheinander mit sämtlichen Knoten verfahren. Dabei bilden sich freilich in zuvor ausgeglichenen Knoten durch die Übertragungsmomente wieder resultierende Momente, die neuerlich ausgeglichen werden müssen.

Der Ausgleich muss solange fortgesetzt werden, bis keine nennenswerten Übertragungsmomente mehr entstehen bzw. zu neuen resultierenden Momenten sich addieren. Es ist für die Konvergenz des Verfahrens günstig, wenn man beim Ausgleich die Knotenfolge so wählt, dass stets der Knoten mit dem momentan größten resultierenden Moment ausgeglichen wird. Der endgültige Wert eines Stabendmomentes ergibt sich schließlich durch Summation aller (zu den einzelnen Iterationsschritten gehörenden) Ausgleichs bzw. Übertragungsmomente und Addition des Grundmomentes:

$$M_{in} = M_{in}^0 + \sum M_{in}^a + \sum M_{in}^ü \; .$$

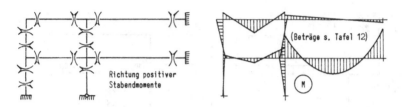

**Bild 223** Richtung positiver Stabendmomente und Momentenlinie

Wir zeigen den Ablauf der Rechnung an dem in Bild 222 dargestellten System in Tafel 12. Zunächst berechnen wir die Grundmomente (Zeile 4) und die Verteilungszahlen (Zeile 3) und tragen, die errechneten Werte in ein Rechenschema ein (Für $E \cdot I_c = 1{,}0!$). Dann suchen wir den Knoten mit dem betragsmäßig größten resultierenden Moment – hier Knoten 4 – und gleichen ihn aus. Dabei ergeben sich Ausgleichsmomente[61] (Werte 5e bis 5h) und Übertragungsmomente (Werte 5c, 5i und 5m). Danach wird ein zweiter Knoten – hier Knoten 7 – ausgeglichen, wobei sich wieder Ausgleichsmomente (Werte 6l bis 6n) und Übertragungsmomente (6h, 6k und 6o) ergeben. Darauf folgen die Knoten 6 und 3. Obwohl nun alle verdrehbaren Knoten (einmal) ausgeglichen wurden, sind in manchem Knoten – hier in den Knoten 4, 6 und 7 – infolge der Übertragungsmomente erneut resultierende Momente entstanden, die erneut ausgeglichen werden müssen (Zeilen 9–14). Dabei werden die resultierenden Momente, die Ausgleichsmomente und die Übertragungsmomente fortwährend kleiner und erreichen schließlich eine solche Größenordnung, dass auf ihren Beitrag und Einfluss verzichtet werden kann. Hier wird die Iterationsrechnung abgebrochen. Die Werte jeder Spalte werden addiert und ergeben dann das entsprechende Stabendmoment mit Cross-Vorzeichen (hier die letzte Zeile).

Da wir die Rechnung mit zwei Stellen hinter dem Komma gemacht haben und an einigen Stellen auch gerundet haben, z.B. $1{,}71 \cdot 0{,}5 \cong 0{,}85$, ist die letzte Stelle unsicher. Daher benutzen wir das Ergebnis nur bis eine Stelle hinter dem Komma. Diese Momente – nun mit den üblichen Vorzeichen – stehen unterhalb der Tafel 12.

Für die Zeichnung der Biegemomentenlinie ist eine Skizze der Richtung positiver Stabendmomente nützlich, Bild 223. Man kann dann so argumentieren: Das Moment $M_{87}$ etwa ist (bei Cross) positiv, erzeugt also an der Unterseite des Riegels Zug; die entsprechende Ordinate wird also nach unten angetragen. Die Rückkehr zur „üblichen" Vorzeichen-Konvention geschieht dann anschließend, indem man die Lage der gestrichelten Linie (Bild 222) berücksichtigt. Damit ist die Untersuchung abgeschlossen.

---

[61] Sie werden unterstrichen als Zeichen dafür, dass bis hierher nun alle Momentenbeiträge (in diesem Knoten) unter sich im Gleichgewicht sind.

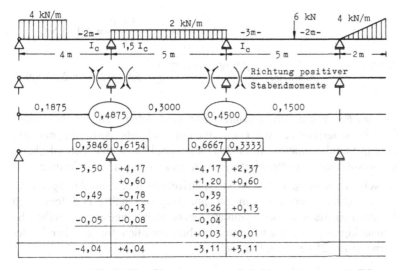

(Endgültige Biegemomentenlinie hier nicht dargestellt!)

**Bild 224** Cross-Ausgleich beim Durchlaufträger

Das wohl für die Praxis wichtigste unverschiebliche Tragwerk ist der Durchlaufträger. Bild 224 zeigt deshalb den Cross-Ausgleich für den uns schon bekannten Dreifeldträger mit Kragarm. Ein Kommentar hierzu ist nach dem oben Gesagten unnötig.

Steifigkeiten: gewählt: $E \cdot I_c = 1,0$

$$k_1 = \frac{1,0 \cdot 0,75}{4,00} = 0,1875; \quad k_2 = \frac{1,5}{5,00} = 0,3000; \quad k_3 = \frac{1,0 \cdot 0,75}{5,00} = 0,15000$$

Verteilungszahlen:

$$\mu_{10} = \frac{0,1875}{0,1875 + 0,3000} = 0,3846 \quad \mu_{12} = \frac{0,3000}{0,1875 + 0,3000} = 0,6154$$

$$\mu_{21} = \frac{0,3000}{0,3000 + 0,1500} = 0,6667 \quad \mu_{23} = \frac{0,1500}{0,3000 + 0,1500} = 0,3333$$

(Kontrollen: $0,3846 + 0,6154 = 1,0000$ und $0,6667 + 0,3333 = 1,0000$ )

Grundmomente (Hier ohne Vorzeichen!!)

$$M_{10} = \frac{7}{128} \cdot 2 \cdot 4,00^2 = 3,50 \text{ knm} ; \qquad M_{12} = M_{21} = \frac{2 \cdot 5,00^2}{12} = 4,17 \text{ knm} ;$$

$$M_{23} = \frac{6 \cdot 2,00 \cdot 3,00}{2 \cdot 5,00^2} \cdot (5,00 + 2,00) - \frac{4 \cdot 2,00}{2} \cdot \frac{2,00 \cdot 2}{3} \cdot \frac{1}{2} = 5,04 - 2,67 = 2,37 \text{ knm}$$

Da Tragwerke im Bauwesen häufig symmetrisch sind, lohnt sich eine besondere Betrachtung. Dabei unterscheiden wir Tragwerke mit Stiel- oder Auflagersymmetrie und Tragwerke mit Feldsymmetrie. In beiden Fällen ergibt sich eine Vereinfachung der Rechnung sowohl bei symmetrischer wie auch bei antimetrischer Belastung.

**(a) Symmetrische Belastung.** Geht die Symmetrieebene durch ein Auflager oder durch einen Stiel, dann untersucht man nur eine Tragwerkshälfte und denkt sich dabei alle betroffenen Stäbe in der Symmetrieebene starr eingespannt. Stäbe, die dort vorher gelenkig angeschlossen waren, bleiben natürlich frei drehbar in der Symmetrieebene. Bild 225 zeigt ein Beispiel.

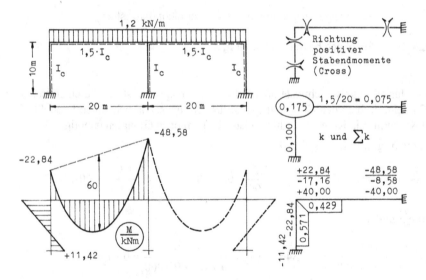

**Bild 225** Cross-Ausgleich bei symm. Belastung und Auflager- bzw. Steilsymmetrie

Geht die Symmetrieebene durch eine Feldmitte, so untersucht man ebenfalls nur eine Tragwerkshälfte und schreibt die von den betroffenen Knoten über die Symmetrieebene in die andere Hälfte fortgeleiteten Übertragungsmomente mit umgekehrtem Vorzeichen unter die zugehörigen Ausgleichsmomente. Man denkt sich also jeweils zwei spiegelbildlich gelegene Knoten gleichzeitig gelöst. Bild 226 zeigt, dass diese reflektierten Übertragungsmomente etliche Ausgleiche erforderlich machen.

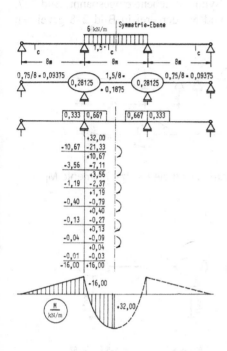

**Bild 226**  Cross-Ausgleich bei symmetrischer Belastung und Feldsymmetrie

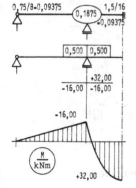

**Bild 227**  Vereinfachtes Verfahren

Man geht deshalb einen anderen Weg: Man führt bei der Berechnung der Verteilungszahlen[62] die Steifigkeit der von der Symmetrieebene geschnittenen Stäbe mit
$\bar{k} = E \cdot I/(2 \cdot l)$ ein und reflektiert die Übertragungsmomente nicht, denkt sich also
beim Ausgleich die betroffenen Stäbe in die Symmetrieebene eingespannt, Bild 227.
Das ist möglich, da die Stützmomente $M_l$ und $M_r$ der drei in Bild 228 gezeigten
Systeme gleich groß sind.

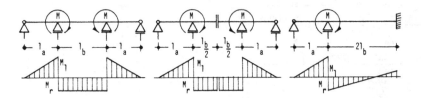

**Bild 228** Bei den drei hier dargestellten Systemen sind die (Stütz-) Momente $M_l$
und $M_r$ gleich groß

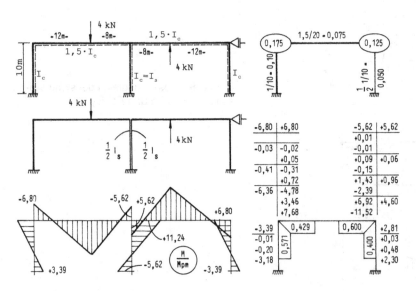

**Bild 229** Antimetrische Belastung und Auflager- bzw. Stielsymmetrie

---

[62] Man beachte Berechnung der Grundmomente am gegebenen (also ganzen) System, Berechnung der Verteilungszahlen am halben System.

**(b) Antimetrische Belastung.** Geht die Symmetrieebene durch ein Auflager oder einen Stiel, so untersucht man wieder nur eine Tragwerkshälfte. Liegt in der Symmetrieebene wie bei Durchlaufträgern ein Auflager, so werden die betreffenden Stäbe hier gelenkig gelagert. Liegt in der Symmetrieebene ein Stiel, so wird er mit seiner halben Steifigkeit berücksichtigt; die sich dabei ergebenden Stielmomente werden zum Schluss verdoppelt. Bild 229 zeigt ein Beispiel.

Geht die Symmetrieebene durch eine Feldmitte, so wird der betreffende Stab hier frei drehbar gelagert und wieder nur das halbe Tragwerk untersucht. Dies ist möglich, weil an dieser Stelle das Biegemoment und die Durchbiegung verschwinden. Bild 230 zeigt ein Beispiel.

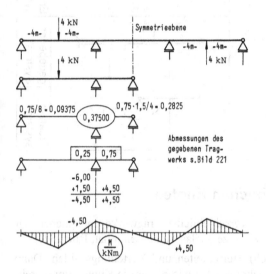

**Bild 230** Antimetrische Be-lastung und Feldsymmetrie

Zusammenfassend sind die bei Tragwerkssymmetrie sich ergebenden Rechenerleichterungen in Tafel 13 angegeben. Da sich jede Belastung in einen symmetrischen und einen antimetrischen Teil zerlegen lässt, wird man von den hier sich bietenden Möglichkeiten häufig Gebrauch machen.

**Tafel 13** Ausnutzung von Tragwerkssymmetrie beim Cross-Verfahren

| | | symmetrische Belastung | antimetrische Belastung | |
|---|---|---|---|---|
| Auflagersymmetrie bzw. Steilsymmetrie | | 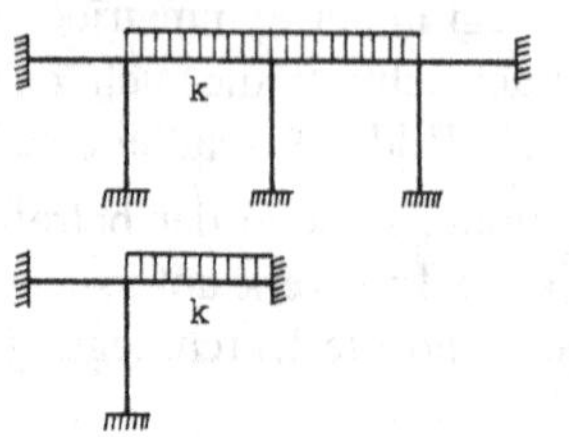 $k$ ... $k$ | 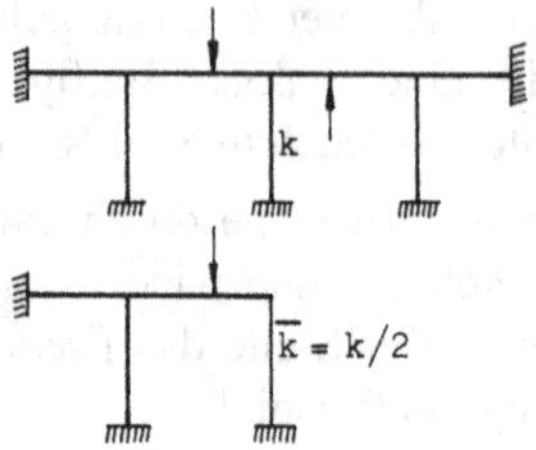 $k$ ... $\overline{k} = k/2$ | gegebenes System / Ersatz-system |
| Feldsymmetrie | | 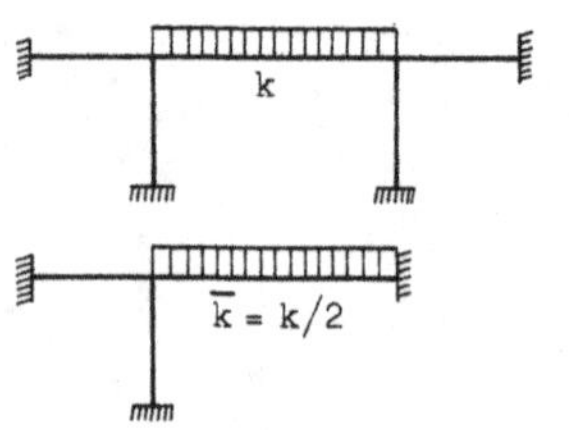 $k$ ... $\overline{k} = k/2$ | 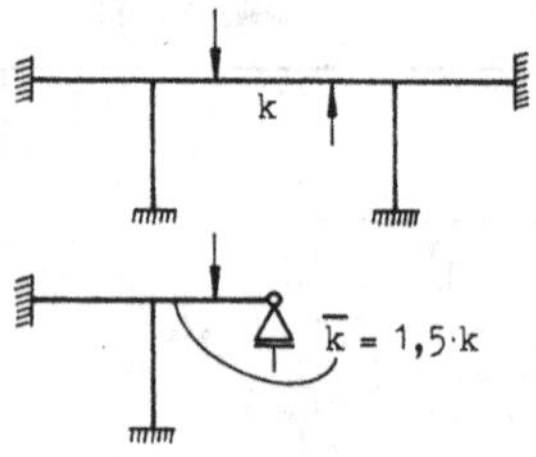 $k$ ... $\overline{k} = 1{,}5 \cdot k$ | gegebenes System / Ersatz-system |

## 6.2 Systeme mit verschieblichen Knoten

Als Vorbereitung für die Berechnung verschieblicher Tragwerke untersuchen wir einen Dreifeldträger, bei dem sich eine Stütze unelastisch gesenkt hat, Bild 231.

Zunächst bestimmen wir (wie üblich) Steifigkeiten und Verteilungszahlen. Dann berechnen wir die Grundmomente. Dabei werden wie bisher die Knoten unverdrehbar angenommen: Mit $\Delta = 3$ mm und $E \cdot I \approx 12000$ kNm$^2$ ergeben sich die Grund-

momente $M_{bc}^0 = M_{cb}^0 = \dfrac{6 \cdot E \cdot I \cdot \Delta}{l^2} = 13{,}5$ kNm und $M_{cd}^0 = -\dfrac{3 \cdot E \cdot I \cdot \Delta}{l^2} = -1{,}69$ kNm.

Mit diesen Grundmomenten werden die resultierenden (Knoten-) Momente gebildet und wie üblich ausgeglichen. Die sich so ergebende Momentenlinie liefert die Querkraftlinie, aus der dann die Stützkräfte berechnet werden können.

Ganz ähnlich verfahren wir bei der Untersuchung eines Rahmens, bei dem ein Riegel oder mehrere seitlich verschoben wurde, Bild 232.

Mit $\Delta = 3$ mm und $E \cdot I \approx 12000$ kNm$^2$ ergeben sich die Grundmomente

$M_{53}^0 = M_{64}^0 = \dfrac{3 \cdot E \cdot I \cdot \Delta}{l^2} = 12{,}0$ kNm. Ihr Ausgleich liefert die in Tafel 14 angege-

benen Stabendmomente. Die zugehörige Momentenlinie liefert die Querkraftlinie.
Eine Gleichgewichtsbetrachtung der herausgeschnittenen Riegel liefert schließlich
die Größe der für diesen Verformungszustand erforderlichen Haltekräfte $F_1$ bis $F_3$.

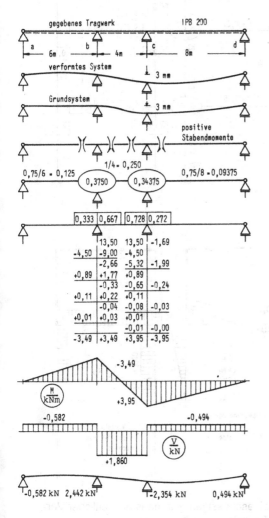

**Bild 231** Berechnung der Stützkräfte eines Dreifeldträgers infolge Auflagerbewegung

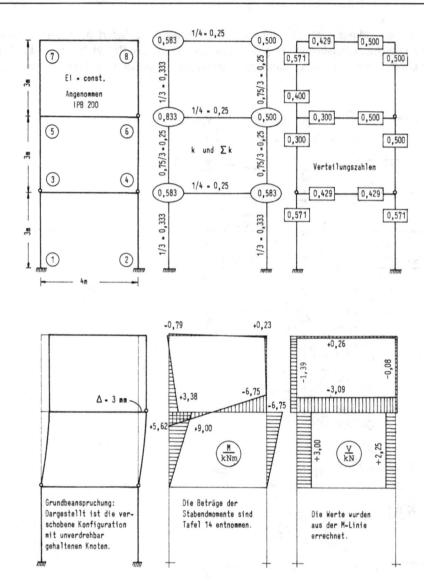

**Bild 232** Zur Untersuchung eines dreigeschossigen Rahmens bei seitlicher Verschiebung des mittleren und oberen Riegels

**Tafel 14** Stabendmomente bei gleichzeitiger Horizontalverschiebung des mittleren u. oberen Riegels

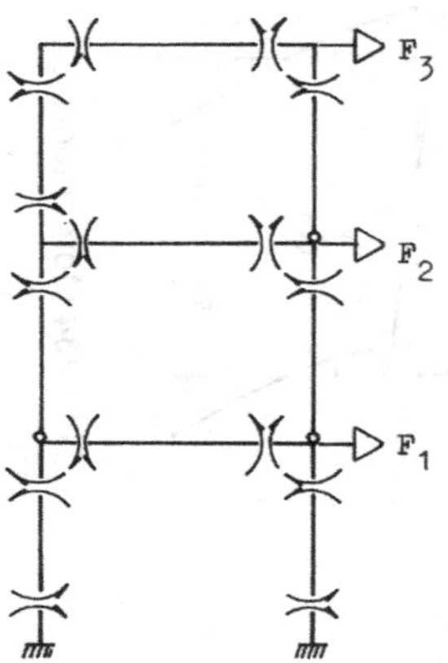

| 1 | 1 | 2 | 3 | 4 | 4 | 5 | 5 | 5 | 6 | 6 | 7 | 7 | 8 | 8 |
|---|---|---|---|---|---|---|---|---|---|---|---|---|---|---|
| $M_{13}$ | $M_{24}$ | $M_{31}$ | $M_{34}$ | $M_{42}$ | $M_{43}$ | $M_{53}$ | $M_{56}$ | $M_{57}$ | $M_{64}$ | $M_{65}$ | $M_{75}$ | $M_{78}$ | $M_{86}$ | $M_{87}$ |
| | | 0,571 | 0,429 | 0,571 | 0,429 | 0,300 | 0,300 | 0,400 | 0,500 | 0,500 | 0,571 | 0,429 | 0,500 | 0,500 |
| | | | | | | 12,00<br>−3,60<br>+0,56<br>+0,04 | −3,60<br>−2,55<br>+0,56<br>−0,07<br>+0,04 | −4,80<br>+0,68<br>+0,75<br>−0,07<br>+0,06<br>−0,01<br>+0,01 | 12,00<br>−5,10<br>−0,14<br>−0,01 | −1,80<br>−5,10<br>+0,28<br>−0,14<br>+0,02<br>−0,01 | −2,40<br>+1,37<br>+0,38<br>−0,14<br>+0,03<br>−0,03 | +1,03<br>−0,13<br>−0,11<br>+0,02<br>−0,02 | −0,26<br>+0,03 | +0,52<br>−0,26<br>−0,06<br>+0,03<br>−0,01<br>+0,01 |
| 0,00 | 0,00 | 0,00 | 0,00 | 0,00 | 0,00 | +9,00 | −5,62 | −3,38 | +6,75 | −6,75 | −0,79 | +0,79 | −0,23 | +0,23 |

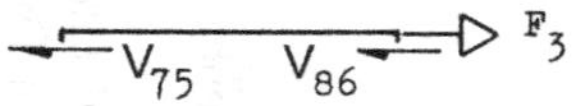

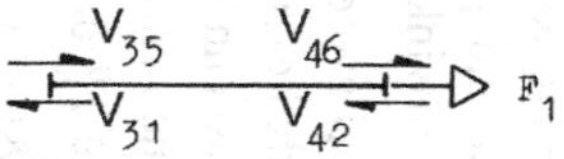

$$F_1 = V_{31} + V_{42} - V_{35} - V_{46} =$$
$$= -3,00 - 2,25 = -5,25 \text{ kN}$$

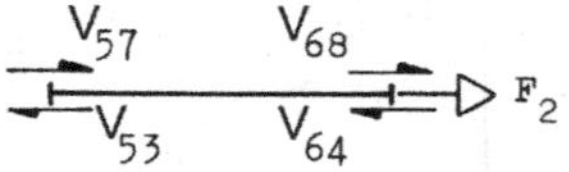

$$F_2 = V_{53} + V_{64} - V_{57} - V_{68} =$$
$$= 3,00 + 2,25 + 1,39 + 0,08 = 6,72 \text{ kN}$$

$$F_3 = V_{75} + V_{86} =$$
$$= -1,39 - 0,08 = -1,47 \text{ kN}$$

Nach diesen Vorüberlegungen wenden wir uns nun dem hier anstehenden Problem zu. Es soll der in Bild 233 dargestellte verschiebliche Rahmen untersucht werden. Dieser 3-stöckige Rahmen ist 9-fach geometrisch unbestimmt (6 unbekannte Knotendrehwinkel und pro Stockwerk ein unbekannter Stabdrehwinkel, also 3 unbekannte Stabdrehwinkel).

Man geht dabei zweckmäßig so vor, dass man das Tragwerk zunächst durch Anbringen von Festhaltekräften (noch unbekannter Größe) unverschieblich macht und in einem ersten Rechnungsgang die Biegemomente dieses Grundsystems bestimmt. Zu diesen Biegemomenten gehören Querkräfte, mit deren Hilfe man wie oben gezeigt die Festhaltekräfte $F_k^0$ des Grundsystems ermitteln kann. Diese Festhaltekräfte treten beim gegebenen System jedoch nicht auf. Das soeben untersuchte Tragwerk muss deshalb in passender Weise zusätzlich so beansprucht werden, dass dabei die Festhaltekräfte F, insgesamt verschwinden. „Passend" ist diejenige Beanspruchung, die auch das gegebene Tragwerk erfährt: In unserem Fall eine seitliche Verschiebung der Riegel.

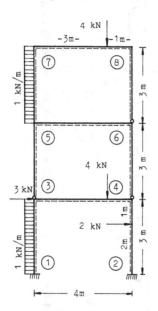

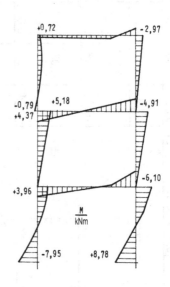

**Bild 233** Zahlenbeispiel                    **Bild 234** Momentenlinie

Es muss nun darum gehen, diesen Verschiebungszustand zu bestimmen. Da er i. A. mehr als einen Freiheitsgrad hat (hier hat er drei), ist es von der Systematik her sinnvoll, nacheinander Einheitszustände zu untersuchen und dann die Vervielfacher in bekannter Weise (Kraftgrößenverfahren) zu berechnen. Mit den Festhaltekräften von Tafel 15 liefert die Forderung, dass die Festhaltekraft in Höhe des

| | |
|---|---|
| unteren Riegels verschwindet | $F_1 = F_1^0 + F_1^1 \cdot c_1 + F_1^2 \cdot c_2 + F_1^3 \cdot c_3 = 0$ |
| mittleren Riegels verschwindet | $F_2 = F_2^0 + F_2^1 \cdot c_1 + F_2^2 \cdot c_2 + F_2^3 \cdot c_3 = 0$ |
| oberen Riegels verschwindet | $F_3 = F_3^0 + F_3^1 \cdot c_1 + F_3^2 \cdot c_2 + F_3^3 \cdot c_3 = 0$ |

Aus diesem Gleichungssystem können die Unbekannten $c_i$ bestimmt werden, wenn die (Werte der) Koeffizienten $F_k^i$ bekannt sind. Tafel 15 zeigt ihre Berechnung, wobei die vier Ausgleiche nicht dargestellt sind (das Schema ist aus Tafel 14 bekannt). Nun kann das Gleichungssystem angeschrieben werden:

$$-5,20 + 6,90 \cdot c_1 - 1,75 \cdot c_2 + 0,49 \cdot c_3 = 0$$
$$-1,77 + \quad 0 \cdot c_1 + 2,23 \cdot c_2 - 3,67 \cdot c_3 = 0$$
$$-1,33 + \quad 0 \cdot c_1 - 0,48 \cdot c_2 + 3,18 \cdot c_3 = 0.$$

Es hat die.Lösung

$$c_1 = 1,209; \qquad c_2 = 1,999; \qquad c_3 = 0,733.$$

Damit kann die Biegemomentenlinie des gegebenen Systems angegeben werden. Mit den Bezeichnungen der Tafel 15 können wir schreiben

$$M = M^0 + c_1 \cdot M^1 + c_2 \cdot M^2 + c_3 \cdot M^3.$$

Beispielsweise ergibt sich für das Biegemoment an der Unterkante des linken Stiels:

$$M = -0,548 + 1,209 \cdot (-6,119) + 1,999 \cdot 0 + 0,733 \cdot 0 = -7,95 \text{ kNm}$$

oder für das Stielmoment unter Knoten 5:

$$M = -0,193 + 1,209 \cdot 0 + 1,999 \cdot 3,000 + 0,733 \cdot (-1,959) = +4,37 \text{ kNm}.$$

Das Ergebnis dieser Überlagerung ist in Bild 234 dargestellt. Damit ist die gestellte Aufgabe gelöst. Die Untersuchung eines n-fach verschieblichen Systems führt bei Cross also auf die Lösung; eines Systems von n Gleichungen mit n Unbekannten, und zwar sind dies Elastizitätsgleichungen zweiter Art (siehe Abschnitt 5.2.2). Hätten wir die Einheitszustände so gewählt, dass nur jeweils *ein* Riegel verschoben wird, so hätte sich ein zur Hauptdiagonale symmetrisches Gleichungssystem ergeben.

Abschließend erwähnen wir, dass mit den $c_i$ – Werten auch die seitliche Verschiebung der Riegel nach rechts bekannt ist:

Der obere Riegel verschiebt sich um: $\qquad (1,209+1,999+0,733) \cdot 1 \text{ mm} = 3,941 \text{ mm}.$

Der mittlere Riegel verschiebt sich um: $\qquad (1,209+1,999) \cdot 1 \text{ mm} = 3,209 \text{ mm}.$

Der untere Riegel verschiebt sich um: $\qquad (1,209) \cdot 1 \text{ mm} = 1,209 \text{ mm}.$

Bei der hier vorgeführten Berechnung mit dem Cross-Verfahren treten Rundungsfehler auf, die aber das Gesamtergebnis nicht wesentlich beeinflussen. Üblicherweise rechnet man mit insgesamt drei oder vier Stellen.

**Tafel 15** Grund- und Verschiebungszustände sowie Berechnung der Festhaltekräfte (= Koeffizienten der Elastizitäts-gleichungen 2. Art)

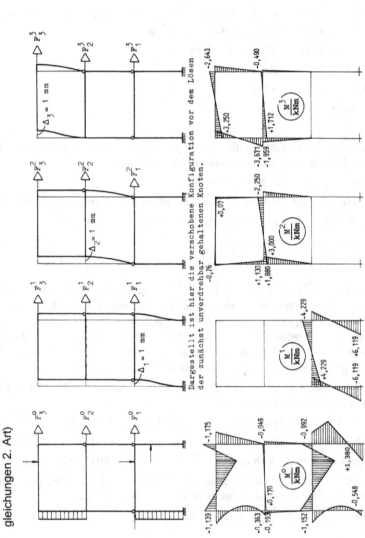

**(Fortsetzung Tafel 15)**

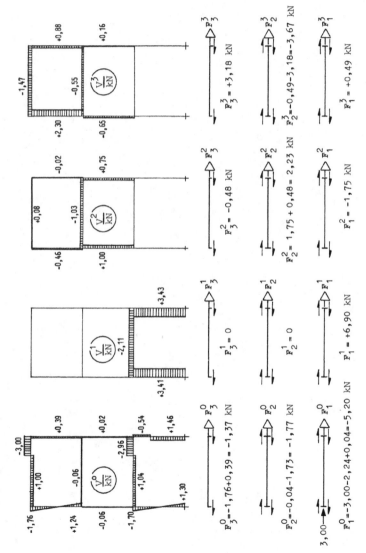

$F_3^0 = -1,76+0,39 = -1,37$ kN

$F_2^0 = -0,04-1,73 = -1,77$ kN

$F_1^0 = -3,00-2,24+0,04 = -5,20$ kN

$F_3^1 = 0$

$F_2^1 = 0$

$F_1^1 = +6,90$ kN

$F_3^2 = -0,48$ kN

$F_2^2 = 1,75+0,48 = 2,23$ kN

$F_1^2 = -1,75$ kN

$F_3^3 = +3,18$ kN

$F_2^3 = -0,49-3,18 = -3,67$ kN

$F_1^3 = +0,49$ kN

# 7 Sicherheit statisch unbestimmter Tragwerke

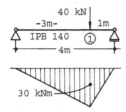

**Bild 235**
Gebrauchszustand

Am Ende unserer Untersuchung statisch unbestimmter Systeme (nach allen möglichen Verfahren) wollen wir die Frage nach der Sicherheit dieser Tragwerke aufgreifen. Nehmen wir an, es sei der in Bild 235 dargestellte, statisch bestimmte Stahlträger aus S235 (alte Bezeichnung St37) zu bemessen. Dieser normale Baustahl hat eine Fließgrenze von 24 kN/cm². Mit der zulässigen Spannung im Gebrauchszustand von zul $\sigma \approx$ 14 kN/cm² ergibt sich das erf $W_y$ = 30 · 100/14 = 214,3 cm³. Wir wählen einen IPB140 (oder HEB140) mit vorh $W_y$ = 216 cm³. Er ist sozusagen für das Biegemoment von zul M = 216 · 14 = 3024 kNcm = 30,24 kNm zugelassen. Da Fließen eintritt bei dem Biegemoment von

$M_y$ = 216 · 24 = 5184 kNcm = 51,84 kNm, beträgt die Sicherheit dieses Trägers gegen Erreichen der Fließgrenze v = 51,84/30,0 = 1,728.

Das bedeutet: Wird die Last auf ihren 1,728-fachen Wert $F_y$ = 51,84 kN gesteigert, dann wird am oberen und unteren Rand des Querschnittes 1 die Fließgrenze erreicht. Damit ist aber die Tragfähigkeit des Trägers noch nicht erreicht, weil ja nur an der Ober- und Unterkante des Trägers die Fließspannung wirkt und dazwischen kleiner Spannungswerte sind. Wird die Last weiter erhöht, so werden auch nach und nach innerhalb des Trägers von außen nach innen sich die Spannungen erhöhen bis maximal zur Fließspannung. Wenn der Querschnitt vollständig durchplastiziert ist, d. h. in der gesamten Druckzone hat diese Druckspannung den Wert der (-)Fließspannung und in der gesamten Zugzone ebenso die (+)Fließspannung als Zugspannung, dann ist nun mit dem plastischen Widerstandsmoment

$W_{pl}$ = 2 · $S_y$ = 2 · 123 = 246 cm³ für unseren Querschnitt IPB 140 zu rechnen. Dann

erhöht sich hier die Traglast auf den Wert: $F_u = \dfrac{246}{216} \cdot 51,84 = 59,04$ kN . Dies ist die

Traglast des Systems. Die Grenze der Tragfähigkeit des Systems fällt also zusammen mit der Tragfähigkeit eines bestimmten Querschnitts. Das plastische Moment beträgt in diesem Falle: $M_{pl}$ = 24 · 246 = 5904 kNcm = 59,04 kNm .

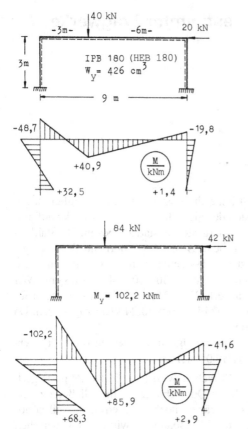

**Bild 236**
M-Linie im Gebrauchszustand

**Bild 237**
In der linken Rahmenecke ist die
Fließgrenze erreicht

Wir fragen jetzt: Fällt bei allen Systemen die Grenze ihrer Tragfähigkeit zusammen mit der Grenze der Tragfähigkeit des gefährdeten Querschnitts? Zur Beantwortung dieser Frage betrachten wir den in Bild 236 dargestellten eingespannten Rahmen aus St 37. Er ist 3-fach statisch unbestimmt. Es überwiegen hier bei der Spannungsermittlung die Biegemomente gegenüber den Normalkräften. Daher vernachlässigen wir hier bei der folgenden Betrachtung die Normalkräfte. Zu diesem IPB180 gehört ein Fließmoment von:

$M_y = W_y \cdot \sigma_y = 426 \cdot 24 = 10224$ kNcm   Die Sicherheit des dargestellten Systems

gegen Erreichen der Fließgrenze (in einem Querschnitt) beträgt $v = 102,24/48,7 = 2,1$. Bei der vertikalen Belastung $2,1 \cdot 40 = 84$ kN und der horizontalen Last von $2,1 \cdot 20 = 42$ kN ist dieser Zustand erreicht, Bild 237. Eine geringe Steigerung der Lasten bewirkt die volle Plastizierung des linken Eckquerschnitts auf den Wert

$M_{pl} = W_{pl} \cdot \sigma_y = 2 \cdot S_y \cdot \sigma_y = 2 \cdot 241 \cdot 24 = 11568 \text{ kNcm} = 115,7 \text{ kNm}$. Die Grenze der Tragfähigkeit des Systems ist damit noch nicht erreicht. In der linken Rahmenecke ist ein plastisches Gelenk entstanden, ohne dass dadurch das System verschieblich wird: Es wird nur der Grad der Unbestimmtheit des Systems um 1 herabgesetzt, das 2-fach statisch unbestimmte Tragwerk kann weiter belastet werden.

Bei einer weiteren Steigerung der vertikalen und der horizontalen Last auf 97,8 kN und 48,9 kN wird in einem zweiten Querschnitt – unter der vertikalen Last - die Fließgrenze erreicht, Bild 238. Eine geringe Steigerung der Last bewirkt die volle Plastizierung in diesem Querschnitt. Unser System hat ein weiteres plastisches Gelenk bekommen, das dann nun nur noch 1-fach statisch unbestimmte Tragwerk kann weiter belastet werden.

Bei 110,3 kN und 55,15 kN wird in einem dritten Querschnitt die volle Plastizierung erreicht, Bild 239. Das System hat ein drittes plastisches Gelenk an der Unterkante des linken Stieles bekommen, das nun statisch bestimmte Tragwerk kann weiter belastet werden. Erst bei 115,7 kN für die vertikale Last und 57,85 kN für die horizontale Last schließlich ist ein vierter Querschnitt in der rechten Ecke voll plasti- ziert: Das Tragwerk wird verschieblich und versagt, Bild 240. Dieses ist die Traglast des Systems. Die Sicherheit gegen ihr Erreichen beträgt also $\nu = 115,7/40 = 2,89$. Man sieht, dass die Tragfähigkeit statisch unbestimmter Systeme bei Erreichen der Grenze der Tragfähigkeit in einem Querschnitt nicht erschöpft ist. Die hier sichtbar werdenden (sozusagen stillen) Tragreserven statisch unbestimmter Tragwerke (aus zähem Werkstoff) sind ihr großes Plus gegenüber statisch bestimmten Tragwerken.

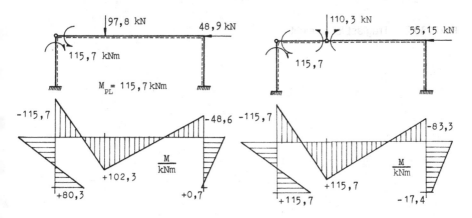

**Bild 238** In einem zweiten Querschnitt wird die Fließgrenze erreicht

**Bild 239** In einem dritten Querschnitt wird die Fließgrenze erreicht

Wir erwähnen abschließend, dass man nicht wie oben gezeigt die Belastungsge-schichte durchlaufen muss, um die (endgültige) Traglast zu finden. Die Berechnung wird dann deutlich einfacher.

Wenn klar ist, wo sich (bei einem n-fach statisch unbestimmten System) die n + 1 Fließgelenke einstellen, kann man die (Trag-) Last, unter der diese kinematische Kette (gerade noch) im Gleichgewicht ist, unmittelbar berechnen; am einfachsten mit Hilfe des Prinzips der virtuellen Verrückungen. Ist die Lage der Fließgelenke nicht eindeutig klar und gibt es mehrere Möglichkeiten, dann kann man für alle möglichen Fälle die Gleichgewichtslasten ermitteln: Die niedrigste von ihnen ist die Traglast.

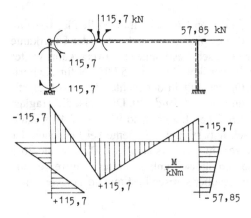

**Bild 240** Die Traglast ist erreicht

# Literaturverzeichnis

*A. Lehrbücher* (in alphabetischer Reihenfolge)
1. Beyer. K.: Statik im Stahlbetonbau, Berlin 1956
2. Bochmann, F.: Statik im Bauwesen, 3 Bde., Frankfurt/M. 72/73
3. Clemens, Gr.: Technische Mechanik für Bauingenieure, Berlin 73
4. Guldan, R.: Die Cross-Methode, Wien 1955
5. Guldan. R.: Rahmentragwerke, Wien 1959
6. Hirschfeld, K.: Baustatik, 2 Bde., Berlin 1969
7. Kaufmann, W. s Statik der Tragwerke, Berlin 1957
8. Melan, E.: Einführung in die Baustatik, Wien 1950
9. Rothe, A.: Statik der Stabtragwerke, 2 Bde., Berlin 1965
10. Rüdiger, D.+ A. Kneschke: Technische Mechanik, 3 Bde., Frankfurt/M. 1966
11. Sattler, K.: Lehrbuch der Statik, Berlin 1969
12. Schreyer, G. + H. Ramm + W. Wagners: Praktische Baustatik, 4 Bde., Stuttgart
13. Stüssi, F.: Vorlesungen über Baustatik, 2 Bde., Basel 1971
14. Teichmann, A.: Statik der Baukonstruktionen, 3 Bde., Berlin 1957, 1958 und 1971
15. Ziegler, H.: Vorlesungen über Mechanik, Basel 1970

*B. Handbücher und Tabellenwerke*
1. Hütte, Bd. III, Berlin 1956
2. Taschenbuch für Bauingenieure, Berlin 1956
3. Ingenieurtaschenbuch Bauwesen, Bd. 1, Leipzig 1963
4. Wendehorst, Bautechnische Zahlentafeln, 35. Auflage, Wiesbaden 2015
5. Zellerer, E.: Durchlaufträger Schnittgrößen, Berlin 1965

# Sachwortverzeichnis